⬆ カラー口絵 _1

隕石の断面

偏光（ある一方向からの光）をあてて屈折の違いを顕微鏡で見ると、青や紫の色鮮やかなカンラン石、黄色の紫《し》蘇《そ》輝石など多様な造岩鉱物の存在が分かる

写真：J.M.Derochette 氏提供

⬇ カラー口絵 _2

青い蛇紋岩の上にできる赤土（インドネシア）

酸化鉄に富み、赤色を呈する。土の赤さが控えめな日本ではチョコレート褐色土といわれる

写真：筆者

⬇ カラー口絵 _4

1979 年に土壌中に埋設された 8 種類の岩石粉末・火山灰と 40 年後の姿

団粒構造の発達、腐植の蓄積が観察できる
写真：筆者

⬆ カラー口絵 _3

玄武岩が風化によって赤土になるまで（ブラジル）

孔隙が増え、徐々に軽くなる
写真：筆者

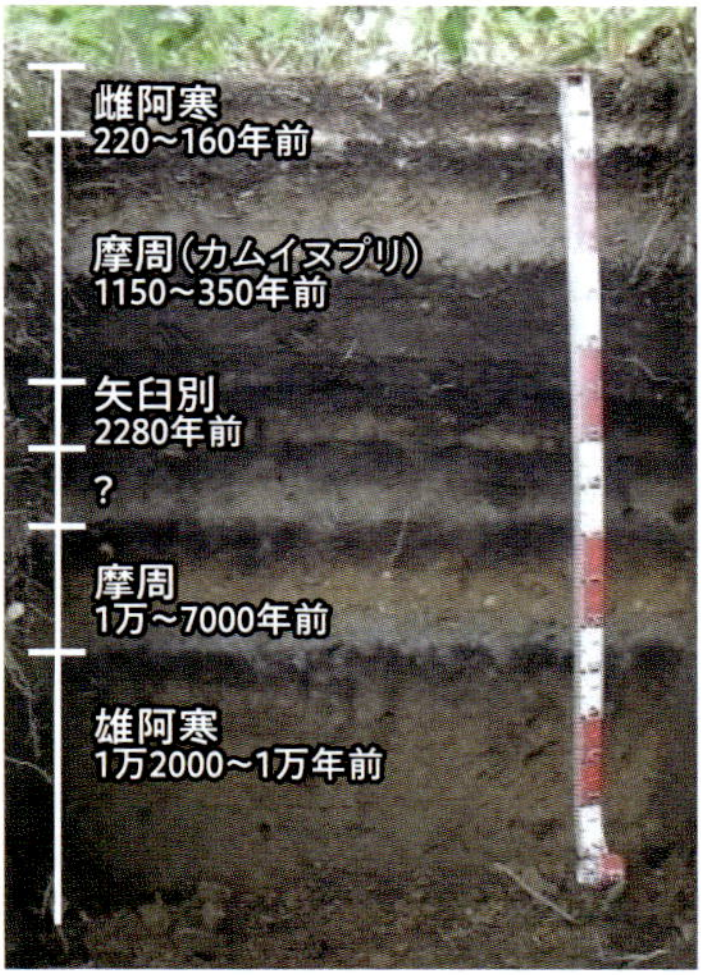

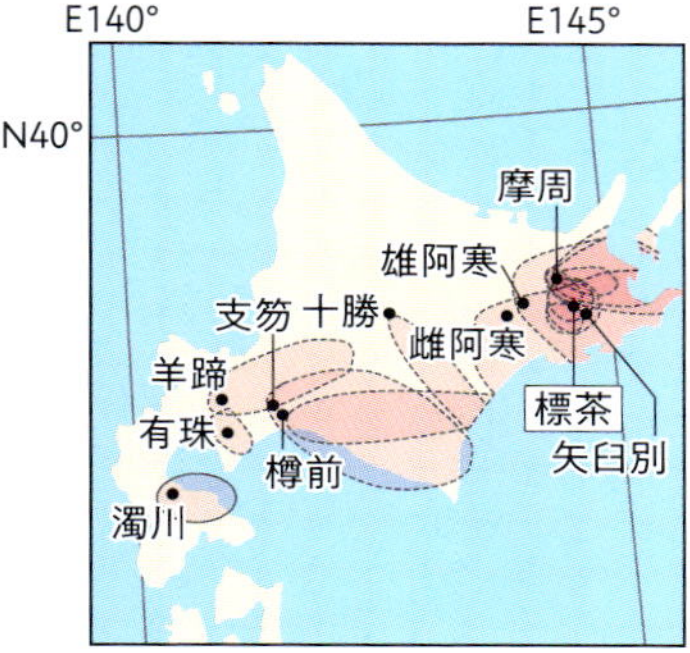

↑カラー口絵_5

火山灰土壌（北海道標茶《しべちゃ》町）と火山灰の分布域

過去２万年、約６回の噴火・腐植蓄積の歴史が観察できる

写真：筆者

↓カラー口絵_6

道路の脇に生えるオレンジ色の地衣類（ツブダイダイゴケ）（左）と日光東照宮の灯籠に生えるコケ植物（右）

ひっそりと土壌生成が始まっている　写真：筆者

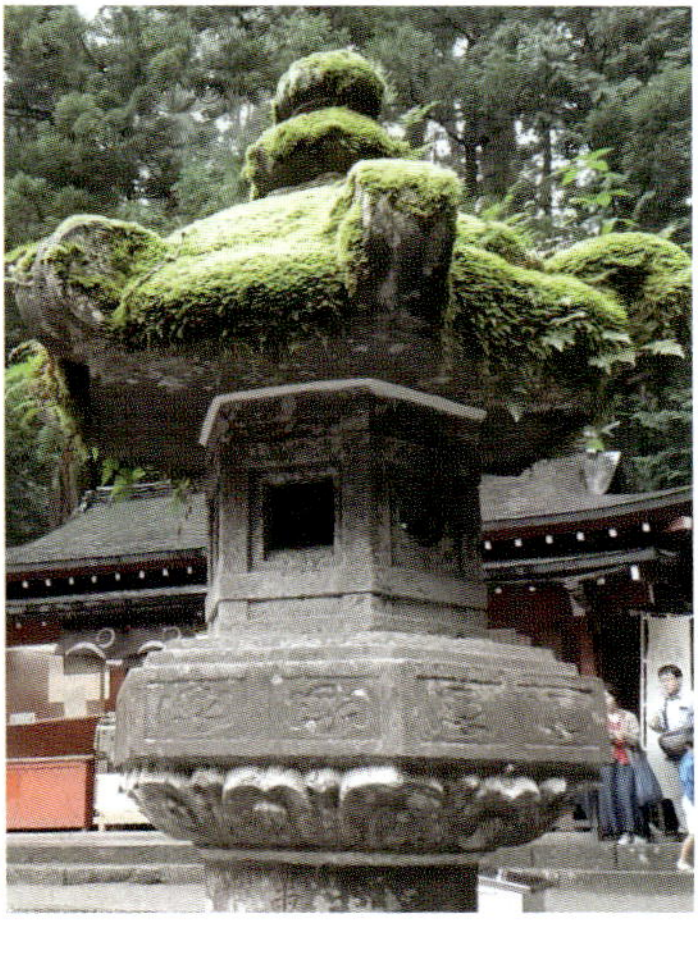

⬇ カラー口絵 _7

5億年にわたる土壌と生物の相互作用

写真：筆者

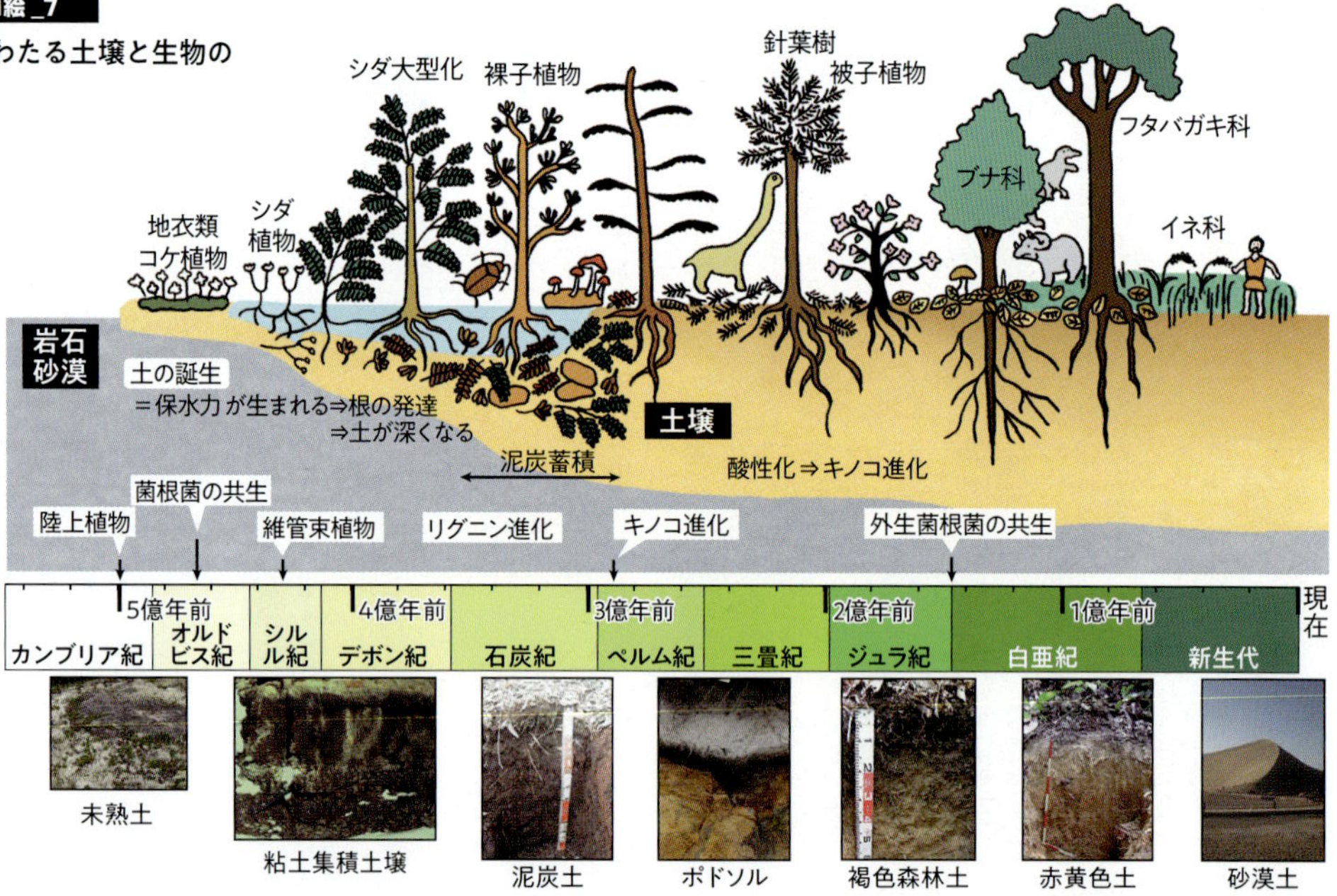

↑カラー口絵_8

４億年前の南極の土（左／古土壌）と現在のペンギンのフン土壌（右）

南極の土はかつて１メートルあった（左）。現在の土（右）は数センチ。腐植の材料は植物ではなく魚　写真左：Gregory J. Retallack 氏提供、写真右：吉永秀一郎氏提供

↓カラー口絵_9

砂丘の侵食に耐える砂柱（左）とその上に残る鉄の塊・ラテライト（右／ブラジル・ロンドニア州） 写真：筆者

⬆ カラー口絵_10

アフリカ・南米のフェラルソル（左）と東南アジアに多い赤黄色土（右）
写真：筆者

⬇ カラー口絵_11

アフリカの化石人骨の発見地と土壌の分布
ゴリラ・チンパンジーの暮らす熱帯雨林地帯の赤土（フェラルソル）よりも、肥沃な土（粘土集積土壌、黒ボク土、ひび割れ粘土質土壌〈レグール〉）の分布する東アフリカでは化石人骨発見地の密度が高い　写真：筆者

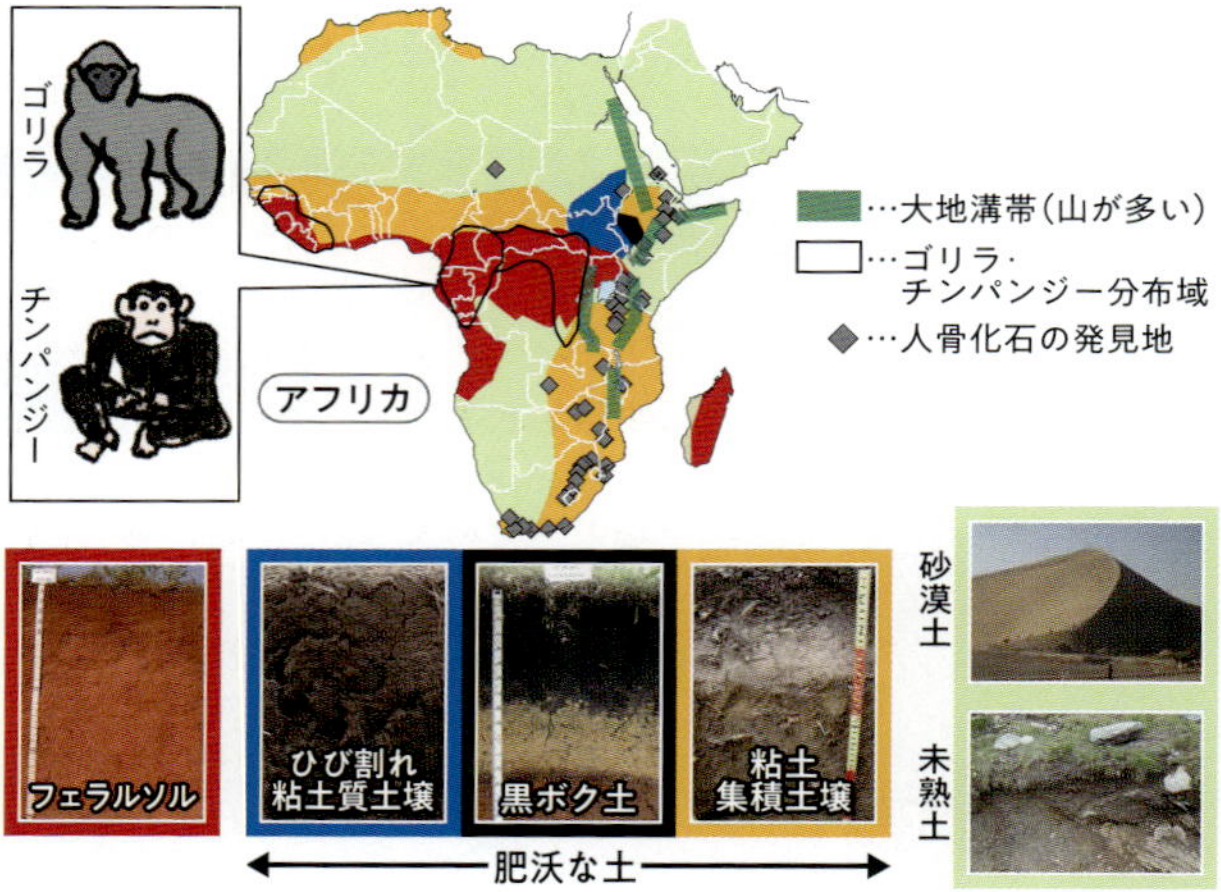

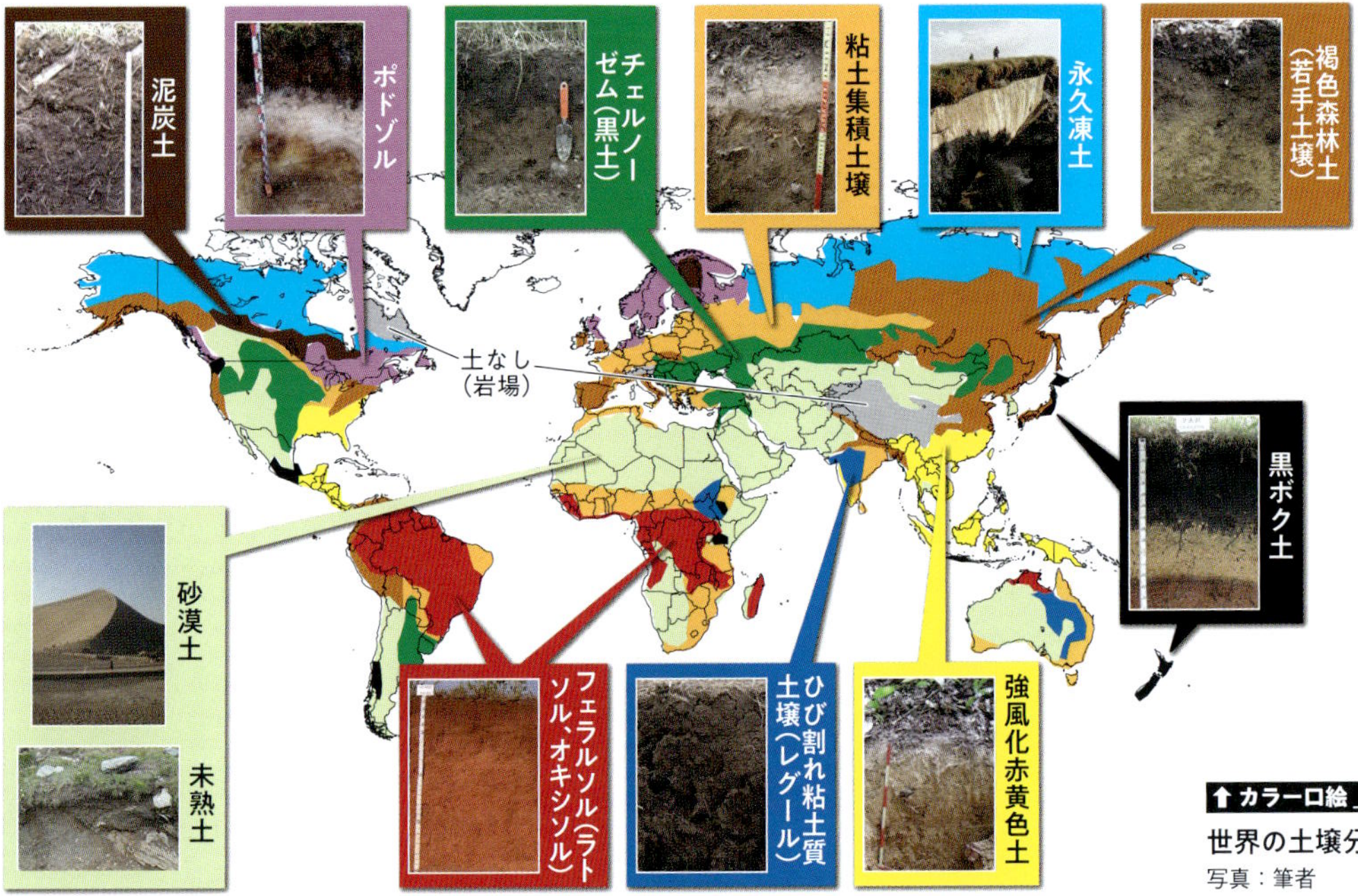

↑カラー口絵_12

世界の土壌分布図

写真：筆者

⬆ カラー口絵 13

栃木県鹿沼市の地層

地表面から黒土、赤玉土（男体山軽石 1.5 万年前）、鹿沼土（赤城山軽石 4.5 万年前）、関東ローム層が堆積している
写真：筆者、協力：（株）大張

⬇ カラー口絵 _14

赤土から変化したテラ・プレタ（ブラジル・ロンドニア州）

赤土（フェラルソル）が、先住の人々の暮らしにおける堆肥・生活ゴミの炭化物の投入によって肥沃なテラ・プレタ（Terra Preta：ポルトガル語で「黒い土」の意）に変化した　写真：筆者

土と生命の46億年史

土と進化の謎に迫る

藤井一至　著

ブルーバックス

本書に出てくる図のカラー写真版を、以下の特設ページからご覧いただけます。

該当する図の付近にも、各ページにアクセスできる2次元コードを掲載しました。

https://bluebacks.kodansha.co.jp/books/9784065378380/appendix

装幀―五十嵐 徹（芦澤泰偉事務所）
カバー写真―iStock.com/Sirozha, slkoceva
本文イラスト―須山奈津希
本文デザイン―齋藤ひさの
本文図版―中川 啓

はじめに

地球から約3億4000万キロメートルも離れた小惑星リュウグウから日本の探査機「はやぶさ2」が砂を持ち帰ることに成功した。人工知能は、創造性を要するとされてきた将棋や芸術の達人芸さえも凌駕《りょうが》しつつある。ところが、全知全能にも思える科学技術をもってしても、作れないものが二つある。生命と**土**だ。生命の創出には倫理的な制約もあるだろうが、土のほうには一切の制約がない。しかし、いざ土の話になると、科学は突如として雄弁さを失う。土はカオスとして認識され、私自身も、地下の小宇宙だ、分からないのがロマンだ、と言ってごまかしてきた。

そもそも、土とは何なのか。どうやって地球上に土が生まれ、そこから生命や文明が生まれたのか。この課題に積極的に回答しようとしてきたのは科学よりも宗教かもしれない。世界の神話の多くで、神は土を創り、そして土から人を創りたもうたとしている[0-1]。例えば、ギリシャ神話には「私たちは腐植からできている（homo ab humo）」という言葉がある[0-2]。**腐植とは「腐った植物」に由来する栄養分に富む成分**であり、古来、土は命を生みだすものと考えられてきた。カブトムシを育む腐葉土や、種子をまくと命が生まれる5月の土の生命力を想像してほしい。お父さんの努力むなしく、「母なる大地」といったりもする。

近代以降、科学はこれらの思想を迷信として否定するなかで発展してきた。植物は腐植そのものではなく、主に無機栄養を吸収することで育つ。**土壌は「岩石が崩壊した砂や粘土と腐植が混ざったもの」**にすぎない。そこに生命力という言葉は入ってこないことを私たちも知っている。小学校のテストでは気になる問いが出題されている。[0-3]

　植物を育てるのに必要なのは、太陽光と水と［？］である。

正解は「土」ではなく、「肥料」なのだという。植物工場の水耕栽培がそのことを証明している。ややこしい土を避けたほうがスマートにも見える。しかし、肝心の植物は根を張ることで地上部もよく育つため、土を求める。協力してくれる土壌微生物を求める。ところが、人類は肥料を作り出すことはできても、人工的に土を作ることはできない。

科学技術で何もかも作る必要はないのかもしれない。しかし、ノーベル賞を受賞した物理学者リチャード・ファインマンは、「**作れないということは、それを理解できているとはいえない**(What I cannot create, I do not understand.)」という言葉を残している。一方、土壌学の本には悟ったかのように「土は人間に**作れない**」「腐植のレシピは土の中の無数の微生物しか**知らない**」「自然の営みによって1センチメートルの土が作られるのには100〜1000年もかかる」と冷たく書いてある。[0-4] ＡＩの解答も同じだ。出典を見ると、執筆者は私だった。

　土を作れないだけならともかく、足元の土を理解すらできていないとなると一大事である。というのも、土のことを理解していなければ、気が付かないあいだに土を酷使し、劣化させてしまう危険性があるからだ。実際、15秒ごとにサッカーコート1枚分の畑が土壌劣化（塩類集積）で失われているという。[0-5、0-6]私たちは土から食料を、建物を生み出すことで文明を築きあげてきた。世界人口が増え続けているのに肝心かなめの土が失われれば、人類の生存が危うい。

　40億年にわたる地球の生命史において、たった20万年にすぎないホモ・サピエンスの歴史は、なぜこんなにも早く繁栄と破滅のリスクという両極端をあわせ持つことになったのか。この問いを解くカギは土にある。私たち人類は土をフル活用して大繁栄を達成し、同時にそれを再生できない悩みを抱えてきた。「土が作れない」ということは重大事なのだ。「土とは何なのか？」「なぜ生命や土を作ることができないのか？」という本質的な問いをあいまいなままにしておくことはできない。46億年の地球史を追体験し、豊かな土と生命、文明を生み出したレシピを復元することがこの本の目的である。そこに、土を作り人類が持続的に暮らしていくヒントが埋もれているはずだ。

　40億年の生命史であれば進化生物学者が、46億年の地球史であれば地質学者がより雄弁に語ってくれるだろう。しかし、この本の案内人は、自宅のプランターでオクラがうまく育たずに悩み続ける土の研究者が務める。日頃は森や田畑で穴を掘り、持続的な土の耕し方を研究している。正直、地球と生命の46億年史はスケールが大きすぎる。畑違いだと笑われるかもしれない。しかし、生と死は、生物と無生物は、土でつながる。多くの陸上生物は土から命の糧を得て、やがて遺体は土の一部になる。つまり、土も変化する。土が変われば、そこで生きられる生物も変化する。40億年にわたる生命と土の相互作用の中で、地球はいつも次の時代の主役となる生物に適した〝土壌〟を用意する。土に居場所を見つけた生物は生存権を獲得し、さもなければ絶滅してきた。途中でレースを降りた恐竜の化石とは違い、土はいつも陸上生物のそばで並走してきた。土は地球の変化を見続けてきた〝生き証人〟としての顔を持つ。

私たちは日本史や世界史を学ぶが、お母さんやお父さんの歴史は学ばない。親もそう話したがらない。顔も性分もどこか似ている身近な大人の歴史は子どもにとって大いに参考になるはずだが、私たちは織田信長《おだのぶなが》の一生のほうを知りたがる。この問題は土にもあてはまる。私たちは、地球外惑星の砂には知的好奇心をそそられても、足元の土がいったい何なのか?について考えることは少ない。

しかし、どうだろうか。もし、足元の土が実は生命誕生や私たちヒトをも含む生命進化、今日の環境問題の根っこにまで大きく関わる46億年の壮大な物語を教えてくれるとしたら。もう恐竜の化石にすべてを任せておくわけにはいかない。身近にありながら、普段はあまり注目されることのない土だが、私たちは土なしには繁栄していなかっただろう。いまだに人類が人工的に作れない複雑で神秘的な力を秘めている土は、未来を照らす一条の光となるに違いない。

第1章　すべては粘土から始まる

第2章 生命誕生と粘土

第3章 土を耕した植物の進化

第4章 土の進化と動物たちの上陸 117

第5章 土が人類を進化させた

第7章 土を作ることはできるのか

第1章

すべては粘土から始まる

土とはなにか、粘土とはなにか

改めて定義をすると、**土とは岩石が崩壊して生成した砂や粘土と生物遺体に由来する腐植の混合物**である（図1-1）。特に重要なのは腐植が生物（動植物や微生物）に由来することである。つまり、地球上に生命が誕生する40億年前まで、もっというと、陸上に植物が上陸する5億年前まで地球に腐植はなかったことになる。

億年という時間がピンとこない場合、地球46億年の「億」をとって地球お母さん46歳の半生とすると理解しやすいかもしれない。小学1年生から生き物係になり（生命誕生）、19歳で生計を独立した（酸素発生型光合成の開始）。41歳で一念発起して家庭菜園を始め（植物の上陸）、2年ほど暮らしていた恐竜兄さんが半年前に失踪し、今から10日前に小人たちが温室栽培を始めた（人類誕生）[1-1]（図1-2）。

家庭菜園を始めるまでのあいだ、地球はサボっていたわけではない。生物の誕生の前に地球上には**粘土**が登場し、生命と土が生まれる下ごしらえをしてきた。なお、**粘土とは2マイクロメートル（2ミリメートルの1000分の1）以下の粒子**と定義される。粘土より大きい粒子は、サイズ（粒径）に基づいて分類され、小さいものから順にシルト、砂、石《せき》レキ（礫《れき》）に分類される（図1-1）。この本では、粘土の粒径2マイクロメートルより大きく石レキの粒径2ミリメートル

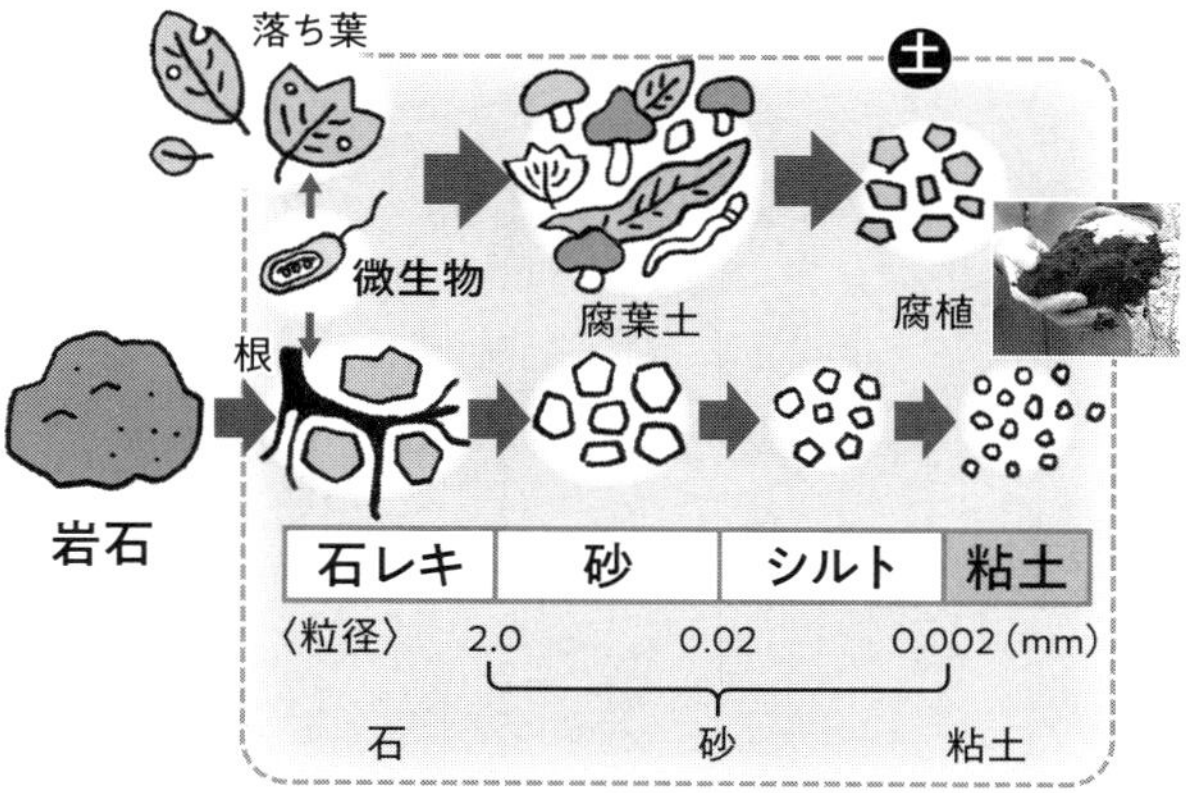

図1-1 土の成り立ちと構成成分
落ち葉や岩石に生物活動（植物・微生物）が加わった瞬間から土になる。土は、岩石の風化物である石レキ・砂・シルト・粘土、動植物遺体の腐ったものの混合物。本書では石レキを単に「石」、砂・シルトを「砂」と呼ぶ

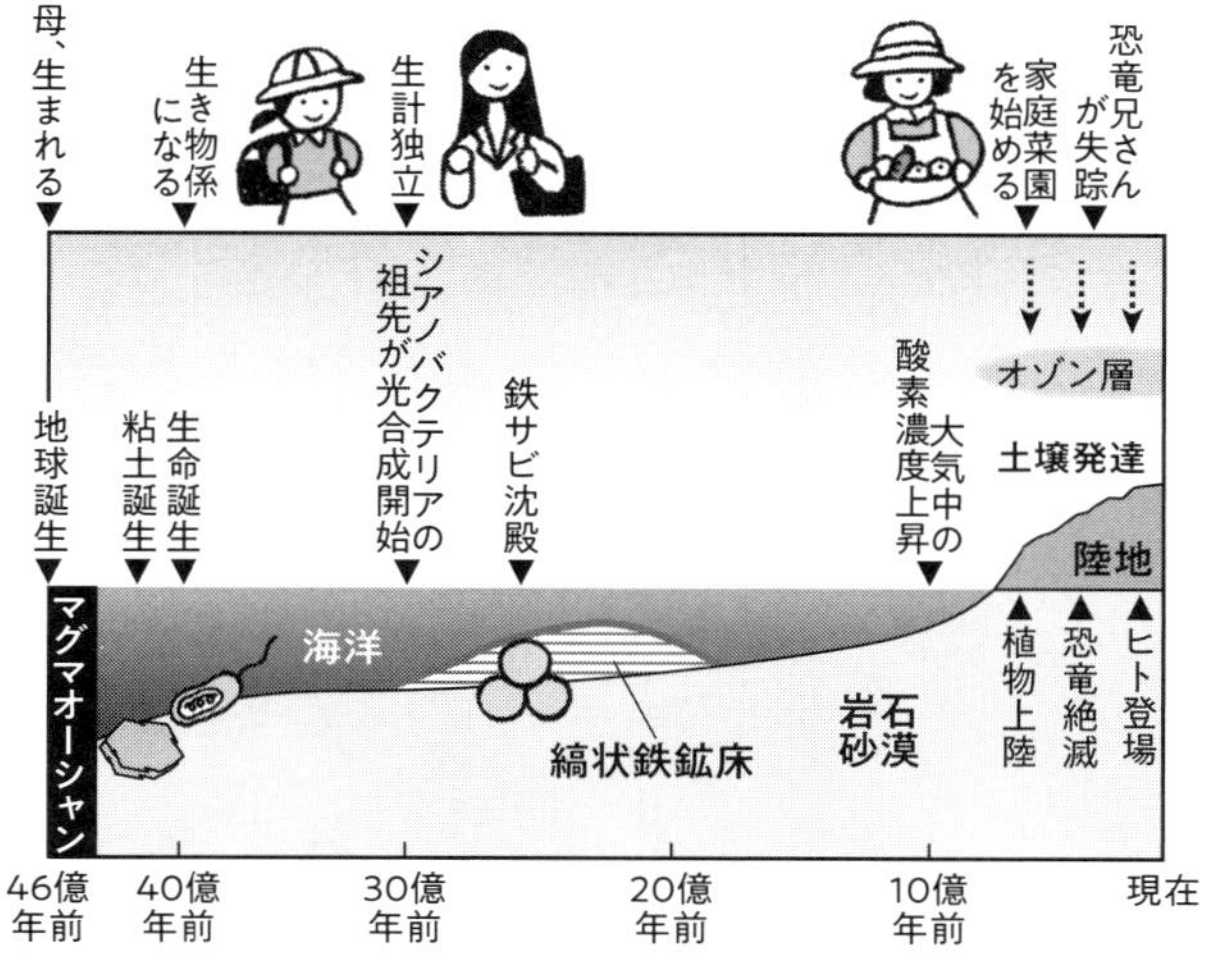

図1-2 地球の土と生き物の歴史
46億年前に生まれた地球お母さんを46歳として考えてみる。ここでいう光合成は酸素発生型を指す

より小さいものはすべて砂として一括し、粒径2ミリメートル以上のものを石と呼ぶ。

粘土は子どものころ誰もが夢中になって遊んだはずだが、いざ粘土を学ぶとなると話は別だ。目を輝かせて大学の門をくぐったはずの学生たちのやる気と意識を吸いとるのが、土壌学の粘土講義である。入門のはずが鬼門と化している。にもかかわらず、本書がなぜ性懲りもなく粘土から話を始めるかといえば、粘土が生命の起源と密接に関わるためだ。粘土の話を乗り越えなければ、生命も土もない。まずは粘土のきた道をたどろう。

地球を作った造岩鉱物

広大な宇宙の数億光年も彼方《かなた》から無数の微粒子（宇宙塵《うちゅうじん》、1ミリメートル以下の固体粒子）を集めた小惑星がやってきて、小惑星どうしが衝突してできたのが地球だという。46億年も前のことなので、どこか遠い空想の世界のように聞こえる。ただ、微粒子がガスとともに集合して密度が高まれば星雲となり、さらに密集して充分な質量を持てば惑星となる現象は、望遠鏡のレンズをはさんで夜空の向こうに見ることができる。

今も宇宙を漂う微粒子たちは天の川の周りの影となり、地球上にも毎年4万〜6万トンもの微粒子が雪のように静かに降り積もっている。ただし、その量は厚みにして100万年で0・01ミリメートルにすぎない。[1-2] 日本では黄砂が1000年で平均1センチメートル、火山灰が100

年で平均1センチメートル降り積もるのと比べるとわずかだし、大気圏を通過する際に流星として燃え尽きるものが大半だ。しかし、究極的には、この微粒子こそ地球と私たち生命の材料となる。

微粒子の一粒一粒は、小惑星リュウグウや隕石《いんせき》、そして現在の地球の岩石を構成する成分とよく似ている（カラー口絵1）。隕石や岩石を砕くと、細かな砂になる。しかし、この地球を作った微粒子は、私たちの足元の土に含まれる粘土とは違ってネバネバすることはない。微粒子を構成する鉱物は**造岩鉱物**（**一次鉱物**）と呼ばれ、10マイクロメートル程度のものが多い。小麦粉の10分の1、赤血球1粒くらいの大きさだ。粘土よりも大きく、やがて粘土を生みだす母体となる。

微粒子の集合した小惑星どうしが衝突すると、熱を帯びる。長い距離を全力疾走したサッカー選手どうしが勢いのままに衝突し、カッと熱くなってケンカするのと似ている。今も昔も、世界はエネルギー保存の法則に従う。小惑星が衝突した際に生じたやり場のない運動エネルギーは熱エネルギーへと変化する。生みだされた6000度以上の高熱は微粒子を溶かし、マグマを生みだした。これがさらに小惑星を取り込んで巨大化し、惑星となったのが初期の地球である。

惑星内部では放射性物質の崩壊（核分裂反応）によってもエネルギーが発生する。放射性ウラン（^{238}U, ^{235}U）の核分裂であれば、放射性セシウム（^{137}Cs）、放射性ヨウ素（^{131}I）などが生成する。その時に放出される放射線のエネルギーが原子爆弾や原子力発電の力の源であり、地球の熱源の一つである。これらの熱エネルギーは地球の表面すら溶かし、地球表面全体をマグマの煮えたぎる海（マグマオーシャン）へと変えた。

怒りも熱も時間とともに冷める。地球は宇宙空間へ放熱し、熱いマグマを内に秘めたまま、表向き（地表面）だけはクールさを取り戻した。水蒸気（小惑星・彗星起源）は冷めて水となり、海を作る。地球ができてから早い段階で（といっても2億年後）陸と海が生まれたことは、海底で生まれる堆積岩、陸地起源の鉱物粒子ジルコンの存在によって確かめられている。[1-3] 地球が冷めたことで、マグマの一部は微粒子へと戻る。ここで土の材料である岩石が誕生した。

岩石もすりつぶせば、微粒子の集合体であることが分かる。火山ガラス、長石、石英、雲母《うんも》、カンラン石。どれもキラキラしていて美しい。しかし、まだ土はない。造岩鉱物は、土と違って結晶構造に見られる「秩序の美」があり純度も高い。どうやって、無機質な材料から土と生命が生まれたのだろうか。これがこの本の前半部の問いである。

純粋なダイヤモンドと不純な私たち

学校のグラウンドでキラキラと光って見えるのは砂粒であり、石英という造岩鉱物の結晶が日光を反射している。甲子園の黒土（火山灰土壌）もキラキラして見えるが、それはひたむきに白球を追う高校球児のまぶしさによるものではなく、園芸会社が混合した石英砂と火山灰（主に火山ガラス）の結晶が光を反射するためだ。手に取ってみるとどれも砂粒にすぎず、水晶玉のような輝きはない。球児のユニフォームを汚す黒土からは、縄文時代の人々の火入れによって残された炭が見つかることもある。炭の主成分は炭素だが、同じ炭素からなるダイヤモンドのような輝きも経済価値もない。高校球児はそんな甲子園の土に特別な価値を見いだす。

石英砂ではなく水晶玉、炭ではなくダイヤモンドに輝きや経済価値をもたらすのは、**結晶**という構造の違いだ。ここまで「結晶」という言葉を使ったが、そもそも結晶とは何だろうか。生命誕生や土の成り立ちのカギを握る粘土を理解する上で、まず、ここではダイヤモンドと炭を例に結晶とは何かを押さえておきたい。

ダイヤモンドや黒鉛、活性炭（木炭）はいずれも主成分は炭素で結晶構造を持つ。原子や分子が規則正しく並んだ配列で構成された固体を結晶というが、ダイヤモンドは永遠の輝きを誇る宝石として珍重される一方で、黒鉛は鉛筆の芯として、活性炭は靴や炊飯器に入れる脱臭剤としてポイと使い捨てにされる。違いは、原子や分子が並ぶ規則性と純度だ（図1-3）。

ダイヤモンドとは異なり、木炭や活性炭の炭素原子の整列はまだまだバラバラで、学校のマスゲームで求められるような「秩序の美」がない。原因は温度と圧力の違いにある。同じ炭素でも、高い温度、高い圧力条件（1500度、6万気圧）では規則正しい結晶構造を持つダイヤモンドができ、タケなどの木を低温（数百度から1000度以下）で蒸し焼きにすれば木酢液、タール

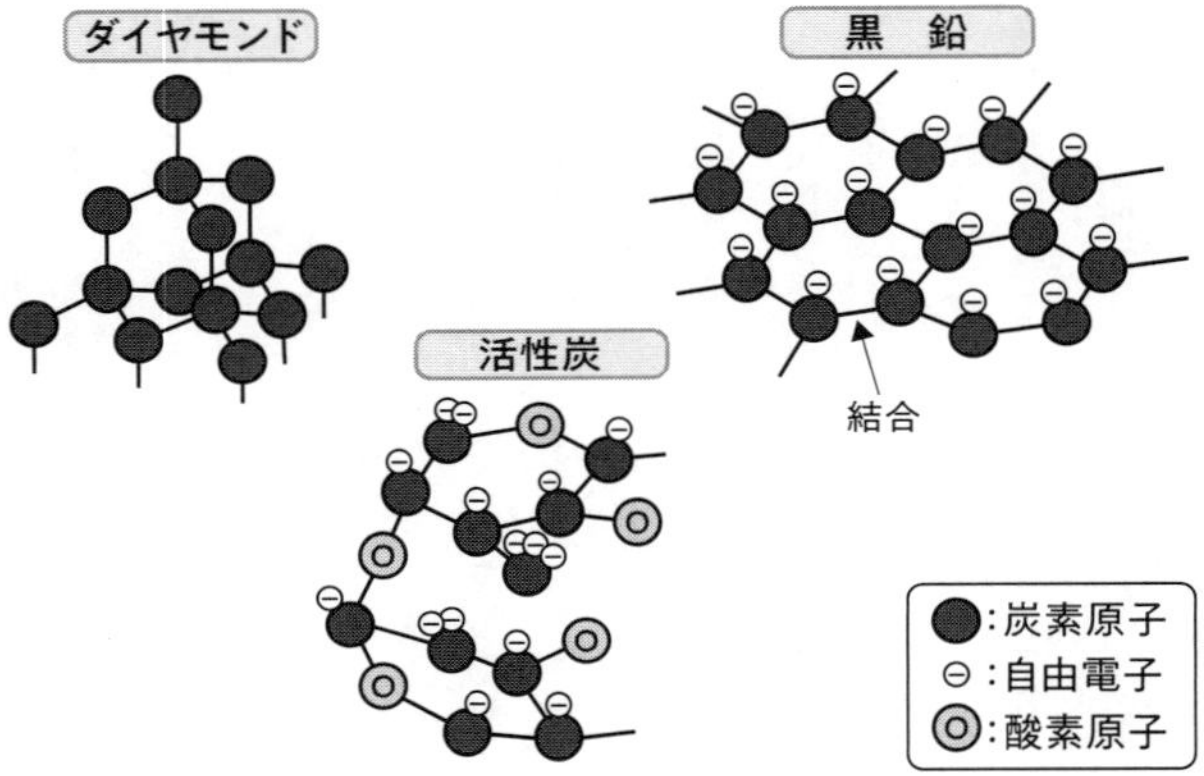

図 1-3　ダイヤモンド、黒鉛、活性炭の構造
ダイヤモンドは原子核の一番外側の殻の電子（最外殻電子）４つがすべて共有結合し、電気を帯びない。黒鉛は最外殻電子３つで網目状の平面構造を作り、電気を帯びる。活性炭も電気を帯びるが、規則的な結晶構造を持たない部分や不純物（酸素）が多い

とともに木炭ができる。こちらは学校の科学実験室でも縄文時代の野焼きでもできる。木炭など炭化物をさらに処理し、反応性を高めたものが活性炭だ。木炭にせよ活性炭にせよ、生成時の温度も圧力も低く、元素の配列は不規則なままだ。

木炭や活性炭とは違い、ダイヤモンドと黒鉛（鉛筆の芯）は、ともに炭素原子どうしが結合した構造をしている。ダイヤモンドは縦にも横にも原子が結びつくことで立体的な結晶構造を持つ。一方、黒鉛は横のつながりが強く、平面構造の結晶を作る。鉛筆でノートに字を書いた後、利き手のノートとの接触面が黒光りするのは、板チョ

コのように炭素原子の各ピースがみな同じ方向を向いて並び、光を反射するためだ。

黒鉛は高温（３０００度）で堆積岩を蒸し焼き（変成作用）にできる地下深くであれば、どこでも生成する。一方、ダイヤモンドは数十億年前の地殻変動で上昇したマグマが地表近く、つまり黒鉛よりも低温（１５００度）で結晶になるという奇跡が必要となる。しかも、その場所が今も採掘可能な陸地にあるという奇跡も必要だ。これが、地質年代の古いアフリカ大陸などにダイヤモンドが局在する理由である。アフリカでは、炭素（有機物）や栄養分に乏しい赤土が食料不足の原因になり、教育現場での鉛筆（黒鉛）不足が貧困の原因となる一方で、ダイヤモンドが武器調達の原資となり紛争を招く[1-4]源となる。結晶構造の違いが、人間生活に決定的な影響を及ぼす。

ダイヤモンドと黒鉛の話で重要なことは、温度と圧力が違うだけで同じ材料でも異なる結晶の鉱物になるということだ。不純物が多ければ、結晶にならないこともある。活性炭のように結晶構造の欠損部分で他の物質をくっつける働きを持つこともある。それが宝石と鉛筆の芯、脱臭剤という運命の違いを生みだす。元素の純度、配列の規則性によって値段も性質も大きく変わる。

私たちの人体も炭素が約20パーセントを占める物質である（図1-4）。成人男性（例：土の研究者、身長１７９センチメートル、体重70キログラム）ならば、14キログラムが炭素になる。１年間に米１５０キログラム（１石に相当）を食べたとすると、その半分、75キログラムの炭素が取り込まれる。この数字で体内の炭素量14キログラムを割ると、２ヵ月弱で体内の炭素が入れ替わって

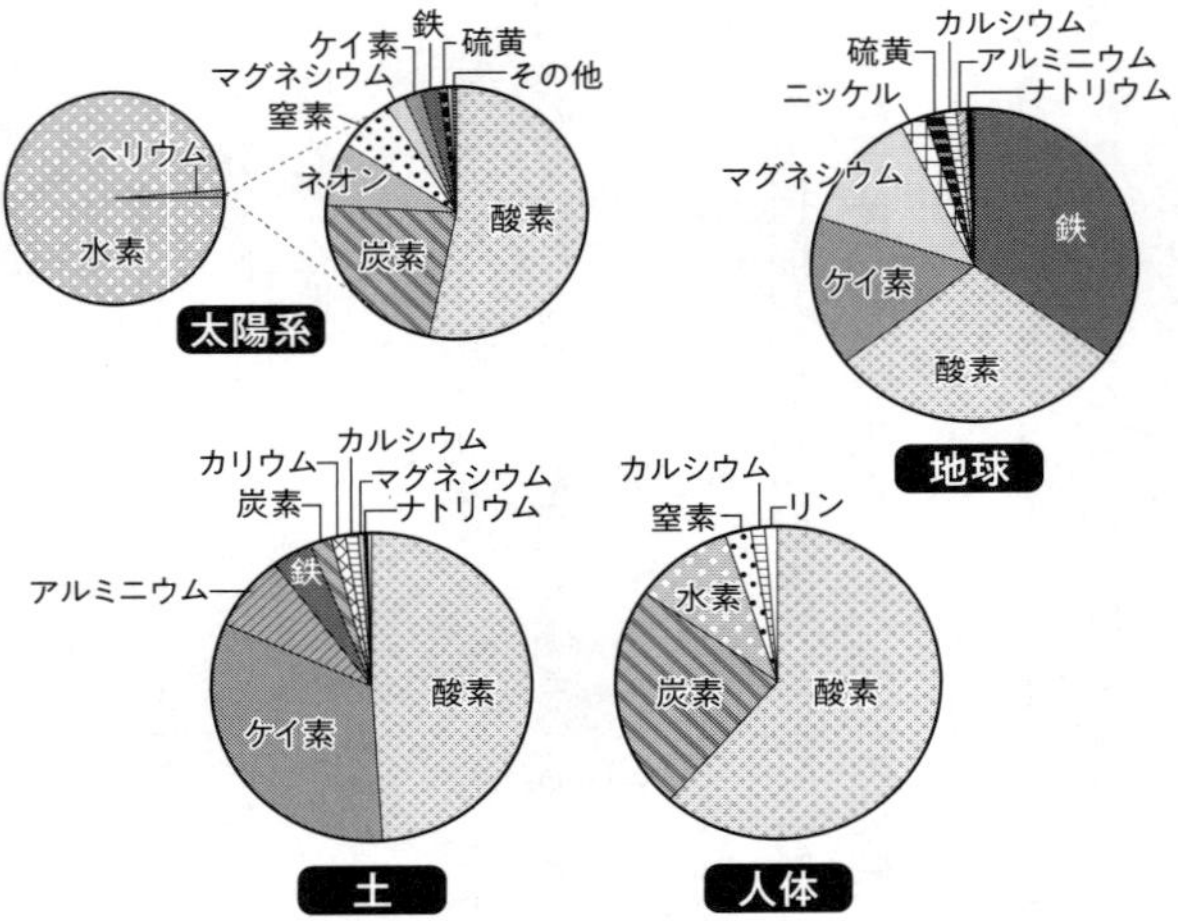

図 1-4　**太陽系、地球、土、人体の元素組成**
太陽系は水素、地球は鉄、土はケイ素、人体は炭素が多いのが特徴的

いることになる。

残念ながら、食べたものがすべて血となり肉となるわけではなく、生命維持で消費したり排泄《はいせつ》物として通過したりするのが大半で、新陳代謝に使われる割合はごくわずかしかない。しかも新陳代謝は年齢とともに遅くなる。それでも、体の細胞は10年ほどかけてほぼすべて入れ替わる（腸管内部の上皮細胞は数日、血液は4ヵ月、筋肉は15年）[1-5、1-6]。同じ炭素でも、数十億年変化しないダイヤモンドとは大きく異なる。純粋ではなく、結晶でもない不安定な物質が人体を、そして地球を循環している。

ダイヤモンドは地上で最も硬く壊れにくい鉱物であるがゆえに、変わることのない愛の象徴となる。一方、私たちはダイヤモンドのように不変というわけにはいかないが、悪いことばかりではない。太陽系外には、ケイ素とダイヤモンドからなる惑星も存在するとされるが、[1-7] 超高圧高温条件（50万気圧、２２００度）の惑星に既知の生命体は存在しえない。地球がダイヤモンドのような結晶ばかりであれば、生命も土もない惑星となっていただろう。はかなくもろい岩石や不純物が存在したおかげで、地球に土もヒトも生まれることができたのだ。

パソコンと土を作るケイ素

結晶が理解できたところで、本題の岩石に話を戻そう。水以外で私たちの身体《からだ》を構成する主成分が炭素なら、地球表層を構成するのがガラスの主成分であるケイ素（シリコン）[1-8]だ。太陽系の元素存在割合では８番目にすぎないケイ素が、水素、ヘリウムに次いで多い酸素と結合して地球の土の骨組みを作っている。[1-9] 露店に並ぶ水晶玉も、花崗岩《かこうがん》に含まれる石英も、火山から噴出する火山ガラスも、窓ガラスさえも、主成分はケイ素に酸素が二つ付いた二酸化ケイ素という物質からできている（図1-5）。美容整形（豊胸手術）の充填剤や水道管の水漏れ防止に使われるシリコーン（有機ケイ素化合物）の主成分もケイ素だ。ただし、こちらは結晶度（原子や分子の並びの規則性）、純度が低いので、硬くはない。

岩石に含まれる造岩鉱物と土に含まれる粘土の違いも、ダイヤモンドと活性炭のように、結晶

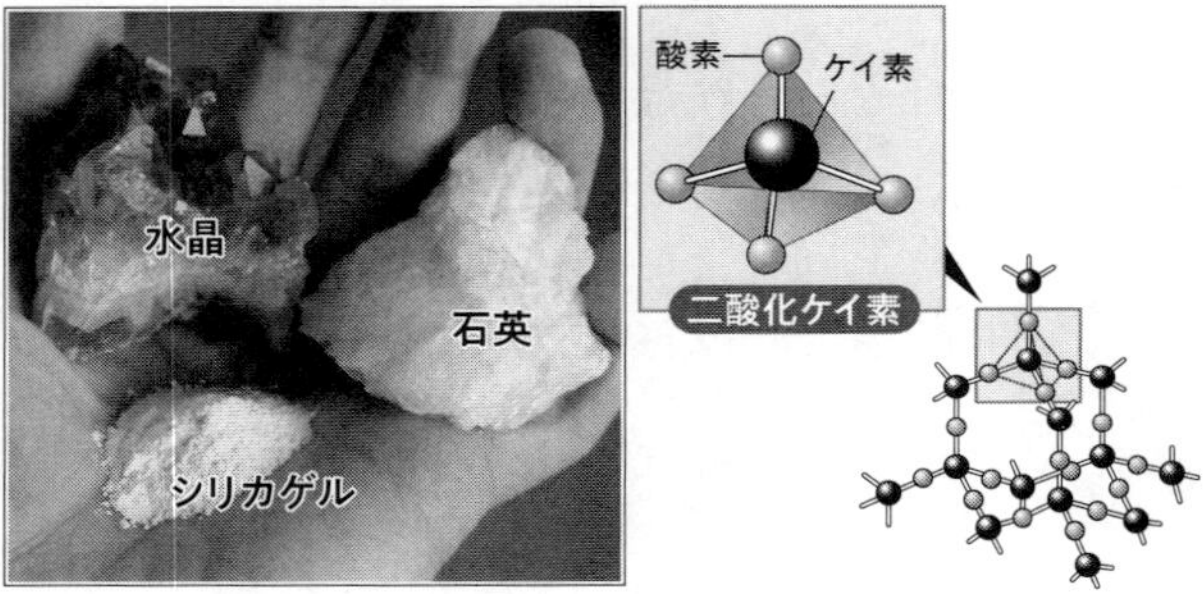

図 1-5　二酸化ケイ素からなる物質と結晶構造

二酸化ケイ素が連結してダイヤモンドと同じ立体構造を作る（右図）。同じ二酸化ケイ素でも、結晶度の違いによって石英、水晶（石英のうち、透明度の高いもの）、シリカゲルになる（左写真）　写真：筆者　※２次元コードからカラー写真が見られます

の純度と配列の違いで説明できる。石英（水晶も含む）のような造岩鉱物は純度や配列の規則性が高く、硬い。粘土のようにはネバネバせず、変質もしにくい。その性質ゆえに、特に純度の高い石英はパソコンやスマートフォンを駆動する半導体（集積回路）の原材料として活躍している。米国カリフォルニア州スタンフォード大学近くの渓谷にある、情報技術（ＩＴ）関連の会社が集まる「シリコン（ケイ素）」バレーで、AppleもGoogleも成長した。半導体に使うケイ素はイレブンナイン、つまり99・999999999パーセントの純度を満たす必要がある。主たる原材料は中国産の石英砂だが、あらゆる地下資源は有限だ。ケイ素頼みの現代文明は、砂に依存した「砂上の楼閣」でもある。

　純度の高い石英を必要とする半導体が〝産業

のコメ〟として重宝される一方で、土にはケイ素だけでなく多くの不純物が含まれる。炭素でいえば、ダイヤモンドよりも活性炭に近い。ダイヤモンドや石英の結晶ではネバネバした肥沃な土は生みだせない。不純物こそ栄養分となり、不純物を含んだ土こそが生命のゆりかごとなる。

生命が宿る前提条件

これまでに登場したケイ素と炭素だけでは、土や生命は作れない。筋肉を作る窒素、骨を作るカルシウムやリンなどの材料はどのように集まったのだろうか。再び、小惑星どうしが衝突した地球誕生時に戻ろう。小惑星を構成した無数の微粒子は、文字通り献身的に一つの地球を作り上げた。ところが、地球が冷めていくにつれて、構成成分に序列（階層構造）が生じる。重いものほど地球の中心に集まり、軽いものほど外側へと追いやられた（図1-6）。

地球全体の比重は5・5だが、鉄の比重は7・8、ニッケル（銅とともに100円玉の材料）の比重は8・5。重い金属である鉄とニッケルは地球の中心部（コア）に集中する。軽金属のアルミニウム（1円玉の材料）やケイ素からなる比重2・5～2・7にすぎない岩石や軽い気体は、表層（地殻）に浮き上がる。[1-10] 最も軽いガス成分の水素、ヘリウム、ネオンなどの元素の多くは宇宙空間へと帰っていった。最終的に大気中や地球表層に残留してくれたのは、中間的な重さをもつ窒素、二酸化炭素、水蒸気（水）だ。いずれもアミノ酸の材料であり、私たちの身体の主要成

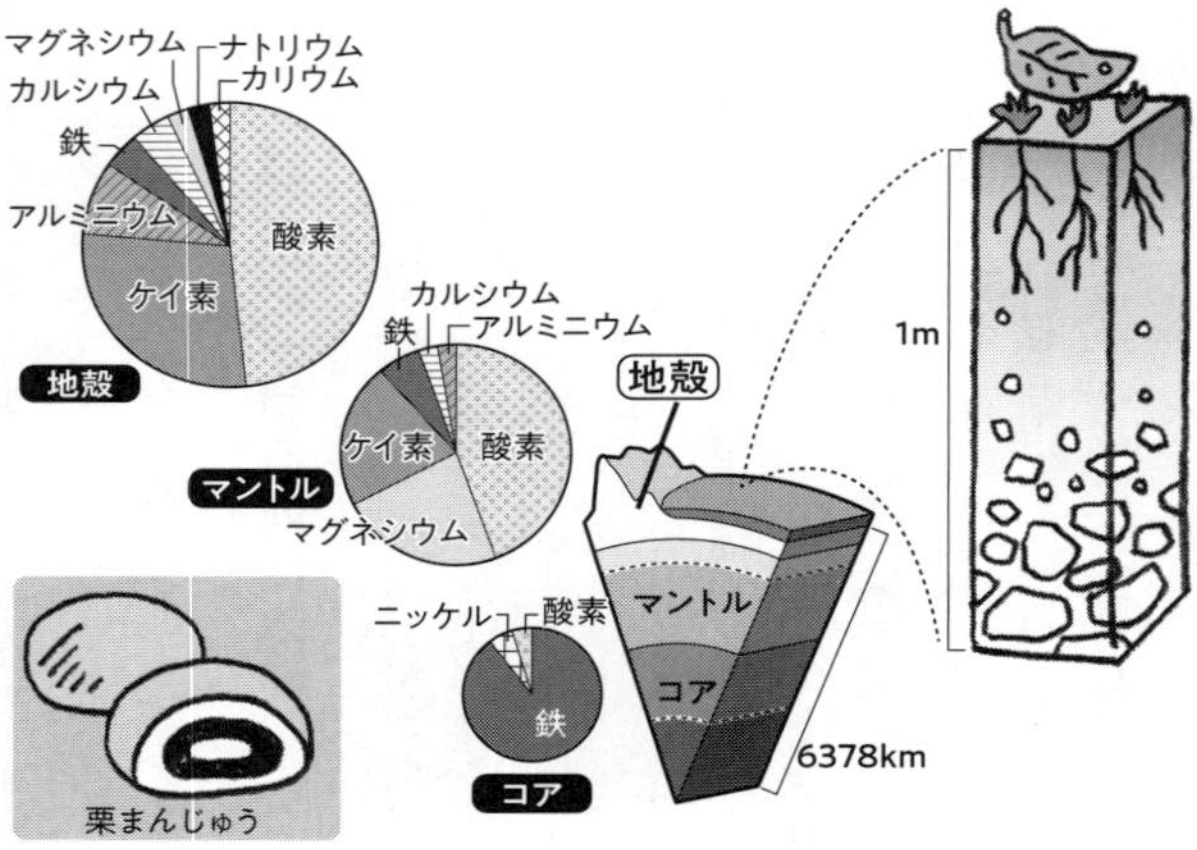

図 1-6　地球内部（コア、マントル、地殻）の元素組成
栗まんじゅうに例えると、栗がコア、こしあんがマントル、薄皮が地殻、表面の焦げ目は表層にある土にあたる

分でもある。この後、地球がいのちの惑星になるために重要な役割を果たすことになる。

地球の構造を栗まんじゅうに例えるなら、こしあんの中心に入っている栗がコアである（図1-6）。コアは鉄とニッケルの塊だ。地球が冷める中で、コア内部（内核）は固体の鉄となり、コア表層（外核）はドロドロに溶けた鉄として対流することで、地球の磁極（N極、S極）をむすぶ強い磁場が生みだされるようになる。この地磁気が太陽風や宇宙線から地球を守ってくれることで、地球に生命が宿る前提条件が整った。表層の地殻やマントルでは、同じ鉄でも酸素の浮き輪をつけた酸化鉄（鉄サビ）として存在し、これは純粋な鉄よりも比重が軽いため、中心部から漏れた。そこに同じように酸素とくっついたアルミニウムとケイ素、マグネシウムが加わってマントルとなった。栗まんじゅうでいうところの、こしあんにあたる。こしあんを包む薄皮が地殻、その最表層の焦げ目が土にあたる。

ここまで見たこともない時代の地下の話をしてきたが、土の研究者の性分として自分の目で見ないと納得できない。しかし、マントルは大陸の地下30キロメートル以上の深さにあるため、私のスコップでは届かない。それでも、地殻変動が活発な日本ではマントルの一部が水と反応し、蛇紋岩《じゃもんがん》となって地表に顔をだす地域がある。京都府福知山《ふくちやま》市大江山や千葉県鴨川《かもがわ》市には戦時中、銃や大砲、電子部品に使うニッケル、クロム、コバルト、アスベスト（石綿）を採掘する鉱山となった場所がある。そこには蛇の模様の青い岩（蛇紋岩）があり、その上にはひときわ赤い土（チョコレート褐色土ともいう）が見つかる（カラー口絵2）。蛇紋岩の中の青い鉄イオンが酸化して赤い鉄サビになるためだ。青い蛇紋岩と赤い土を目の当たりにすると、地下深くのマントルが地表の構成成分とは大きく違うことが分かる。昔の人々も気味が悪かったのだろう。大江山には鬼の伝説がいくつもある。

蛇紋岩地帯の赤い土が目立つのは、その他の地域の土には鉄がそう多くないからだ。地球の表層近くのマントルでは、鉄よりも軽いアルミニウムとケイ素の割合が多くなる。沈み込んだマントルの一部は地下深くで溶け、ドロドロのマグマ（地表に出てきたものは溶岩）になる（図1-7）。

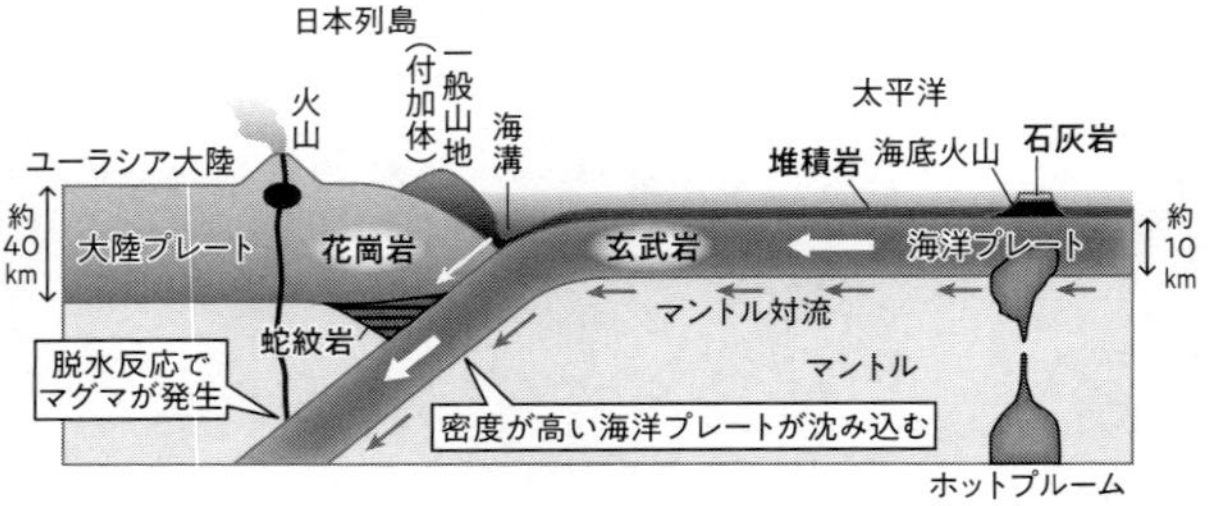

図 1-7　プレート運動による大陸地殻の形成
大陸プレート（花崗岩質）と海洋プレート（玄武岩質）、蛇紋岩が作られる

そこに水が混ざりこむ。[1-10] 海に水をたたえた地球ならではの現象だ。

水によって冷却されてエネルギーを失うと、アルミニウムやケイ素は単体では存在できなくなり、地球に来た時のような姿に戻る。石英、長石、雲母などの造岩鉱物が一例だ。これが集まると、**花崗岩**になる。北アルプスや西日本の山々を形成し、墓石に使われる御《み》影《かげ》石《いし》が代表的である。なお、砂鉄（磁鉄鉱）も花崗岩に多く含まれる造岩鉱物の一つであり、砂鉄集めは花崗岩地帯の砂浜（山陰地方など）がおすすめだ。

中学校理科では、マグマがゆっくり冷え固まってできる岩石（深成岩）の代表として花崗岩を習うが、それよりも「陸地を支える地殻の多くは花崗岩である」ことが本書ではより重要である。花崗岩の主成分はアルミニウムとケイ素だが、カルシウムやマグネシウムは少なく、カリウム（肥料の三要素の一つ）、ナトリウム（食塩に含ま

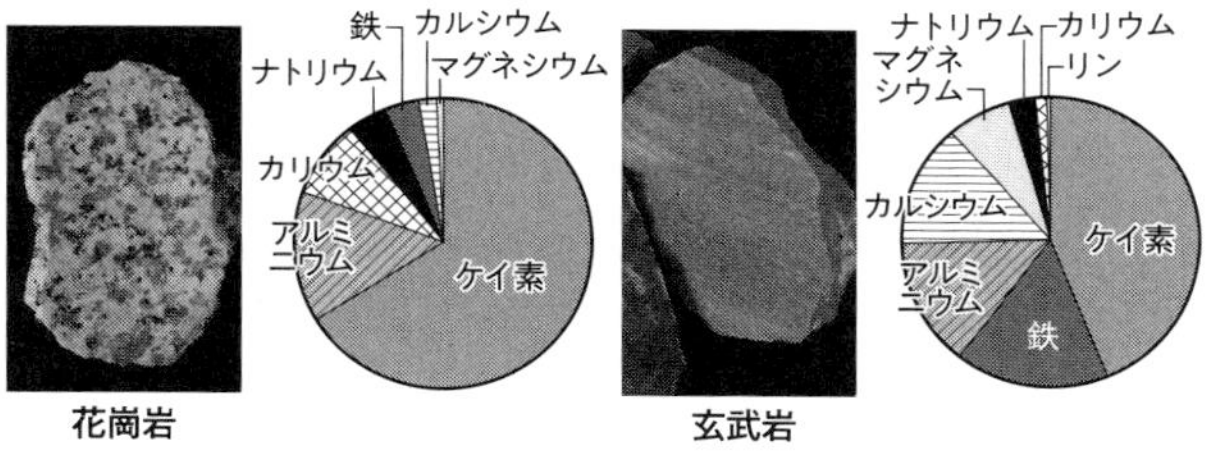

図1-8　**花崗岩と玄武岩の酸素を除いた元素組成**
花崗岩はケイ素が特に多く、玄武岩は鉄が多くてより重たい
写真：筆者

れる）が多いのが特徴だ[1-11]（図1-8）。花崗岩からなる大陸地殻が土の材料の一つになる。

土の材料は花崗岩と玄武岩

ここまで地球の構造を栗まんじゅうに例えて説明してきたが、一つ説明できないことがある。栗まんじゅうとは違い、地球には活発な地殻変動がある。体内で血液が循環するように、マグマが地球内部を循環する。日本では、浅間山や桜島の火山噴火によって大地の脈動を身近に感じることができる。

もっと規模の大きい噴火（スーパーホットプルーム）の跡は今もシベリア（ロシア）やデカン高原（インド）に〝カサブタ〟（溶岩台地）として残っている（図1-9）。約６６００万年前のインドの大噴火は地球の気候にも影響し、恐竜絶滅の一因となったといわれる。さらに、１０００万年前から現在も続くアフリカ大地溝帯における噴火は、私たち人

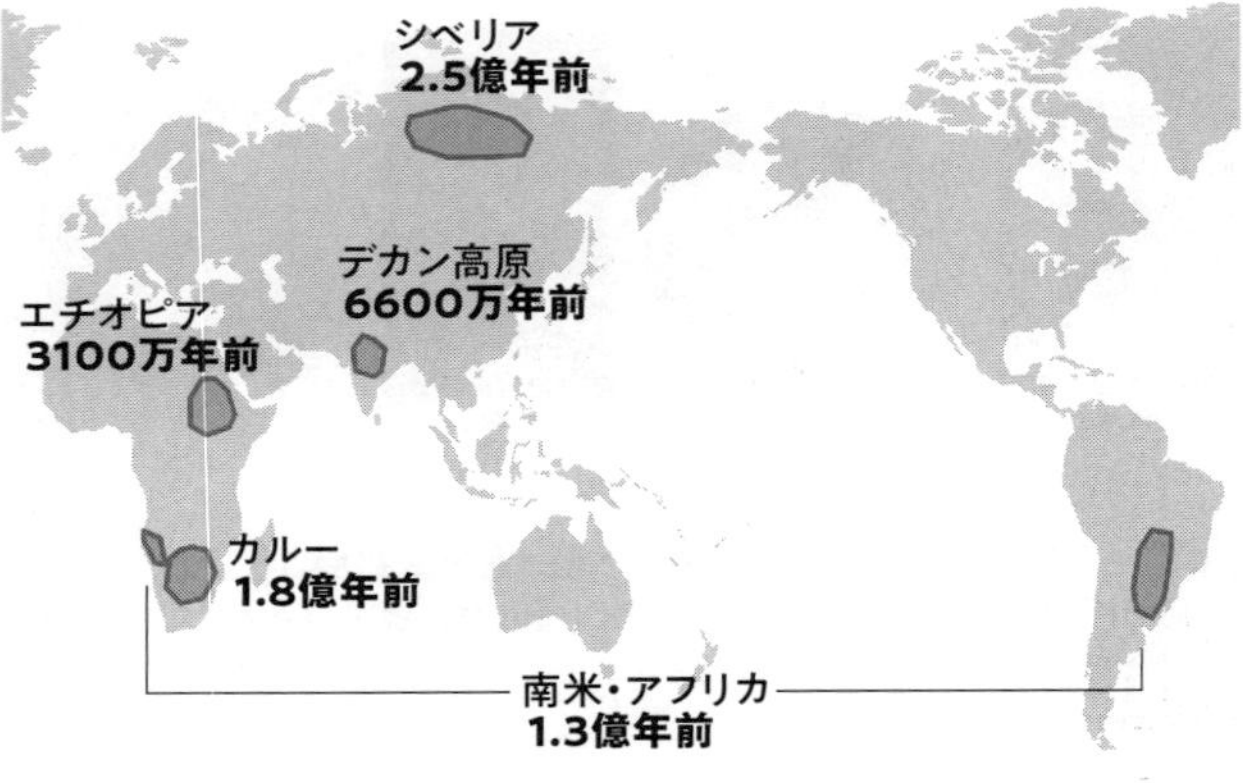

図1-9 陸上の主要な玄武岩の分布域
その他の大陸地殻は、主に花崗岩を起源としている
Self et al.(2014)をもとに作成

類の誕生にも影響した。火山の噴火は気候変動をもたらすだけでなく、花崗岩とは異なる**玄武岩**《げんぶがん》を地表に届けてくれる。玄武岩は富士山を構成する岩でもある。

玄武岩とは、噴火などによって地中深くのマグマから誕生した、造岩鉱物（主に斜長石、輝石、カンラン石）が集まった岩石である（図1-8参照）。地中深くのマグマだけあって重い原子量を持つ鉄やマグネシウムを多く含む。これを苦鉄質《くてつしつ》という。「苦」はマグネシウムを指し、豆腐を固める「ニガリ」の苦味成分に由来する。マグネシウムを多く含む「苦土《くど》」肥料が売られているが、玄武岩の溶岩や火山灰は自然状態でもマグネシウムに富む。加えてカルシウムとリンも多い。噴火のおかげで、植物の生育に必要な栄養素である鉄やマグネシウム、カルシウム、リンが供給される。

中学校理科では、マグマが急速に冷え固まることで結晶化する岩石（火成岩）の一つとして玄武岩を習うが、土に関して大事なことは、そのあとだ。噴火によって放出された火山灰の結晶構造は弱く、風化しやすい。急ごしらえのチームのように少しの試練ですぐにバラバラになる。玄武岩質の火山灰に多い造岩鉱物（カンラン石や輝石）の壊れやすさは、花崗岩に含まれる石英の60倍だ。風化した造岩鉱物は素早く土になる。

微粒子の長い旅の末に、ようやく地球上に土の材料がそろった。それぞれの事情を抱えて同居することになったケイ素、アルミニウム、鉄、マグネシウム、カルシウム、リンを含む造岩鉱物は、地表で原子量のより軽い窒素、酸素、水、二酸化炭素と出会う。この出会いが、土を、そして生命を生みだしていく。

本当に岩が土になるのか？

世界を見渡すと、比較的軽い花崗岩は『ひょっこりひょうたん島』のように浮いて大陸を形作り、重い玄武岩は海と大陸の受け皿（海洋プレート）となった（図1-7参照）。ただし、花崗岩の大陸にも、ところどころ噴火で顔を出した玄武岩の台地や火山地帯がある（図1-9参照）。主にこの二つの岩から土ができ、地球の土に多様性を生みだしている。とはいえ、土とは似ても似つかない岩石が本当に土になるのだろうか？　この疑惑は、サルのなかまからヒトが誕生したという進化論を初めて耳にした人々の違和感に近い。岩が土になる途中過程を見ないことには信じられない。進化生物学者でも恐竜学者でもない土の研究者が地球の生命史を語る意義は、スコップで変化の証拠を見せられるところにあるはずだ。

土を掘る場所なんてどこでも良さそうだが、地域や国によって土の種類や性質が違う。日本の土は岩石だけでなく火山灰が混ざっていて解釈が難しい。そこで私は、国際学会に行く機会があれば、主催者に頼み込んで会場の裏山などを掘らせてもらうことにしている。２０１８年にブラジルで開催された世界土壌科学会議の会場は大都市リオデジャネイロだが、学会前にアマゾン源流部の土を見せてもらった。学会の会場に到着する頃には、汗まみれ土まみれ。それでも、現地の人々は、日本人が地球の裏側まで自腹で土を見に来たことを憐《あわ》れみ、案内してくれた。

平坦《へいたん》な赤色の大地の中で、小高い丘の削られた崖の下部には玄武岩が見つかる。下層から表層へとサンプルを採取して観察すると、青みを帯びた黒い岩は黄色に変質し、ついには地表の赤い土となる（カラー口絵３）。岩は土になると、発泡スチロールのように軽くなる。確かに、岩は土に変わることを確認できた。ただし、南米大陸の歴史は古く、地質年代は数億～数十億年前である。そのうち、いつから現存する土の発達が始まったのか、つまり、どのくらいの時間がかかって岩が土になったのかは分からない。日本に帰ろう。

屋久島の土の成り立ちを復元する

広く火山灰に覆われた日本列島にあって、西日本には六甲山、屋久島、中国山地のように花崗岩が鋭く角をだしている場所がある。京都なら、延暦寺《えんりゃくじ》のある比叡山《ひえいざん》や銀閣寺の裏にある五山送り火で有名な大文字山だ。花崗岩の山は、あまりに有名で調査するにも少し気後れしてしまう。二の足を踏んでいるところに、「花崗岩の島」屋久島調査の話が舞い込んできた。屋久島は映画『もののけ姫』の原始の森のモチーフとなった世界遺産の島であり、国立公園だ。ハードルの高さはこの上ないが、調査許可は取得済みで旅費も支給される。理想的な展開だ。かわいいヤクザルを威嚇しながら穴を掘らないといけないこと、論文を書かないといけないことは後で知った。

私が屋久島まで土を見に来た、と言うと「もっと魅力的なものがいっぱいあるのに」「若いのに感心だね」と同情されることが多い。が、魅力的な自然や文化を支えるのは土だ。その昔、縄文時代の鬼界カルデラの噴火（7300年前）によって放出された火砕流が島を飲み込んだ。急峻《きゅうしゅん》な場所では、その上に崩壊した花崗岩の風化物が堆積し、直径2メートルを超える縄文杉を支えている。火山噴出物の上にある土の年齢は7300歳より若いことになる。ブラジルとは異なり、日本では火山灰層の降灰年代が決定されて時間の指標になるため、花崗岩が土になるスピードも推測できる。当初、火山灰土壌は複雑だからと避けてきたのが恥ずかしい。

花崗岩にはチタンがごく微量（０・３パーセント）含まれている。カルシウムなどは雨で流れ去るが、酸化チタンはビルの外壁塗装に使われるだけあって反応しにくく、土に残留する。この原理を使えば、岩が土になる過程を復元できる。屋久島の土のチタンを追跡すると、10センチメートルの厚みの花崗岩に含まれるチタンが、30センチメートルの厚みの土に拡散していることが分かった。つまり、10センチメートルの厚みの花崗岩から30センチメートルの厚みの土ができたことを意味する[1-11]。体積が3倍になった勘定だ。鬼界カルデラの噴火後７３００年のあいだに30センチメートルの土ができたとすると、１００年で4ミリメートルの土ができる計算になる（図1-10）。

ただし、花崗岩と土の粒子そのものの重さはほとんど変わっていない。体積の増加分のほとんどは空洞だ。「土は砂と粘土と腐植の混合物」と説明してきたが、これは目に見えるものしか捉えていない。実際には、空洞が空気と水の通り道となり、それも含めて土となる。フカフカになった土が縄文杉を支えていた。

ブラジルと屋久島の調査によって、ゆっくりでも確かに岩は土になることを実感できた。しかし、岩石と土の違いを理解する上で、まだ大きな溝がある。それは「粘度」の違いだ。岩をハンマーで砕いても、パラパラとした細かい砂になるだけで、土のような粘り気はない。岩から土へと変化するあいだにいったい何が起きたというのだろうか。カギはやはり、結晶の違いにある。

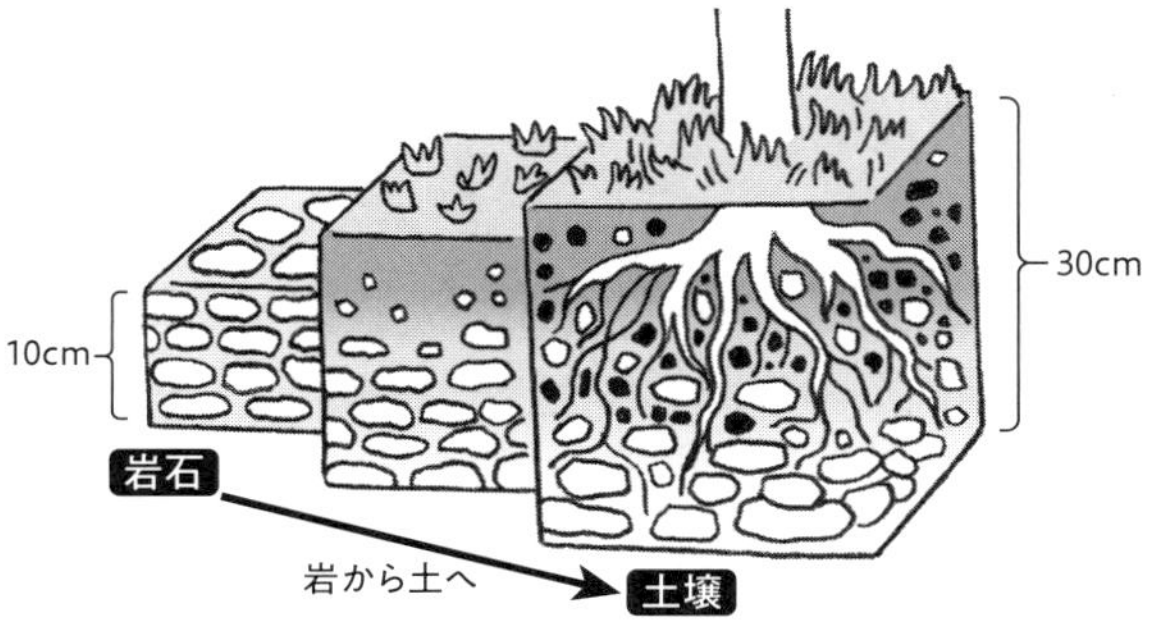

図1-10　花崗岩が土になるまで
屋久島での観察をもとにしたイメージ。土と水の通り道（孔隙）ができることで、体積が３倍に増加する

粘土はタフな結晶である

これまで造岩鉱物からなる微粒子が存在する宇宙空間や地球深部とは異なり、地表に露出した岩石を迎える地球表層環境には空気や水が豊富にある。造岩鉱物は、宇宙空間や地下では岩石の一部として安定しているが、地表では環境がガラリと変わり、不安定になる。人間社会でいえば学生が社会に出て面食らう現象に近いだろうか。造岩鉱物の場合、新たな環境で安定した状態へと変化すべく、風化・崩壊し、やがて土へと姿を変える。社会人になって、「アイツは変わった」と言われるのと似ている。

ヒトの成長・老化の場合では少しずつ変化するイメージだが、造岩鉱物が土になるには、一度自分の殻（結晶）を壊してゼロから再構築する必要がある。多くの場合、一度水に溶けて、もう一度結晶を作りなおす。ダイヤモンドが鉛筆の芯や脱臭剤になるくらいの大きな変化なのだ。誕生した粘土粒子の直径は数十~数百ナノメートルで、2マイクロメートル以上の直径を持つ造岩鉱物と比べると圧倒的に細かい。粘土があることで、土の表面積が大きくなる。1ヘクタール（100メートル×100メートル）の畑を深さ1メートルまで掘り、その土の中の粘土の表面積を足すと、北海道一つ分（834万ヘクタール）の広さにもなる。

粘土というと柔らかいイメージがあるが、正式には**粘土鉱物**といい、実は水晶やダイヤモンドと同じく結晶構造を持つ鉱物だ。これまで見てきた結晶は、ダイヤモンドでは炭素、水晶では二酸化ケイ素というように、1種類の原子や分子によって構成されていた（図1-3、図1-5参照）。ところが、土の中の粘土鉱物は異なる分子どうしが結合し、地表では造岩鉱物よりも安定した結晶を作ることができる。

岩が土になるあいだの成分変化を調べるための分析は、岩や土を濃フッ化水素酸という強酸性の液体でぐつぐつ煮込んで溶かすことから始まる。岩石粉末は1時間もあればすべて溶けてしまうが、土は6時間以上煮込まないと溶けてくれない。外界の荒波にもまれて生まれた粘土鉱物の結晶は、元の造岩鉱物よりもタフになっていた。

溶けた成分を分析すると、岩から土になって増えるのは、炭素、窒素、酸素を除けば、ケイ素とアルミニウムだった。大陸地殻の主成分であるケイ素とアルミニウムの相性が良かったおかげで、粘土を作るコンビとなった。火星やブラジルで見た玄武岩の場合、ここに鉄も加わってトリオになる。さらにカルシウム、マグネシウム、カリウムなども入り込み、多様な粘土鉱物のユニットが生まれる。空気と水という地球ならではの環境に、純度が低く粘度の高い粘土鉱物というユニークな物質が生まれ、それが地球における生命誕生・進化を促した。

サンドイッチ構造の粘土鉱物

土に含まれる粘土の多寡《たか》は、土俵を作るプロ（呼び出し）や陶芸家、砂場で遊ぶ子どもたちにとって重要な意味を持つ。粘土が少なければ成形できず、粘土が多すぎるとひび割れしやすい。砂と粘土の配合がよければ、ピカピカの泥団子を作ることもできる。これは、粘土鉱物の多くが板チョコあるいはミルクレープのようなシート状構造を持ち、それが規則的に並んで平面を作る時、光を反射するためだ。鉛筆でノートに字を書いたあと手の側面が黒光りするのは、黒鉛の結晶構造に加えて（図1-3参照）、粘土が関わっている。鉛筆の芯（ＨＢ）には黒鉛だけでなく粘土が30〜35パーセントも配合され、黒さのＢ（ブラック）と硬さのＨ（ハード）のバランスが決まる。黒くて柔らかいＢよりもＨＢは粘土を多く含む。粘土も黒鉛も板チョコ構造を持ち、反射面を作ることで黒光りする。

粘土鉱物が平らな板チョコ構造になるのは、粘土を構成するケイ素とアルミニウムの特徴を反

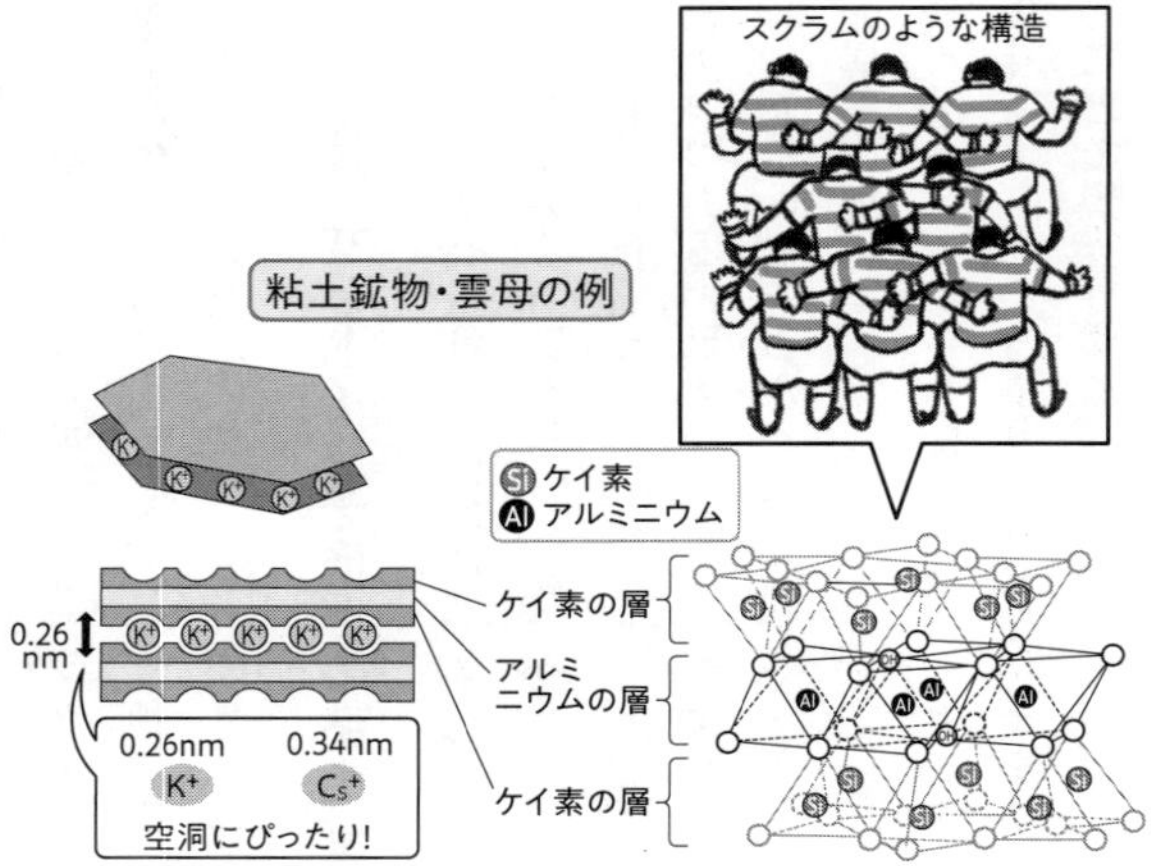

図 1-11 **ケイ素とアルミニウムからなる粘土鉱物（雲母）の構造**
雲母の場合、二酸化ケイ素（Si）の層二つでアルミニウム（Al）酸化物を挟んでスクラムを組む。マイナス電気にはカリウムイオン（K^+）が吸着する。特にケイ素の層の空洞（六角形）のサイズ（直径 0.52nm、幅 0.26nm）とカリウムイオン、少し膨らむとセシウムイオン（Cs^+）のサイズがぴったりで強く吸着される

映している。結晶を作る点はダイヤモンドと同じだが、異なる個性を持つ元素が連結する粘土鉱物の結晶は、ラグビーのスクラム（3人－2人－3人）に近い（図1-11）。フォワード第1列の1人目の位置が決まると、次の人の位置が自然と決まる。第1列はケイ素が並び、肩を組んで連結する。そのすきまに第2列のアルミニウムが入る。第3列にはもう一度ケイ素が並び、アルミニウムをケイ素でサンドイッチする。プラス電気を帯びたケイ素とアルミニウムは反発するが、マイナス電気を帯びた

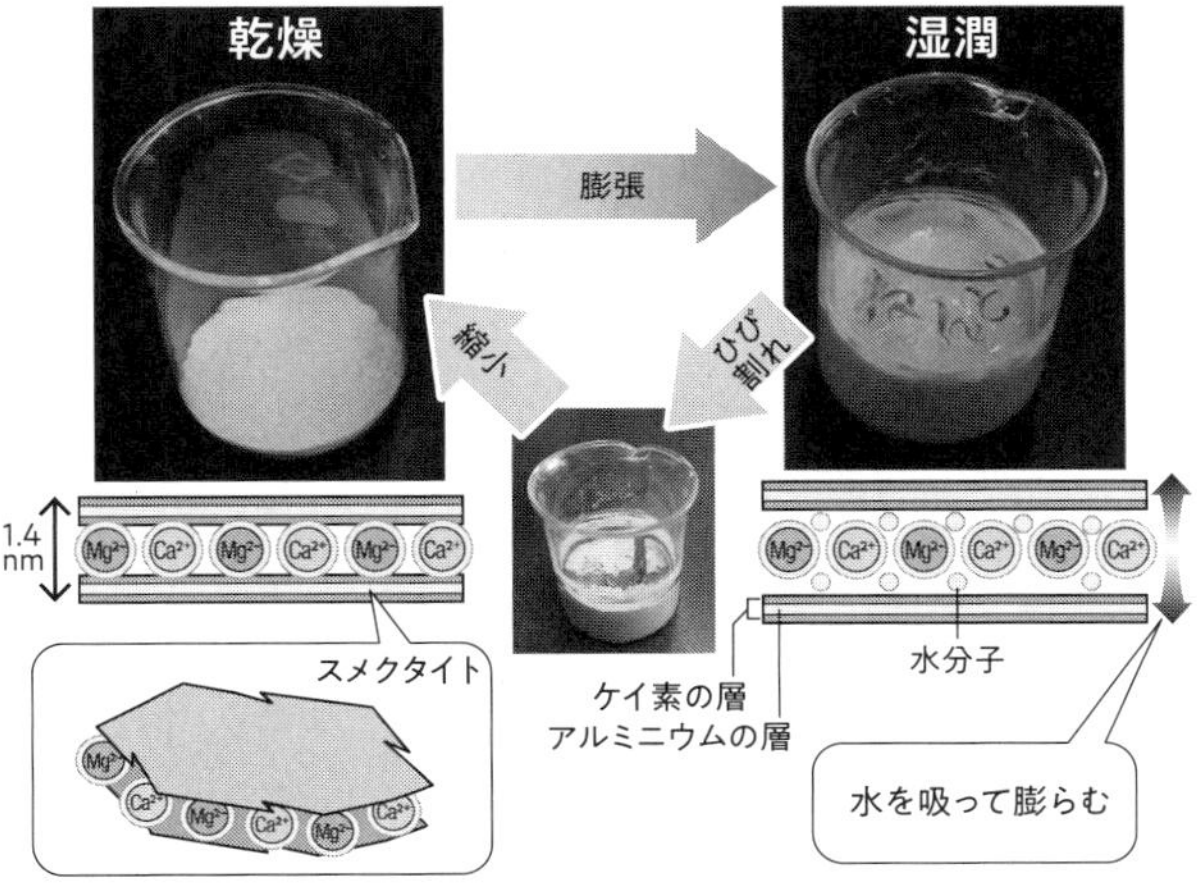

図 1-12　雲母の風化によってできるスメクタイト
マイナス電気によって吸着していたカリウムイオンが放出され、よりサイズの大きいカルシウムなどの水和陽イオンが入り込みスメクタイトとなる。スメクタイトは水をよく吸収して数十倍に膨張し、乾くとひび割れる　写真：筆者

酸素イオン、水酸化物イオンを共有することで強く連結する。第1列、第3列のケイ素とケイ素の連結、第2列のアルミニウムとアルミニウムの連結は横へ横へと延びて広がると層状構造（層状ケイ酸塩鉱物）になる。

ダイヤモンドと黒鉛、活性炭のように、粘土も結晶構造と純度が違えば、異なる性質を備えた粘土鉱物になる。第1列のケイ素と第2列のアルミニウムだけの二層構造ならカオリナイトという粘土鉱物になり、ファンデーション（白粉《おしろい》）や陶器の原材料として使われる。第3列のケイ素も加わった三層構造ならスメクタイト、バーミキュライト、雲母（マイカ）といった粘土鉱物になる。スメクタイトは水やイオンをよく吸収するため、猫砂、下痢止め薬の主成分となる（図1-12）。バーミキュライトや雲母を下痢止め薬と思って飲み込んでも効果はない。バーミキュライトは園芸用土に、雲母は化粧品のラメの原材料となる。バーミキュライトと雲母は、スメクタイトやカオリナイトとは違って地上では生成せず、地下の高温高圧条件で堆積岩や花崗岩の造岩鉱物として生成する。粘土鉱物の違いによって、土は多様な性格を持つようになる。

粘土がネバネバする理由

粘土の結晶中でスクラムを組む第1列のケイ素と第2列のアルミニウムは、イオンとなった時のサイズ（イオン半径）が似ている。結晶の成長段階で、本来はケイ素が入るべきポジションにアルミニウムがスルリと置き換わることがある。専門用語で**同型置換**《どうけいちかん》という。しかし、ケイ素は四つのプラス電気を帯びたイオン（4価の陽イオン）だが、アルミニウムは三つのプラス電気（3価の陽イオン）しかない。完璧な代役を務めることはできず、本来はケイ素が手をつなぐ（＝結合する）四つの酸素イオンのマイナス電気のうち、三つとしかアルミニウムは手をつなげない。つまり、酸素イオンのマイナス電気の一つが余る。この結果、粘土はマイナス電気を帯びる。

これを再びラグビーに例えるなら、上級生のラガーマンたち（ケイ素に相当）にまじって将棋

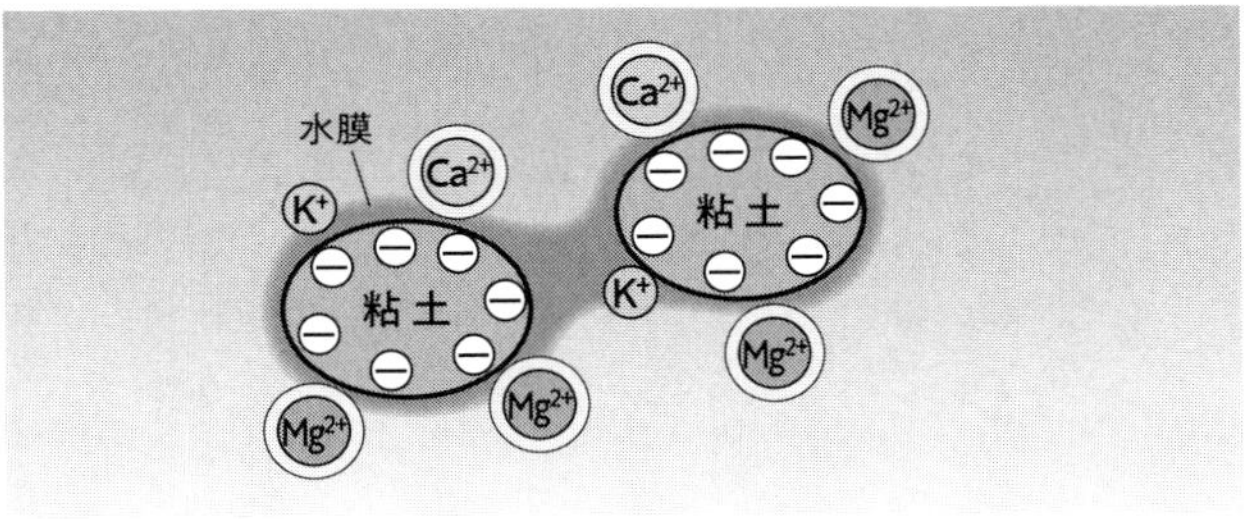

図1-13　**粘土がネバネバする仕組み**
粘土の帯びるマイナス電気に水和陽イオン（カルシウム、マグネシウムなど）が引き付けられ（吸着）、水膜ができる

部員の私（アルミニウムに相当）がスクラム要員の代役を務めた時の気まずい状況に似ている。スクラムはバランスを崩し、チームに不満（マイナス電気に相当）が充満する。結果としてスクラム要員以外までがスクラムに付きっきりになる（陽イオンに相当）。

粘土の持つマイナス電気は静電気と同じで取り出すことができないが、１立方メートルの土（１トン）は電気ストーブを１２０日分稼働するだけの電気を内部に保持している[1-12]。電気的中性の法則に従い、プラスとマイナスの電気は常に釣り合う。粘土のマイナス電気はプラスの電気を帯びた陽イオン（例えば、カルシウムイオン）を引き付ける。これを**吸着**という（図1-13）。

陽イオンは単独ではなく、取り巻きの水分子も同伴してくる（水和）。この結果、粘土表面を薄い水膜が覆うことになる。そこに加えて、細かな粒子間には毛管張力によって水が入り込み、粘土粒子どうしをくっつけようとする力（分子間力と水素結合）が働く。これが、造岩鉱物とは違って粘土に水を加えるとネバネバする理由である。

話が長くなったが、北海道一つ分の表面積、結晶構造の電気のアンバランス、粘土に吸着した陽イオンの水膜、粒子間の毛管張力が粘土に粘りを生む。粘度そのものは重要ではないが、粘土鉱物の「電気を帯びる」という性質が、地球の生命進化で重要な役割を果たすことになる。いよいよ地球史上初の粘土誕生の舞台を訪ねる時がきた。

生命よりも早く生まれた粘土

岩石と土の境界は、粘度の違いよりもまず、生物活動の有無によって線引きされる。この定義に従えば、生命誕生以前の地球に土はないことになる。加えて、国際分類上の土の定義では「陸上にあり、常に2・5メートル以上の水をかぶっていないこと」という前置きがある。[1-13] 潮の満ち引きを繰り返すマングローブの泥は土だが、サンゴ礁の周りの海底の泥は土ではなく、堆積物になる。堆積物はよそから移動してきたもので、その場での変化はない点で土とは異なる。

40億年前の地球には、そもそも陸地がほとんど無かったといわれている。[1-14] 海に覆われた〝水の惑星〟は、長く土の惑星ではなかった。40億年前の海底に堆積した粘土は、定義上、土ではない。ただ、学会の定義を盾にして堆積物を排斥するような内輪ゲンカを地球の中でしていると、月や火星の砂すらsoil（土）と呼ぶＮＡＳＡ（アメリカ航空宇宙局）の後塵を拝することになりかねない。堆積物にまで視野を拡張して、土の祖先の姿を見るために海に潜ろう。

１９８０年代以降、地球温暖化を招く大気中の二酸化炭素濃度の上昇が問題となっているが、生命誕生以前の大気中には、現在よりも10倍ほど高濃度（数千ｐｐｍ＝０・１パーセント）の二酸化炭素が含まれ、酸素は極めて少なかった。原始地球の温度低下にともなって降り注いだ大量の雨は火山ガス（塩酸ガス、亜硫酸ガス）、二酸化炭素を溶かしこんだ酸性雨だった。しかし、海では酸性雨も海底の玄武岩によって中和される。この時、岩石から溶けだしたケイ素やアルミニウムが海水中にどんどん増え続けた。

現在の海であれば、ケイ素は珪藻類《けいそう》（植物プランクトン）の骨格となり、海水から除去される（図1-14）。珪藻類の死骸はマリン・スノーとして海底に降り積もり、その堆積物である**珪藻土《けいそうど》**は今日、バスマットに姿を変えている。珪藻類が増加したのは、恐竜が絶滅した頃（６６００万年前）になる。それ以前、ケイ素を利用する生物のいない太古の海水は、ケイ素がたっぷり溶けこんだシリコン溶液だった。ケイ素は相棒のアルミニウムと結合すると、スメクタイトという粘土鉱物が析出する。のちに下痢止め薬として活躍するスメクタイト粘土は、生命よりも早く海底で誕生していた。

太古の海に近い環境は、田んぼでも見ることができる。山で風化した岩石の成分（ケイ素やア

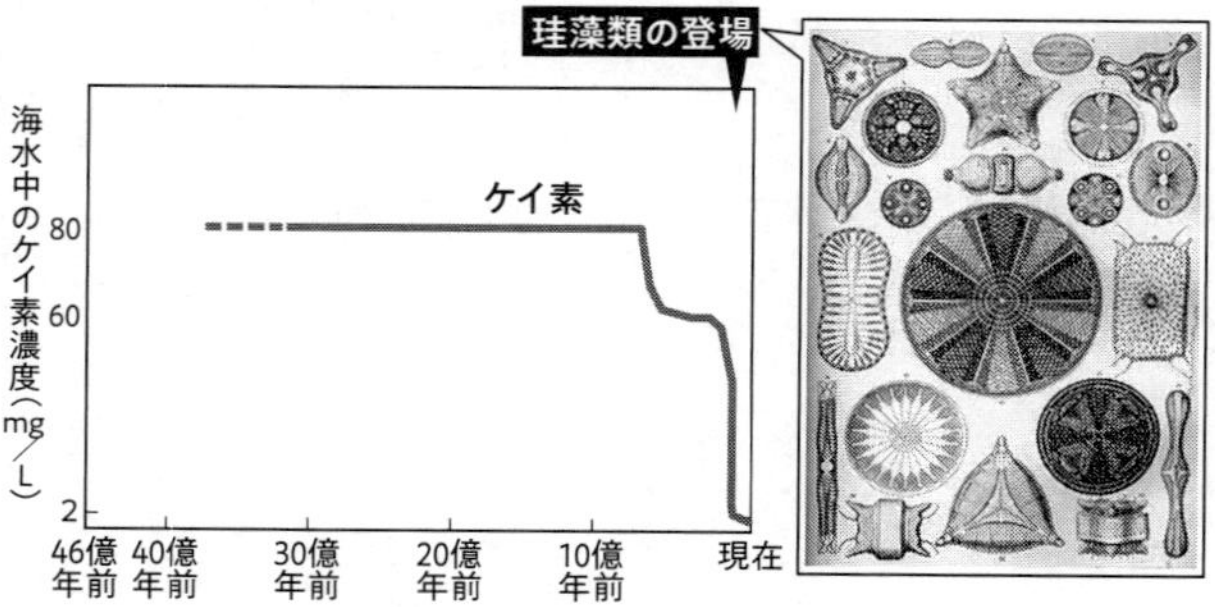

図 1-14　海水中のケイ素の濃度の変化

海水中のケイ素濃度はずっと高かったが、珪藻類によるケイ素の吸収によって低下して今日に至る

珪藻写真：*Kunstformen der Natur*（1904）, plate 4: Diatomeae

ルミニウム）を多く含んだ河川水は、田んぼに流れこみ、溶けきれなくなると、再析出する。やがて、スメクタイトが蓄積する。[1-15] スメクタイトは、水を吸収すると数十倍に膨張し、乾燥するとひび割れを起こす（図1-12参照）。乾いた田んぼでひび割れた土を見ることができるが、それはスメクタイトの仕業だ。この粘土は今日の下痢止め薬に限らず、生命誕生においても重要な役割を担うことになる。

第2章

生命誕生と粘土

生命誕生の候補地

小惑星が集まって地球ができ、花崗岩《かこうがん》や玄武岩《げんぶがん》などの岩石が誕生し、造岩鉱物の風化によって粘土鉱物が生まれるまでの歩みをたどってきた。地球史において土に関する重要イベントだけに着目すると、岩石や砂からまず粘土が生まれ、次に生命誕生が起こり、それによってようやく土の材料が地球上にそろうことになる。生物があって初めて腐植ができるからだ。40億年前の海に砂と粘土はそろったが、まだ生命が存在しない。一見関係のなさそうな粘土と生命の誕生だが、この順序は偶然ではなく、一粒一粒の粘土の誕生が生命誕生を促し、今日の地球を、そして私たちを形作ってきた。これは決して土の研究者による我田引水ではない。

この本の冒頭で、科学技術が作れないものとして土と生命を挙げたが、そもそも両者は全く異なる物質からなっている。土は主に酸素とケイ素とアルミニウムでできているのに対し、生命はアミノ酸を主要な材料としている。例えば人体の細胞、それを構成するタンパク質もバラバラに分解すれば、アミノ酸になる。そのアミノ酸は、主に酸素と水素と炭素と窒素の四つの元素が合わさっている。ケイ素とアルミニウムに限らず、炭素と窒素も地球の中心からは締め出されたものの、地球外までは飛び出さなかった（あるいは、出戻りした）元素たちだ。

アミノ酸の材料がそろっただけでは生命は生まれない。生命はどこで、どのように生まれたのか。土の成り立ちを知るためには、生命の起源という難題を避けて通ることはできない。ところが、生命誕生の仮説や候補地は星の数ほどある。というのも、生命誕生の舞台が地球かどうかさえ分かっていない。海底の温泉（熱水噴出孔）からは極めて原始的な生命体も見つかっている[2-1]し、隕石《いんせき》にもごく微量のアミノ酸が付着している。これは、私たち生物の起源が地球外にあるという仮説（パンスペルミア説）の根拠になっている。しかし、生命に欠かせないアミノ酸20種類のうち、宇宙から隕石に付着して届くアミノ酸は7〜10種類しかない[2-2]。しかも、宇宙には左右対称な構造を持つアミノ酸（L型、D型）が同じくらいあるにもかかわらず[2-3]、私たち地球上の生物の体を構成するアミノ酸は左利き（L型）に偏っている。

地球のどこで初期生命体が発生したのか、今も宇宙のどこかで初期生命体が生まれ続けているのか、それとも私たち自身の祖先もまた地球外生命体なのか。科学はまだ、明確な解答を持ち合わせていない。どこかで生命が誕生し、そのレシピが存在することだけは確かだ。

生命誕生の地が地球外惑星、深海、地底のいずれだったにせよ、生命誕生のハードルを高くしている問題は、生命がアミノ酸の集合体であるにもかかわらず、環境中でアミノ酸はごく微量にしか存在しないことだ。環境中では、アミノ酸どうしをつなげてタンパク質にするよりも、タンパク質をアミノ酸へと分離する反応（加水分解）、アミノ酸どうしを遠ざける反応（拡散）のほうが起こりやすい。これではタンパク質も生命も生まれない。この流れを変えられる物質の候補こ

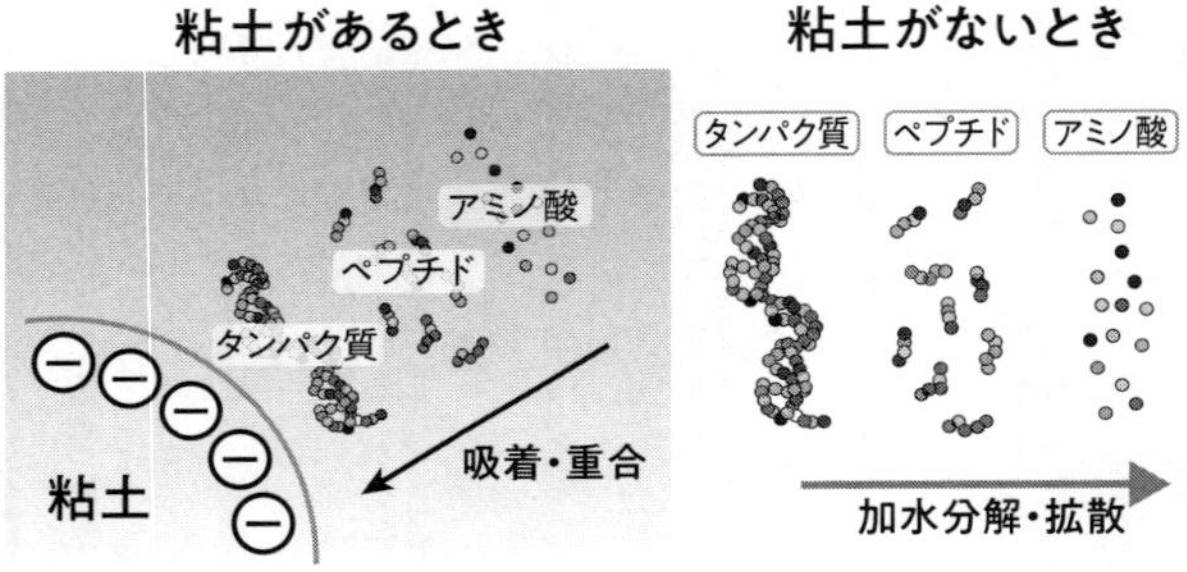

図 2-1 **粘土があるときとないときの反応の違い**
アミノ酸はマイナスの電気だけでなくプラスの電気も帯び、粘土のマイナス電気に引き付けられることで集まり、ペプチド、タンパク質の合成が可能になる。粘土がなければ、加水分解、拡散が起こりやすくなる

そ、粘土である（図2-1）。

粘土がないと材料がそろわない

まずはアミノ酸を含む生命の材料がどのようにそろったのか、ということが重要な問いになる。仮説の一つをたどろう。

まだ生命のない40億年以上前の海底に登場した粘土鉱物スメクタイトの周りには、さまざまな物質が集まり始めていた。それまでの造岩鉱物の粒子よりも小さな粘土粒子は表面積が大きく、電気を帯びているためだ。マイナス電気を帯びたスメクタイトの表面には、プラス電気を帯びた物質が集まる。スメクタイトは特に、太古の海に多く溶けこんでいたアンモニア（アンモニウムイオン）を集め、濃縮する。これは猫砂（主にスメクタイト）が尿の臭い成分を吸着する原理と同じだ。当時の

地層（堆積岩）にも粘土がアンモニアを吸着して濃縮していたことが記録されている。[1-3]

化学反応にはエネルギーが必要となる。候補の一つはカミナリだ。高電流、高温、紫外線や衝撃波をもたらすカミナリがアンモニアを吸着したスメクタイトに直撃する。[2-4] まず、太古の地球大気中に豊富に存在したと考えられていたメタンとアンモニアは高温（１０００度）で青酸（シアン化水素、青酸のカリウム塩は青酸カリ）になる。一方、メタンが酸化するとホルムアルデヒド（シックハウス症候群の原因物質の一つ）ができる。この青酸、ホルムアルデヒドにアンモニアが反応することで、アミノ酸の前駆物質（アミノアセトニトリル）ができる。これが加水分解すると、遺伝子を構成するアミノ酸の一つであるグリシンになる。また、ホルムアルデヒドと水が反応すると糖類（リボースなど）ができる。なんと、公園の犬のオシッコ臭（アンモニア）、サスペンスドラマにみる殺人現場のアーモンド臭（青酸）、生物標本のホルマリン臭（ホルムアルデヒド）がカミナリと下痢止め薬の粘土（スメクタイト）のそばで反応することで、生命の基本材料となるアミノ酸や糖類がそろう（図2-2）。

この仮説は、化学者ハロルド・ユーリーとその学生スタンリー・ミラーの二人が生命の発生条件を調べるため、フラスコ内に原始大気を封入して放電（カミナリに相当）させた実験結果に基づいている。[2-5、2-6] ユーリーは重水素を発見し、原子爆弾の開発に関わったことでも知られる。実験では原始大気としてメタン、水素とアンモニアガスを用いていたが、今では、アンモニアは大気中よ

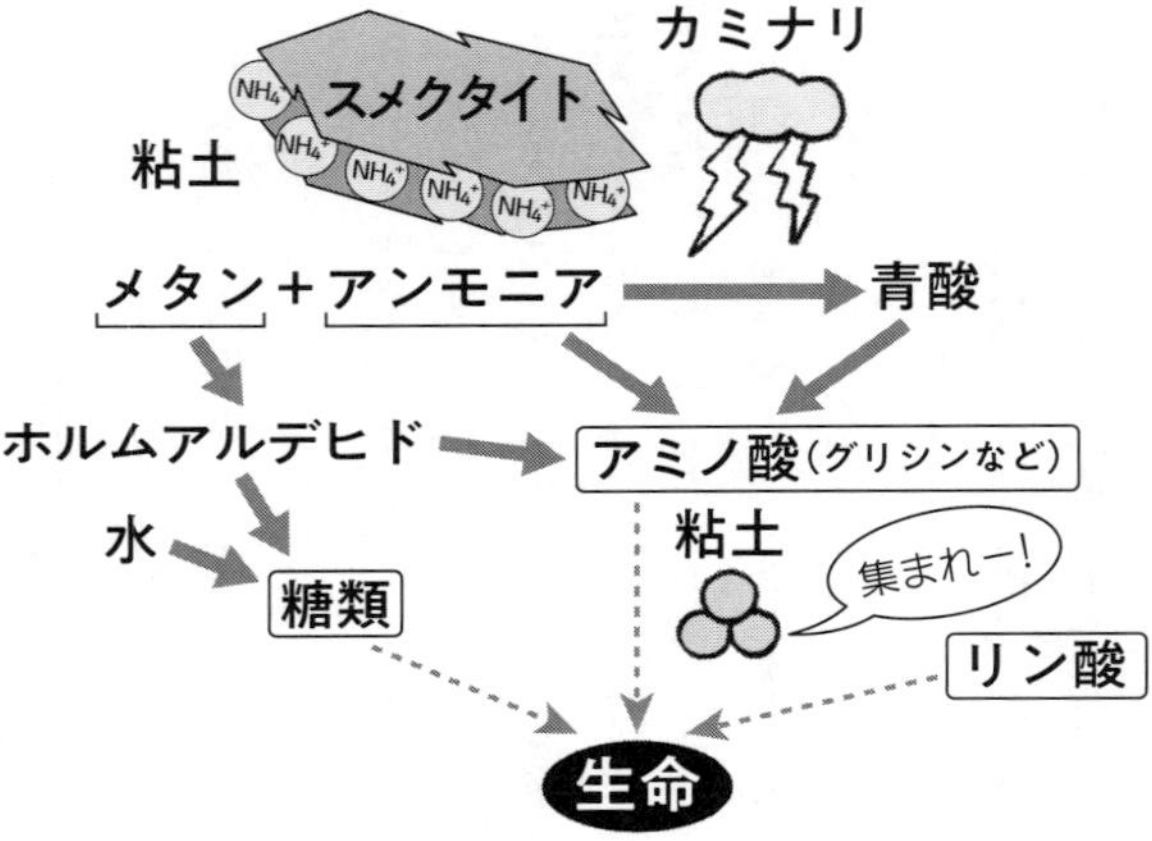

図 2-2 **ユーリー・ミラーの実験で考えられた生命進化の材料の合成経路**
粘土は材料（アンモニウムイオン）を集め、エネルギー（例：カミナリ）を得て反応が進むことで生命の材料であるアミノ酸と糖類ができる

りも海水中や堆積物中に多くあったことが分かっている。カミナリであれば場所は浅瀬や渚《なぎさ》に限られるが、エネルギー源は深海の熱水噴出孔でもいい。

その後の多くの実験で分かった重要なことは、粘土（スメクタイト）を加えなければ、アミノ酸が効率よく生成しないということだ。[2-7]粘土自体は反応を促進する触媒（化学反応を促進する物質）にすぎないので、反応の主役ではない。しかし、粘土はアンモニアやアミノ酸、さらには遺伝子を構成するリン酸など生命の材料を一堂に集め、反応を促進する。エネルギー源がカミナリであったにせよ、熱水噴出孔であったにせよ、場所が地球の内であったにせよ、外にあったにせよ、粘土がなければ生命誕生はなかった可能性があるのだ。

生命誕生における粘土の重要性については広く受け入れられている。ところが、もっと驚きの仮説もある。粘土は生命誕生の場としてだけでなく、かつて「生命の一部だった」というものだ。開いた口がふさがらない。

粘土は生命の一部だった？

アミノ酸や糖類などの材料がそろっただけでは生命は誕生しない。私たちは生命の要件の一つとして個体や細胞レベルでの自己複製能力を求める。子どもが生まれる、あるいは細胞分裂でクローンや新しい細胞が誕生するような繁殖・再生能力のことだ。「親と似ている」と言われるのが嫌なのは子の常なる心理だが、親と似た子どもが生まれる、あるいは細胞が世代交代できるのは、次世代への遺伝情報の伝達に成功したことを意味する。生物では遺伝子がその役割を果たし、遺伝子の暗号（塩基配列）が20種類のアミノ酸の並び方の情報を伝え、それによって多様なタンパク質（例えば、筋肉）の合成が可能になる。すべて遺伝子の再生能力のおかげだ。

自己複製においてカギを握るのは、いかに情報を伝達できるようになったのか、ということだ。現在の遺伝子の再生メカニズムは精巧だが、遺伝子を構成する単位であるヌクレオチド（D

NA・RNAの構成単位）が生命誕生の瞬間から存在したとは考えにくい。生命誕生の瞬間にすでに存在していたもっと単純な物質が、今日の遺伝子の機能（アミノ酸の並び方の伝達）の原始的な役割を果たしていたのではないか。[2-8] そう考えると、自然界で遺伝子以外にもう一つ、情報伝達・再生能力を有する物質がある。それが粘土鉱物だ。

鉱物の結晶構造には規則性、秩序の美がある。条件さえ整えば、同じ鉱物が再生する。純粋物質や造岩鉱物では個性と電気に乏しく、情報を運べない。しかし、粘土鉱物には結晶の成長過程でケイ素とアルミニウムの配列のズレ（同型置換／42ページ）によって生じたマイナス電気がある。粘土の静電気の量や分布によって、異なるアミノ酸を選択的に吸着する。これは、ケイ素を用いた半導体のように情報を有しているとみることができる。層状の粘土は分裂しても、サンドイッチの切断面のようにもう半分のサンドイッチの情報（例えば、具材のベーコンエッグ）を残しており、切断面から粘土の結晶成長を再開し、複製できる。

身近なところでは、宅配便の伝票は粘土の静電気と吸着力による情報伝達の一つだ。宛名と住所を書くと、なぜか下の紙に複写されている。筆圧で複写紙（ノンカーボン）のインクの袋が破れ、粘土（スメクタイト）に吸着することで着色する。青色色素はプラス電気を帯び、２枚目で待ち受けるマイナス電気を帯びた粘土にくっつく仕組みだ[2-9]（図2-3）。

これは目で見えるマクロな現象だが、もっと小さな分子レベルでも起こる。それが遺伝に必要

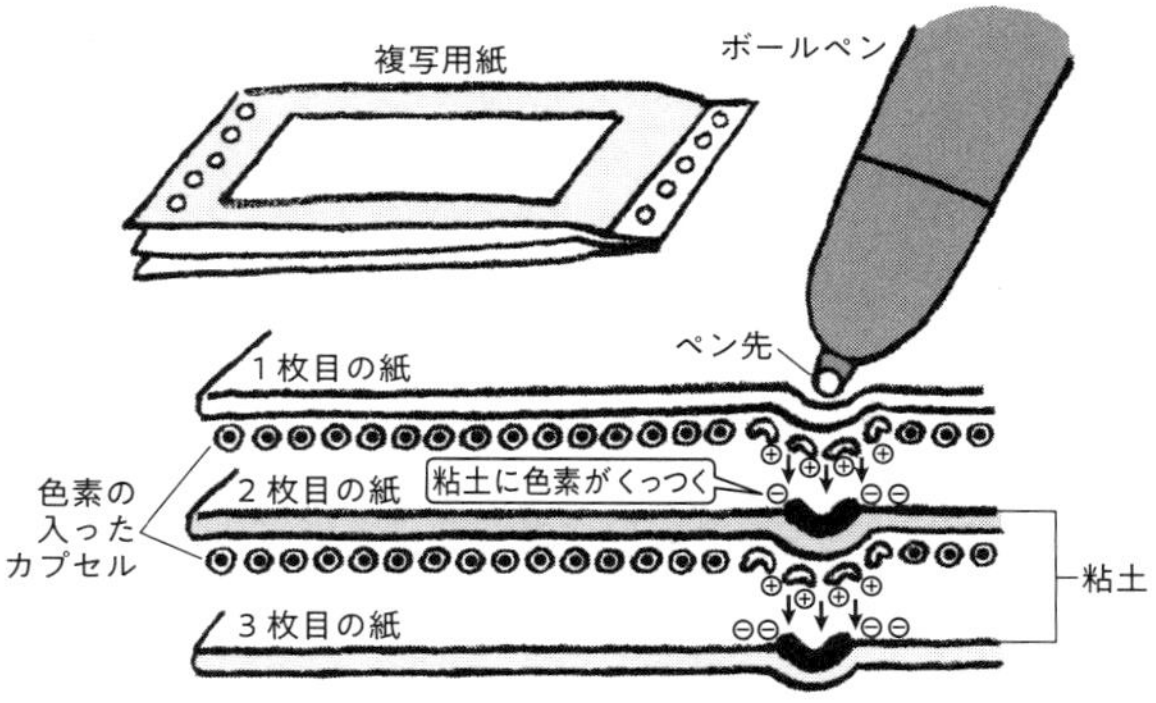

図 2-3　インクのコピー（情報伝達）を可能にする粘土の吸着力

な情報伝達を可能にする。

スメクタイトという粘土一つをとっても、結晶構造内のマイナス電気の数や分布によって、アミノ酸のくっつく順序もさまざまだ。アミノ酸は知られているだけで５００種類以上もあり、でたらめなアミノ酸の配列になったことも多かっただろうが、急ぐ必要はない。数億年、粘土の数だけ試行錯誤できる。粘土を鋳型にして吸着したアミノ酸の配列が自己複製できるようになれば、遺伝情報の伝達が可能になる。アミノ酸には光学異性体（Ｌ型、Ｄ型）があるにもかかわらず、生物の体を構成するアミノ酸がＬ型に偏っている問題も、粘土の電気との相性、吸着しやすさの違いで説明できる可能性がある[2-10]。

粘土鋳型説を補強するように、スメクタイトを触媒として加えると、ＲＮＡの部品を50個の鎖に連結することに成功した実験がある[2-11]。粘土の表面でアミノ酸が濃縮（重合）するとタンパク質ができる。カミナリで同時に生成した糖類、粘土に吸着しやすいリン酸をあわせると、生命の身体《からだ》に不可欠な遺伝子、エネルギー代謝物質（アデノシン三リン酸〈ＡＴＰ〉）、細胞膜の基本材料が粘土というプラットホームで出会うことになる。

現存する生物は、古細菌（アーキア）、細菌、真核生物という三つのグループのいずれかに属しているが、細胞膜の主成分（脂質とタンパク質）や遺伝の仕組み（ＤＮＡやＲＮＡ）は同じだ。地球上の生命はみな兄弟である。遺伝子の変異、自然淘汰《とうた》が繰り返される生物進化の中で共通祖先が残り、そこから現在のような多様な生命の姿が生まれた。

現状ではあくまで仮説の一つで、想像の域を出ていない。しかし、自らを再生し情報を伝達できる物質は、自然界では粘土と遺伝子しか見つかっていない。さらに、土と生命は自己を複製しつつも時に変異（進化）し、圧倒的な多様性によって現代科学による完全解明を阻むところまで似ている。生命誕生時の粘土はおそらく海底の堆積物であり、厳密には土ではない。それでも、粘土と生命が粘っこくつながっている点は陸上の土にも共通している。神話の創造主が仮にもう一度最初から生命進化を再現しようとするなら、まずは粘土から用意するはずだ。「土は生命の源」という言葉は土の生産力を讃《たた》える言葉だが、生物進化の点からも裏付けられている。

粘土という進化のゆりかご

粘土と砂は、生物のすみかにもなる。細胞のサイズは細菌なら直径1マイクロメートル、粘土が2マイクロメートル以下なので、似たようなサイズだ。ちなみに、私たちの体細胞一つは25マイクロメートルで、小麦粉のサイズ（平均50マイクロメートル）に近く、粘土や細菌はかなり小さいことが分かる。重さが同じ場合、外界と接触する面積（表面積）が広い小さな粒子ほど活発に反応する。これは粘土と砂の吸着力の違いだけでなく、生物のあいだにもあてはまる。「大人は子どもよりも代謝が悪い」ということがあるが、基本、小さい生物ほど代謝活性が高い。細菌の代謝活性は、ヒトの1細胞よりも1000倍ほど高い[2-12]。小さいからといって侮れないのだ。

微生物と粘土の似ているところはサイズだけではない。微生物の細胞壁の表面（リン脂質のカルボキシル基）も、粘土と同じようにマイナス電気を帯びる。これだけ考えると、微生物と粘土は反発しあい、微生物は土に住みにくいはずだ。ところが、物質どうしにはお互いを引きあう分子間力も働く。さらに、微生物は電気的な反発力を弱める多糖類（10個以上の単糖が連結したもの）を放出することで、粘土の表面に定着できる（図2-4）。ココヤシを食べて成長した微生物（酢酸菌）が作り出すナタデココや、寒天が多糖類の一例だ。

微生物は自分の身体を守るために多糖類を出して粘土や砂の表面に定着する。微生物の細胞を包み込む多糖類のねっとりした〝お風呂〟をバイオフィルムという。歯の歯垢《しこう》や台所のぬめりは身近なバイオフィルムの例だ。ここで多様な微生物が共同生活をしている。

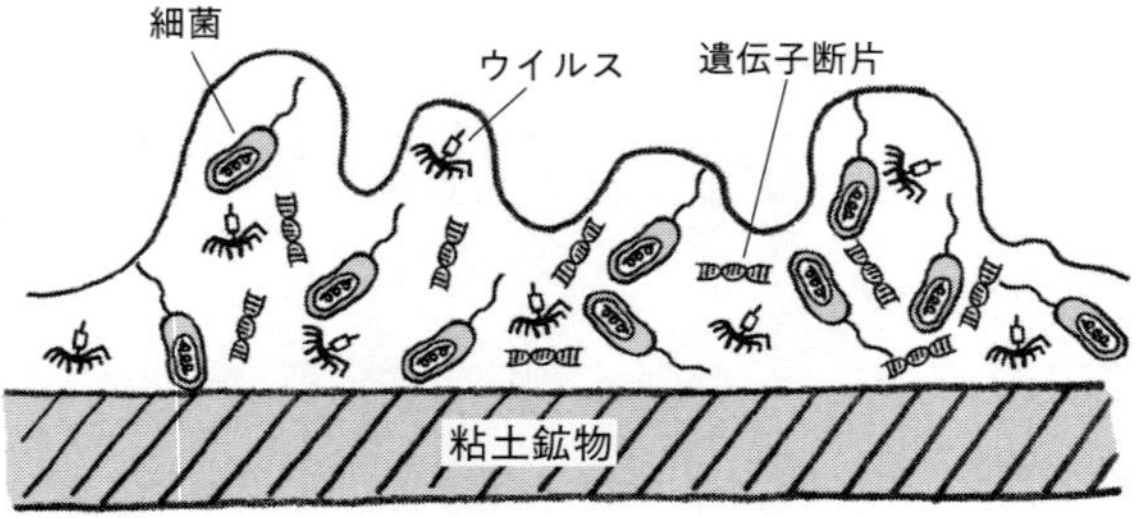

図2-4　鉱物表面に形成されるバイオフィルム
多糖類によって微生物と粘土鉱物の電気的な反発力が弱まり、定着する。多様な微生物が共同生活をしている場で、お互いの遺伝子の交換が起こりやすい

バイオフィルムに悪いイメージを与えたかもしれないが、私たちの消化を助ける腸内細菌もまた腸壁に付着したバイオフィルムだ。ヒトの構成細胞37兆個に対して腸内細菌は1グラムに1000種、1000兆個もいる。[2-13] どれだけ孤独を感じたとしても、私たちは独りぼっちではなく、1001種めの生物として人体というシェアハウスで共同生活をしている。細菌は腸内に寄生しているだけかもしれないが、消化を助け、病原菌から人体を守る働きもあるため、私たちは**共生**と呼んでいる。

歯も腸も台所もなかった太古の地球では、バイオフィルムの付着できた場所は粘土や砂の表面しかない（図2-4）。人間が家族や学校といった集団生活で成長するように、バイオフィルムの中での共同生活によって、生物たちは良くも悪くも影響を与えあい、変化していく。病気の集団感染として顕在化す

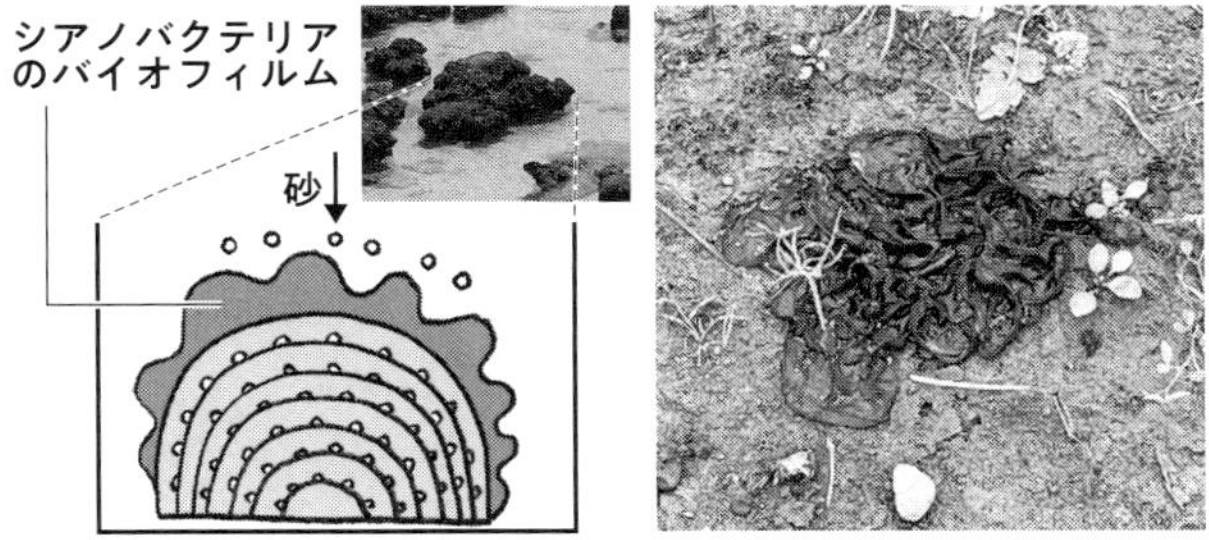

図2-5　**現生のシアノバクテリア（右写真／イシクラゲ）と化石のストロマトライト**
ストロマトライト（左上写真）は、イシクラゲのバイオフィルムが砂を飲み込みながら堆積・固結したもの　写真右：大久保智司氏提供、写真左上：Paul Harrison（Wikimedia Commons/CC BY-SA 3.0）

るように、共同生活の中では生物どうしの遺伝子の交換やウイルス感染も起きやすい。ウイルスは短い遺伝子1本がタンパク質の殻や膜に包まれただけの単純な構造を持ち、単独では増殖できない微粒子だが、感染相手に侵入できれば細胞を乗っとって増殖したり、宿主の遺伝子の中に残ったりすることもある。宿主の微生物が死んだ時には遺伝子の断片が分散し、他の微生物に取り込まれることもある[2-14]（**水平伝播《でんぱ》**）。

　無数の微生物の交雑の末に、27億年前、光合成（酸素発生型）のできる細菌が登場する。光をエネルギー源として水分子から電子を奪い、その副産物として酸素を生みだす生物だ。その子孫がシアノバクテリア（ラン藻）である。

　シアノバクテリアとは、学校のグラウンドで小学生に「なぜこんなところにワカメが？」と思われてきたイシクラゲのなかまであり(図2-5)、かき氷アイス(ガリガリ君)ソーダ味の青色色素にはシアノバクテリア(スピルリナ)のタンパク質が使われている。つい最近まで植物だと誤解されてきたが、実は細菌である。シアノバクテリアの死骸と粘土の堆積物は、ストロマトライトと呼ばれる堆積物として今に残る。酸素と有機物を生産する生物の誕生の舞台もやはり海底の粘土、砂の表面だった。

生物進化を逆走する田んぼの土

初期生物の生息環境に近い環境を求めて、太平洋の深海の熱水噴出孔や地球外惑星で探査が進んでいる。それができるのはひと握りの研究者だけだ。しかし、微生物に関する重要な理論に、「似ている環境であれば、微生物はどこでも生息できる」というものがある。[2-15] 仮に、〝どこでもドア理論〟と呼ぼう。実際、深海の熱水噴出孔で見つかったものと同じ微生物が新宿の高層ビルのボイラー(燃料で蒸気を生む装置)内部からも見つかり、〝どこでもドア理論〟を裏付けている。太古の海と似た環境は、身近な田んぼにもある。そこは土の研究者でも探査できる。

水を張る前の田んぼの土の中で、微生物は酸素を取り入れて二酸化炭素を放出している。ヒトの細胞と同じ酸素呼吸である。有機物から電子を取り出し(酸化)、その電子で酸素を二酸化炭素と水へ還元する。その過程で放出されるエネルギーを受け取って、微生物もヒトの細胞も生きている。ところが、田んぼに水を張ると、酸素の移動速度は100万分の1に落ち込み、酸素が土に届きにくくなる。[2-16] 土の中に残る酸素がなくなると、多くの微生物は活動できなくなる（死ぬか眠る）。35億年前の海底の泥（緑色粘土）は田んぼの土と大差ないと考えられている。田んぼの土の中では、水を張ってから1ヵ月のあいだに、酸素のなかった太古の地球並みに還元的（酸素欠乏）環境へと35億年分のタイムスリップをしている。

　酸素を使う好気呼吸をする微生物が活動を停止しても、次から次へ新しい環境に対応した微生物が登場する。サイズの小さい細菌、古細菌の魅力はフットワークの軽さだ（脚はない）。まずは、硝酸を窒素ガスに還元する細菌（脱窒菌《だっちつきん》）が出現する（図2-6）。硝酸がなくなると、マンガンや鉄の酸化物、その次には硫酸、酢酸、二酸化炭素を酸素代わり（電子受容体）として利用できる嫌気呼吸の微生物が登場し、その酸化還元反応からエネルギーを生みだして増殖する。

　有機物を酸素を使って分解するのではなく、微生物によって嫌気的（酸素なし）に分解する仕組みを**発酵**《はっこう》という。酸素ありの好気呼吸よりもエネルギー生産効率は低いが、ライバルは少ない。さらに硫酸が分解される段階になると、腐卵臭の硫化水素が発生し、ドブ臭くなる。これはイネにも人にも有害だ。

　究極まで還元的になると、有機物が分解される中で蓄積した二酸化炭素や酢酸をメタンに還元してエネルギーを得る古細菌（メタン生成古細菌）が出現する。低気圧がやってくると、土壌中の

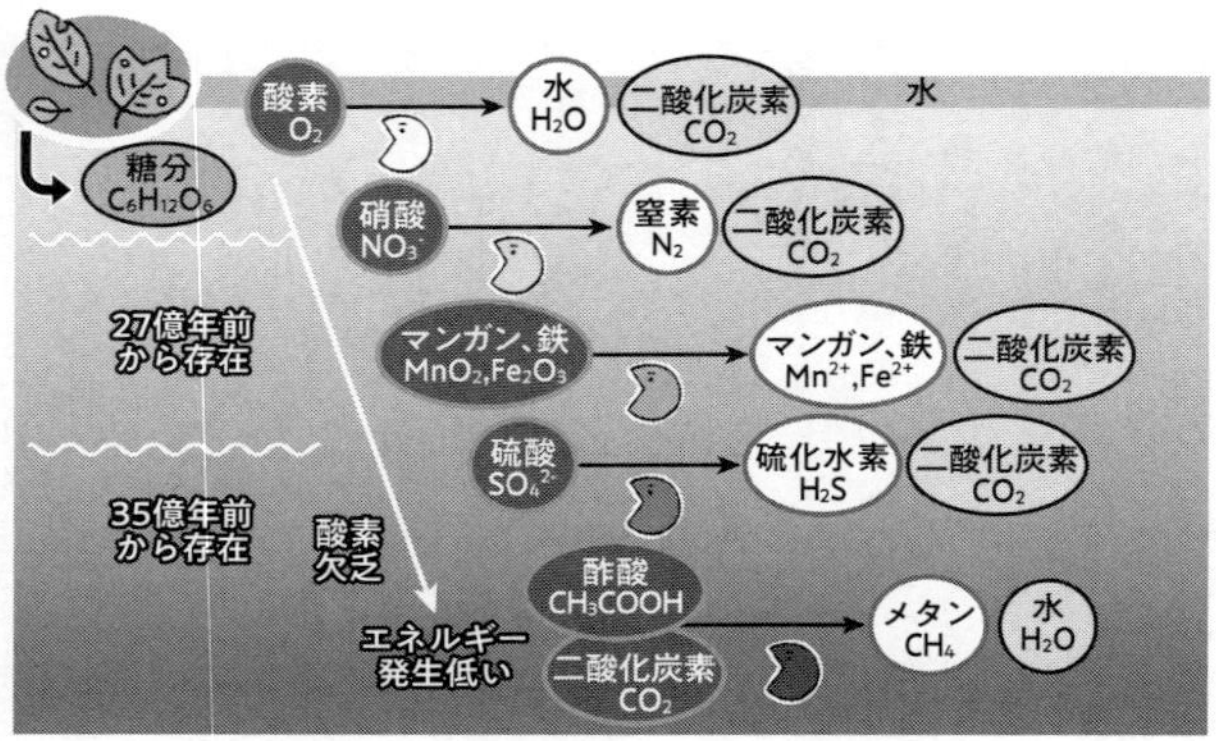

（図 2-6）**水田における微生物の変動**
酸素がなくなるとともに、太古の時代から存在した発酵が得意な微生物へと交代する
写真：筆者

気泡が膨張するため、田んぼの水面からボコッと泡が出る。お風呂でするオナラと似ているが、どちらもメタン生成古細菌の作り出すメタンを含んでいる。もっというと、このメタン生成古細菌は、私たち動物の遠い遠い祖先と考えられている（後述）。太古の地球の名残は身近なところにもあるのだ。

シアノバクテリアの祖先（酸素発生型の光合成を行う細菌）の登場によって地球に起きた変化は、田んぼから水を抜くことですぐに再現できる。徐々に酸素が供給されると、メタンや酢酸を作る発酵微生物は姿を消し、酸化鉄や硝酸を利用して嫌気呼吸を行う細菌が現れ、それが姿を消すと私たちと同じ好気呼吸を行う微生物が再び増殖する。太古の地球では、まだ好気呼吸の微生物は存在していなかった。酸素のある酸化的環境への変化は生物に大きな試練を課し、結果的に進化を促した。

古細菌から多細胞生物が登場するまで

後述するが、多くの微生物は土を離れては生きられない。つまり、土から取り出して、培養できない。微生物はシャイな内弁慶なのだ。その中でも、古細菌の培養は特に難しいと考えられてきた。ところが、日本の深海の研究者は液体の中にスポンジを入れることで培養に成功した。[2-17] スポンジには大小さまざまな孔隙《こうげき》がたくさんある。その中に古細菌は居場所を見つけ、定着できたのだ。太古の深海にスポンジはない。多孔質の火山灰やそこからできる粘土が有力候補だ。

陸上の話になってしまうが、火山灰土壌には驚くほど古細菌が多い。私の研究でも、多くの土で原核生物（細菌と古細菌）の遺伝子中に占める古細菌の割合はせいぜい数パーセントだが、孔隙の多い火山灰土壌では古細菌の比率が数十パーセントまで高まることもあった。有機物を強く吸着する粘土の周りではエサが乏しく、単純な競争では細菌に勝てない古細菌にもチャンスがある。火山灰の海底堆積物も古細菌の絶好のすみかになったはずだ。

古細菌がスポンジの上で増殖しただけでも驚きだが、古細菌はなんと触手を伸ばし始めたという。[2-17] カビやキノコの菌糸のようだ。想像をたくましくすると、この触手で好気性細菌を細胞内

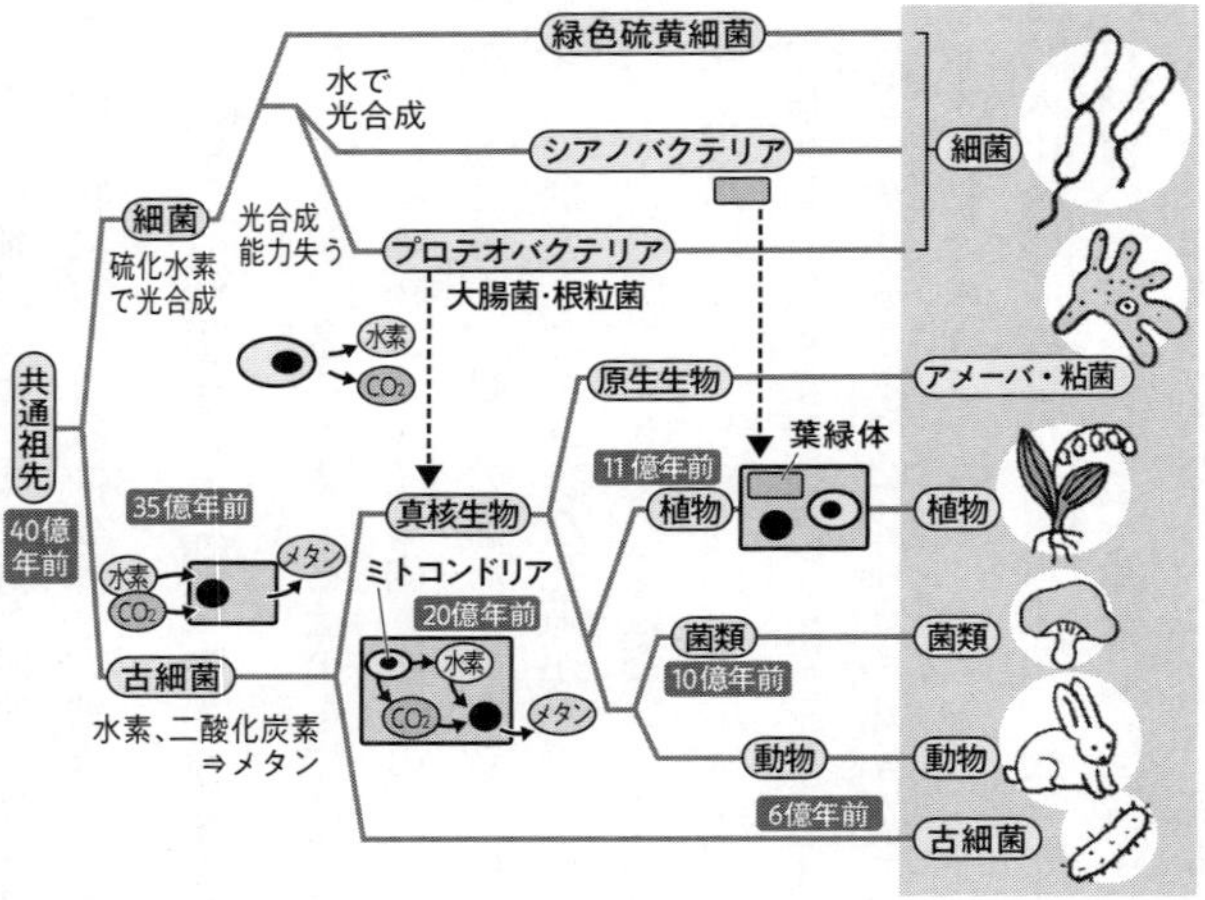

図 2-7 **多様な生命の進化**

古細菌のなかまが細菌の一グループの持つミトコンドリアを取り込んで真核生物が登場し、その中から多細胞生物が生まれた。一部はシアノバクテリアの葉緑体を取り込み、植物となった

に取り込み、一緒に生活するようになった。これが私たち人間を含む真核生物の祖先の姿だ。あくまで数ある仮説の一つで、他にも水素と二酸化炭素と酢酸を出すプロテオバクテリアと、その水素と二酸化炭素を燃料として有機物を生産・提供できるメタン生成古細菌の共生の末に細胞壁を取っ払ったという水素仮説もある。いずれにせよ、結果として古細菌の細胞内に取り込まれた細菌は、居場所と酸素、栄養分と引き換えにエネルギー生産を担うようになった。今では細胞の一器官のミトコンドリアとして周りに溶けこんでいる。真核生物はこのミトコンドリア

を備えたことで、酸素濃度の上昇に対処できるようになった。古細菌、細菌という単細胞生物だけだった地球に、私たちの祖先となる真核生物、特に多細胞生物が登場した（図2-7）。

大気中に酸素が存在したことは20億年前の赤〝土〟（厳密には、風化堆積物）の鉄サビの存在から確かめられている。酸素がなければ鉄はさびず、赤土にはなれない。水中の酸素濃度上昇と植物という生産者の登場に対応して10億年前には菌類（カビとキノコ）が、６億年前には動物が登場した。さらには、ミトコンドリアをともなった古細菌のなかまから原生生物（アメーバや粘菌）が登場した。ある真核生物から進化したグループはシアノバクテリアとも共生するようになり、それはやがて細胞内で光合成を司る器官、葉緑体となった。植物の誕生である（水中の緑藻など）。少なくとも11億年前までさかのぼる。微生物に植物というプレーヤーがそろって、ようやく地球に土作りの下準備が整ったことになる。

土の誕生が遅れた理由

生命誕生とほぼ時を同じくして地殻変動（プレート・テクトニクス）が活発化すると、[2-19] 35億〜25億年前にかけて大陸が急激に拡大し始める。[2-18] ところが、５億年前まで陸地に土はなく、生物進化という点では海に大きく水をあけられた。[2-20] 海中ではシアノバクテリア、緑色植物（藻類）が生まれ、それらを食べるゴカイ類（ミミズなどの環形動物の一種）、それを食べる三葉虫（節足動物の一

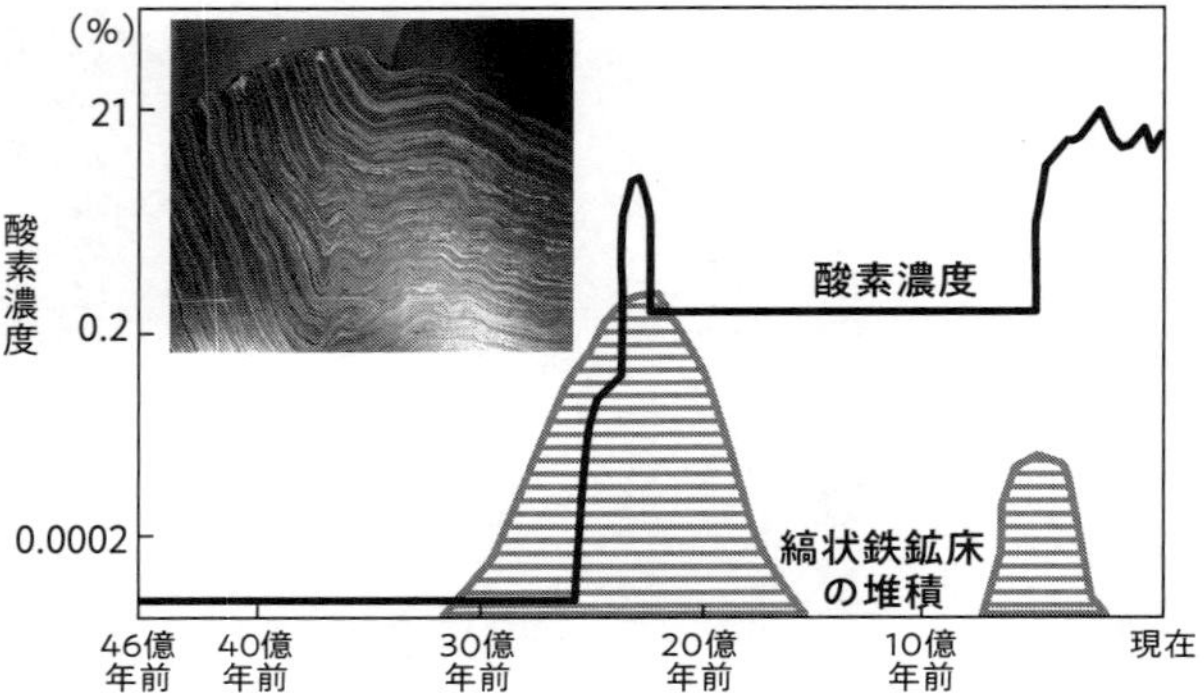

図 2-8 **大気中の酸素濃度の変動と縞状鉄鉱床（写真）の堆積**
現在の酸素濃度になったのはつい最近、7億年前
Goldich,S.S.（1973）、田近（2022）Medical Gases, 24, 1-6. をもとに作成
／写真：筆者

種）、それを食べるアノマロカリスといった食物連鎖が生まれた。海でカンブリア大爆発と呼ばれる生命の大進化を遂げる一方で、陸地は荒涼とした岩石砂漠であり続けた。なぜなのだろうか？

理由の一つは酸素だ。光合成生物が誕生してもなお、地球には長らく大気中に酸素が充分になかった。現在は大気組成の21パーセントを占める酸素だが、地球史46億年の中で、つい最近の7億年前まで現在の数パーセントしかなかったという[2-21]（図2-8）。その理由は、やはり田んぼの土が教えてくれる。

毎年、湛水《たんすい》（水を張ること）と落水（水を抜くこと）を繰り返す田んぼの土には黒色やオレンジ色の斑点が見える。黒色がマンガンの

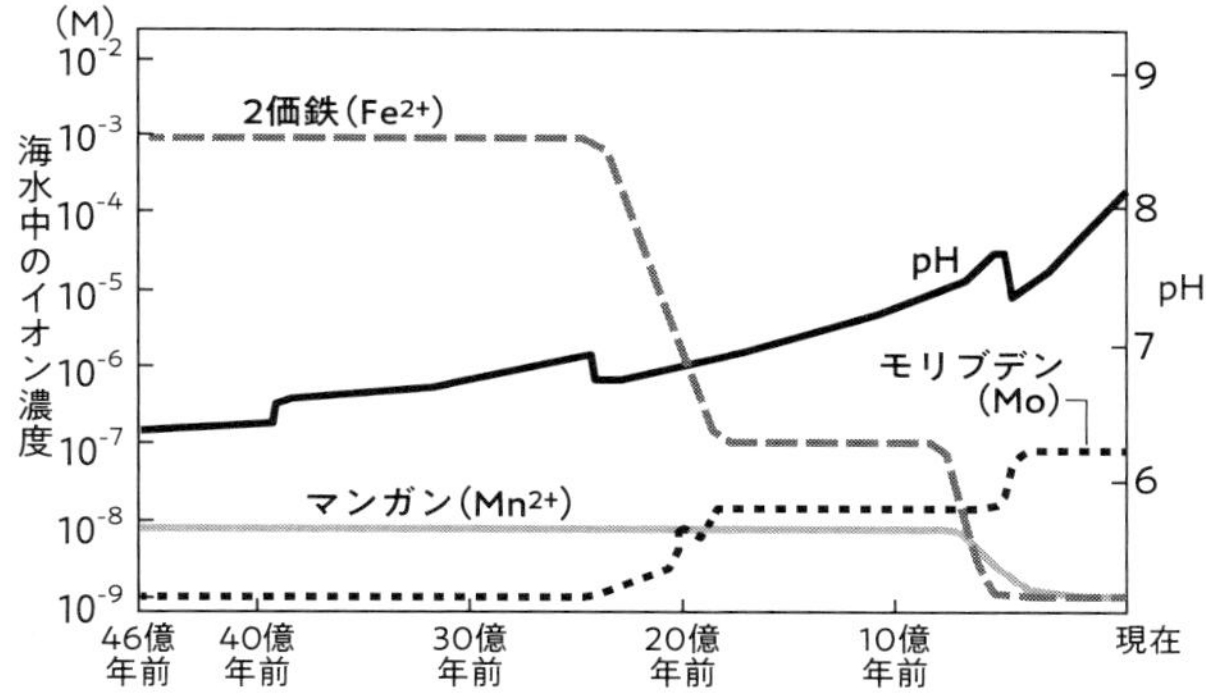

図 2-9　海水中の pH とイオン濃度の変動

酸化によって２価鉄イオン（Fe^{2+}）やマンガン（Mn^{2+}）が減少しモリブデン（Mo）が増加する

Mn^{2+} は Kipp and Stüeken（2017）、Fe^{2+} と Mo は Glass et al.（2009）、pH は Halevy and Bachan（2017）をもとに作成

酸化物、オレンジ色が鉄サビだ。田んぼの土から酸素がなくなると、まずはマンガンが、次に鉄が溶けだす。これは太古の海水の状態に似ている。溶けた鉄（2価鉄イオン）は田んぼの土を青灰色に染め、酸素に出会うとオレンジ色の鉄サビになる（図2-6参照）。

20億年前の海では、田んぼ一作期よりも還元的な環境が数十億倍も長く続いた。シアノバクテリアが少しずつ酸素を作っていたはずだが、地球誕生からずっと還元的だった海水中には大量の鉄やマンガンが溶けこんでいた（図2-9）。

これらを酸化するためには、現在の大気中に存在する酸素の30倍もの酸素が必要になる[2-22]。オーストラリアやカナダに残る**縞状**《しま》

鉄鉱床（鉄鉱石、製鉄の原材料）は、その動かぬ証拠だ（図2-8参照）。

鉄とマンガンの酸化が終わり、ようやく大気中に酸素が満たされていく。46億歳の億をとって地球を擬人化する例えを懲りずに持ち出すと（図1-2参照）、28歳から38歳まで（地質学者は「退屈な10億年」と呼ぶ）、地球お母さんは自らの債務処理（海水中の鉄イオンの酸化）に追われていたことになる。酸素がないと、そこから生まれるオゾン層もない。有害な紫外線を浴びて死んでしまうため、陸地は危険な場所だった。これが土の誕生、生物の上陸が遅れた理由である。

粘土の革命と大気の変化

海水と大気に酸素が行き届いたことで地球環境はガラリと変わった。まずは粘土が増える。今では鉄鉱石という冷たい岩石の姿になってしまっているが、20億年前の海中では酸素と反応した鉄イオン（Fe^{2+}）が直径5ナノメートルの酸化鉄鉱物（鉄サビ。主にフェリハイドライト）として沈殿していた。これは粘土の一つだ。

酸素に乏しかった地球で存在した旧来の粘土はケイ素とアルミニウムがスクラムを組んだカオリナイト、スメクタイト、バーミキュライトが主体だが、〝新人〟の鉄サビ粘土は驚くほど能力が高かった。サイズが圧倒的に小さいために、表面積が広く、吸着力が強い。旧来型の粘土がマイナス電気を持ち（**一定《いってい》荷電《かでん》**という）、プラスの電気を帯びたカリウムやカルシウムなどを専ら吸

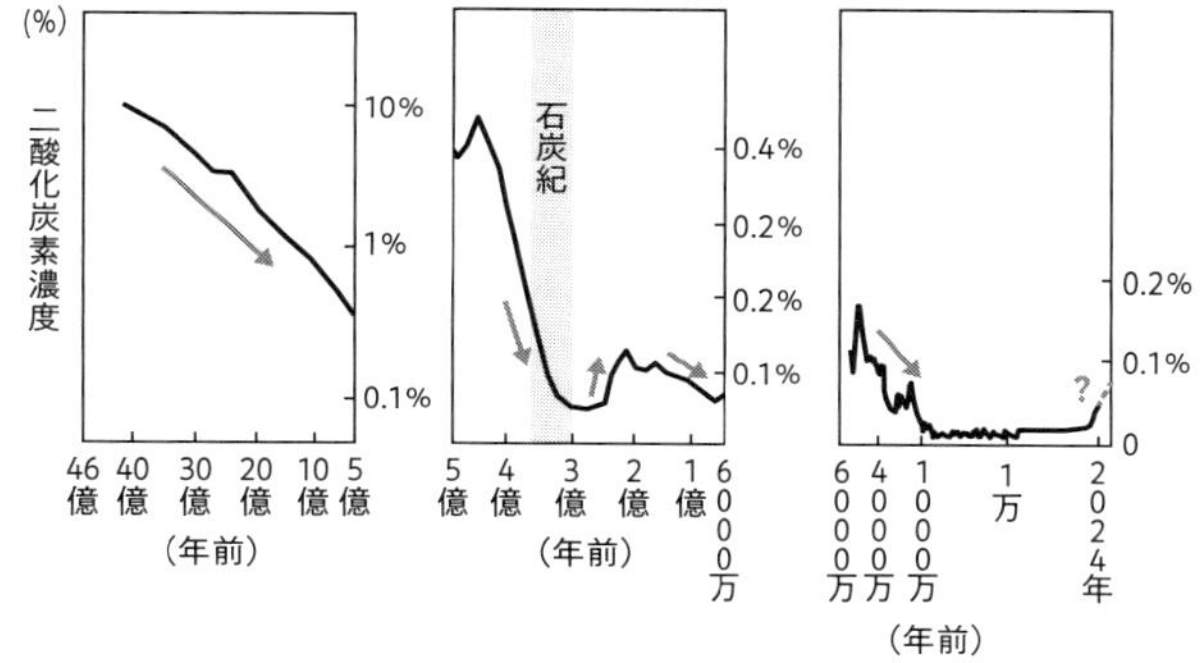

図 2-10　大気中の二酸化炭素濃度の推移
Catling and Zahnle（2020）、Rae et al.（2021）をもとに作成

着するのに対して、鉄サビ粘土は外部環境が酸性かアルカリ性かでプラスとマイナス両方の電気を持つことができる（**変異荷電**《へんいかでん》という）。これにより、マイナス電気を持つ有機物を強く引き付けることができる。これは粘土の革命だった。

20億年前の干潟のような場所では、鉄サビ粘土に生物遺体や排泄《はいせつ》物などの有機物が吸着する[2-23]。有機物の約半分は炭素だ。有機物が堆積物に閉じ込められるということは、大気中の二酸化炭素が減ることを意味する。現在よりも高濃度だった二酸化炭素濃度は、どんどん低下した（図2-10）。地球の歴史を俯瞰《ふかん》すると、大気中の二酸化炭素濃度は下がることのほうが多い[2-24、2-25]。現代文明は石油、石炭などの化石燃料を燃焼することで二酸化炭素濃度を増加に転じさせているが、地球史では例外的な現象だ。

光合成によって酸素は海水に満ちあふれ、やがて大気中に行きわたるようになる。鉄に続き、マンガンも酸化された（図2-9参照）。高濃度の鉄やマンガンは生命に害を与えるが、低濃度であれば植物に必須な栄養となる。特に植物はマンガンを触媒（マンガンクラスター）とすることで光合成を活発化させ、さらに大気中の二酸化炭素濃度を低下させる。光合成生物の登場が新たな粘土鉱物を生みだし、海と大気の環境を一変させたのだ。

酸素の増加は、大きな波及効果をもたらした。窒素ガスを栄養として利用できるようになったのだ。本来、光合成の工場である葉緑体は窒素を必要とするが、植物は大気中の窒素ガスを吸収することができない。窒素ガスの結合（三重結合）を壊してアンモニアに変える窒素固定には、特殊な酵素が必要となる。例えば、マメ科の「四つ葉のクローバー」で知られるシロツメクサ、レンゲソウ（ゲンゲ）が栄養分の少ない公園の砂利にも育つことができるのは、根に共生する窒素固定細菌（根粒菌）の持つニトロゲナーゼという酵素のおかげだ。

窒素を固定する酵素（ニトロゲナーゼ）の中心にはモリブデン（レアメタルの一つ）という遷移金属が必要となる。ところが、還元的な海水中では硫酸を還元する細菌・古細菌が間違えて硫酸と構造がそっくりなモリブデン酸を消費してしまう。[2-26] 太古の海ではモリブデン欠乏がシアノバクテリアによる窒素固定を制限してきた。[2-27] しかし、海水が酸素に満ちたことでモリブデンイオンが増加すると、酵素を多く作れるようになり、窒素固定によってアンモニアを量産できるようになる

（図2-9参照）。光合成生物は窒素を吸収することで葉緑体を多く生産でき、さらに光合成が活発になる。こうして今から6億年前にはオゾン層も出来上がった。生物の上陸と土の誕生のための舞台が整ったことになる。微粒子と生物を主人公とする物語の舞台はようやく陸地に移る。

第3章

土を耕した植物の進化

岩石が土に変わるタイムカプセル実験

岩と土の違いは粘土にあることを見てきた。電気を帯びた粘土は高い吸着力を獲得し、それが生命の誕生・進化を促し、大気や海洋の二酸化炭素や酸素の濃度の大変動を引き起こした。しかし、ここまではすべて海の中の物語だった。「土とは何なのか?」「なぜ人間は、土を作ることができないのか?」という問いに対する答えはまだ見つかっていない。5億年前まで植物のいない乾燥した岩肌だった地球は、現在、みずみずしい緑と黒々とした土で覆われている。このギャップを生みだしたものは何なのか? 地球史の直近5億年のあいだに答えを探そう。

40億年前の海底の堆積物にも岩からできた砂や粘土はあったが、岩石風化は温度変化や風雨にさらされる陸地で進みやすい。土のできるスピードを問われるたび、私は「岩石砂漠ばかりの地球は、5億年かけて土の惑星になった」「自然の営みによって1センチメートルの土が作られるのには100~1000年もかかる」と答えてきた。しかし、いずれも時間スケールが壮大すぎて、科学というよりも物語のようだ。

私は、研究者以前に人間としてこのロマンに魅了されるが、一方で科学は再現性を求める。再現性とは、実際に岩石から土ができることを自分の目と手で確認することだ。実際に岩石砂漠が緑の大地へと変化する様子を見たわけではないので、私はいつも後ろめたい気持ちを抱えている。この思いを払拭《ふっしょく》するには、１００～１０００年かかるとしても土の成り立ちを再現するしかない。

岩石風化の再現実験では、岩石を砕いた粉末をメッシュバッグに詰めたもの（ミネラル・バッグ）を埋設し、浦島太郎のように数十年後、微粒子の変化を調べることで、岩石が土へと風化する様子を観察する。これは、仲の良い友達と埋めたタイムカプセルと似ている。ただし、お菓子の詰め合わせの缶には風化させたくない思い出を閉じ込めるが、岩石粉末の埋設実験では風化が進んで土になることを期待する点に違いがある。

実験の遂行には、いくつか大きな問題が存在する。一つ目は、成果が出るまで時間がかかることだ。成果が出るまでに数十年もかかる研究計画では研究費を獲得しにくい。スコップを持って調査に出かけようとする私の前に、パソコンのモニターと研究費獲得の壁が厚く立ちはだかった。

研究計画にはもう一つ大きな問題がある。風化を待つあいだ、健康と研究への情熱が維持されねばならない。岩石の風化よりも、人間の老化のほうが圧倒的に早く、研究者一代では完結しないことが多い。スウェーデンでは親子二代で土の研究を完結した事例があるほどだ。酸性雨の影響を解明するため、父親が土の酸性度を測り、57年後、父親の調査した地点を息子が再訪し、やはり土の酸性度を測る。息子はすでに高齢（65歳）だった。[3-1]

私が思いつくようなことは先人たちも考えている。私が所属する研究所の倉庫のミカン箱には、研究所の先輩が埋設した鉱物サンプルとその場所を記した地図が残されていた。鉱物の変化を調べるために、1979年に埋設後、5年後、10年後、20年後のサンプル回収計画を立ててあったが、埋設した直後、先人は病気で急逝した。引き継いだ研究には故人の思いがこもっている。私一人の研究ではないのだ。

問題はこれだけではない。記憶も風化する。タイムカプセル実験の成功に必要な条件は、埋めた場所にたどり着けること、そしてその場所の環境が変わっていないことだ。学校の正門前のクスノキの下のように分かりやすい場所にしておけば、場所を忘れる心配はない。しかし、森の中は違う。毎年、落ち葉や土を被《かぶ》り、埋もれていく。埋設地点の中には、土砂崩れや森林伐採の跡地、宅地、米軍基地になった場所もある。地球史や人類史において数十年という時間は一瞬にすぎないが、現代は土すら穏やかに居続けられない時代だ。

GPSもない時代に鉛筆で記された地図には、当時は存在したらしい石標から「西へ20メートル、南へ10メートル」と書いてある。『魏志倭人伝《ぎしわじんでん》』の「水行十日、陸行一月」で邪馬台国《やまたいこく》に着くという位置情報をほうふつとさせる地図を手に、徳川埋蔵金、事件現場の遺留品探しと同じ要領で捜索作業が続く。収穫のない調査のほうが多かったが、岩石粉末を埋設した奄美大島では30〜40年越しの〝タイムカプセル〟の発見・回収に成功した（図3-1）。

図 3-1 埋設箇所を示す杭（左）と土壌に埋設されたナイロン・ストッキング（右）
ナイロンは 40 年間では分解しなかった　写真：筆者

ストッキングと腐植は分解しにくい

研究材料の乏しかった40年前、岩石粉末はナイロン製のストッキングに詰めて埋設された（ミネラル・バッグ）。掘り出してまず驚かされたのは、土ではなく、そのナイロン・ストッキングだった。ナイロンは石油（当初は石炭）と水を原材料とする有機物である。微生物の食料になっていてもおかしくないが、ナイロン・ストッキングはいくつか虫食いや根に破られた跡はあったものの、全くといっていいほど分解されず、土に還《かえ》ってはいなかった（図3-1）。

66ナイロンは、第二次世界大戦の前夜（1935年）、日本からの輸入に依存していた生糸（絹）の代わりとして米国（デュポン社）が開発した合成繊維である。戦時中はノルマンディー上陸作戦などのパラシュートの素材として活躍した。分解されずに残ったストッキングは、ナイロンの丈夫さと微生物が人工物を分解することの難しさを示している。今日のマイクロ・プラスチックによる環境汚染問題に通じるものがある。

さらにショッキングだったのが、ストッキング内部だ。岩石の粉末は、40年の時を経て、「土のようなもの」に姿を変えていた（カラー口絵4）。ブラジルの土の成り立ちでは岩が土になるスピードまでは分からなかったが、風化実験では最初の岩石粉末と元素組成を比較することで、40年間の変化が分かる。増加していたのは炭素と窒素という有機物を構成する元素だ。岩石粉末には当初なかったはずの腐植が加わっていた。腐植の材料である動植物の遺体の大部分は微生物によって分解されるが、一部の美味《おい》しくない成分はナイロンのように残存する。微生物の食べ残しは手付かずではなく、動植物の遺体よりも複雑な化学構造へと変化する。腐植の多くは数十年から数百年で分解するが、古い腐植には数千年から数万年ものあいだ残るものもある。

最初はサラサラだった岩石粉末は、ころころっとした数ミリメートルの塊になっていた。これを**団粒構造**《だんりゅうこうぞう》という。ストッキング内部に侵入した不届きなミミズの仕業だ。ミミズが土を食べ、フンをすることで団粒が出来上がる。本来、世界はエントロピー（無秩序さの度合い）が増大する方向へと進行しやすい（エントロピー増大の法則）。バラバラの砂粒（単粒状）がいい例だ。しかし、団粒構造はこの法則に逆らう。ミミズの粘液や腐植が接着剤となり、土粒子が団結する。これが、生物と水と空気が通るすきまを持つ立体構造を生みだす。団粒は数ヵ月すると壊れるが、ミミズなどの土壌生物の営みが団粒を生みだし続ける。分解しにくい腐植と団粒構造の存在が、土と海底堆積物との違いである。

腐植の正体はなにか

岩石粉末を土に変えた腐植こそ、人類が容易に土を作れない原因物質である。腐植の中で化学構造を特定できている名のある物質は、たった数パーセントの数十万種類。その他大部分は構造も特定できず、名前も決まっていない。研究も大変だ。私の指導学生の祖父が、孫娘と私の研究を心配して学会に飛び入り参加したほどだ。名は服部健一、「日本コンクリートの父」と呼ばれる（複数人いるという）。同じく化学構造の不明なリグニンではなく、βナフタリンスルホン酸ホルマリン縮合物を用いて高性能コンクリートの調合に成功した人物だ。より複雑な腐植を含む土は、研究対象として危険すぎると考えたからだという。もっともである。

厄介者の腐植の究極のルーツは、文字通り根と葉だ。落ち葉はミミズやヤスデによって細分化され、カブトムシの幼虫のエサとなるような腐葉土となる。そして落ち葉の原形をとどめない腐植へと変化する。海では細菌が主役だが、陸地ではカビやキノコも主役の座を狙う。

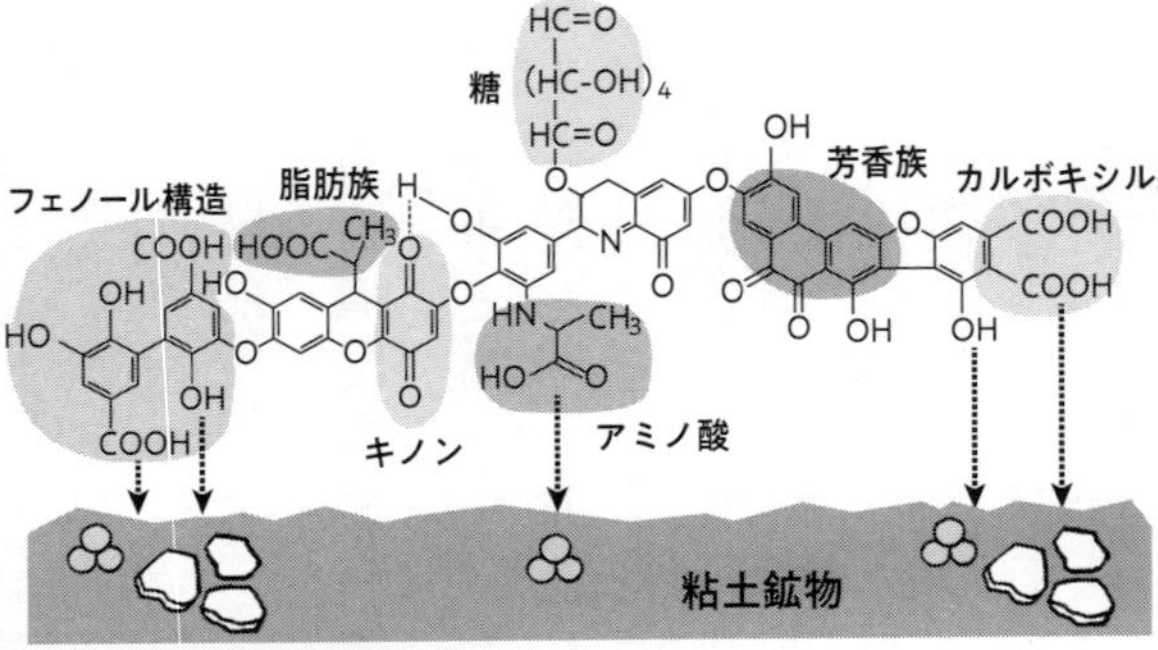

図3-2 腐植物質（シンプル化したモデル）の複雑な構造の一部と微生物の遺体（死菌体／左写真）

写真：Miltner et al.(2011)より

私たちが料理を食べる時、好きなものを最後に食べるタイプと嫌いなものを最後に残すタイプがいる。微生物は落ち葉の美味しいものから食べ始め、不味《まず》いものを最後に残すタイプが多い。それが腐植になるというのが、「腐植＝植物遺体の食べ残し仮説」[2-2]だ。この仮説が100パーセント正しければ、植物遺体のうち、不味い芳香族成分ばかりが蓄積するはずだ。ところが、腐植の成分を調べると、糖質（炭水化物）やタンパク質など美味しそうな成分も数割残っている。「腐植＝植物遺体の食べ残し仮説」だけでは腐植の多様性を説明しきれない。

そこに、美味しいものが残っている原因を説明できる新しい仮説が登場した。マイクロメートル〜ナノメートルの解像度を持つ電子顕微鏡で土を観察すると、微生物の遺体である死菌体（細菌の細胞壁や菌類の菌糸の断片）が多く見つかる（図3-2）。生きている微生物は腐植の2パーセント程度にすぎないが、死菌体はその40倍にもなる。2パーセント×40倍＝80パーセントで「最大で腐植の8割は死菌体由来」という計算だ[3-2]。例えば、大腸菌を試験管で培養すると世代交代は8時間で起こる。微生物の増殖の速さを考えれば、土が微生物の遺体だらけでも不思議ではない。今まで枯れ葉の残骸程度に思っていた黒い土が、つい最近まで生きていた微生物の遺体かもしれないという衝撃的な仮説は全世界（ただし、土壌学界に限る）を駆けめぐった。土は生きているようにすら思えてくる。

腐植を生みだす微生物と粘土の連係プレー

死菌体が土になるなら、我が家の風呂場のバスタブは赤カビ（ロドトルラ属の酵母）由来の腐植だらけになってもおかしくない。今のところ、我が家の風呂場は大丈夫だ。微生物は食べた有機物のうち約6割を二酸化炭素として吐き出し、残り（約4割）で菌体を作る。死んだ菌体の主成分は糖質やタンパク質であり、すぐに他の微生物に分解されてなくなる。風呂掃除もしている。

土の中で、死菌体の速やかな分解を防ぐのが粘土と団粒構造の存在だ。電気を帯びた粘土は有機物を吸着し（69ページ）、団粒は構造内部に美味しい有機物を閉じ込める。水に溶けていないものを微生物は分解できない。例えるなら、子どもの食べたいお菓子が戸棚に入れられて、手が届かない状態に似ている。これで死菌体由来の糖分やタンパク質が蓄積する理由を説明できる。「腐植＝死菌体の団粒格納仮説」とでも呼ぼう。実際のところ、「腐植＝植物遺体の食べ残し仮説」と「腐植＝死菌体の団粒格納仮説」は二者択一ではない。「腐植の8割は死菌体由来」は過大評価で、死菌体由来は多くても腐植の4〜6割程度、残りが植物遺体の食べ残しという理解に落ち着きつつある。[3-3]

植物遺体由来にせよ、微生物由来にせよ、有機物はそのまま残存するわけではなく、変質する。土よりも単純な酒造りを例に考えよう。米はセルロース（食物繊維）、デンプン（米の中心部に多い）、タンパク質（玄米の表層に多い）などからなるが、セルロース、デンプンはグルコース、タンパク質はアミノ酸が連結（重合）した高分子であり、微生物が細胞膜を通して吸収するには、分子の連結を切断して水に溶かす酵素が必要になる。そこで、まず酵素を作るのが得意な麹菌《こうじきん》がデンプンをグルコースに、タンパク質をアミノ酸に分解し、次の微生物へと選手交代する。グルコースは酵母（菌類の一種）に吸収され、アルコールへと発酵されることで日本酒になる（図3-3）。アミノ酸は雑味として日本酒の風味に個性を与える。残った残渣《ざんさ》は酒粕《さけかす》になる。米から日本酒ができる比較的単純な反応ですら、2種類の微生物が関与する。

土のレシピはもっと複雑だが、落ち葉の分解もやはり2段階の反応に分けられる。[3-4] まずは、主に菌類が細胞の外に酵素を放出し、落ち葉を水に溶かす。溶けだした溶存有機物を微生物が吸収

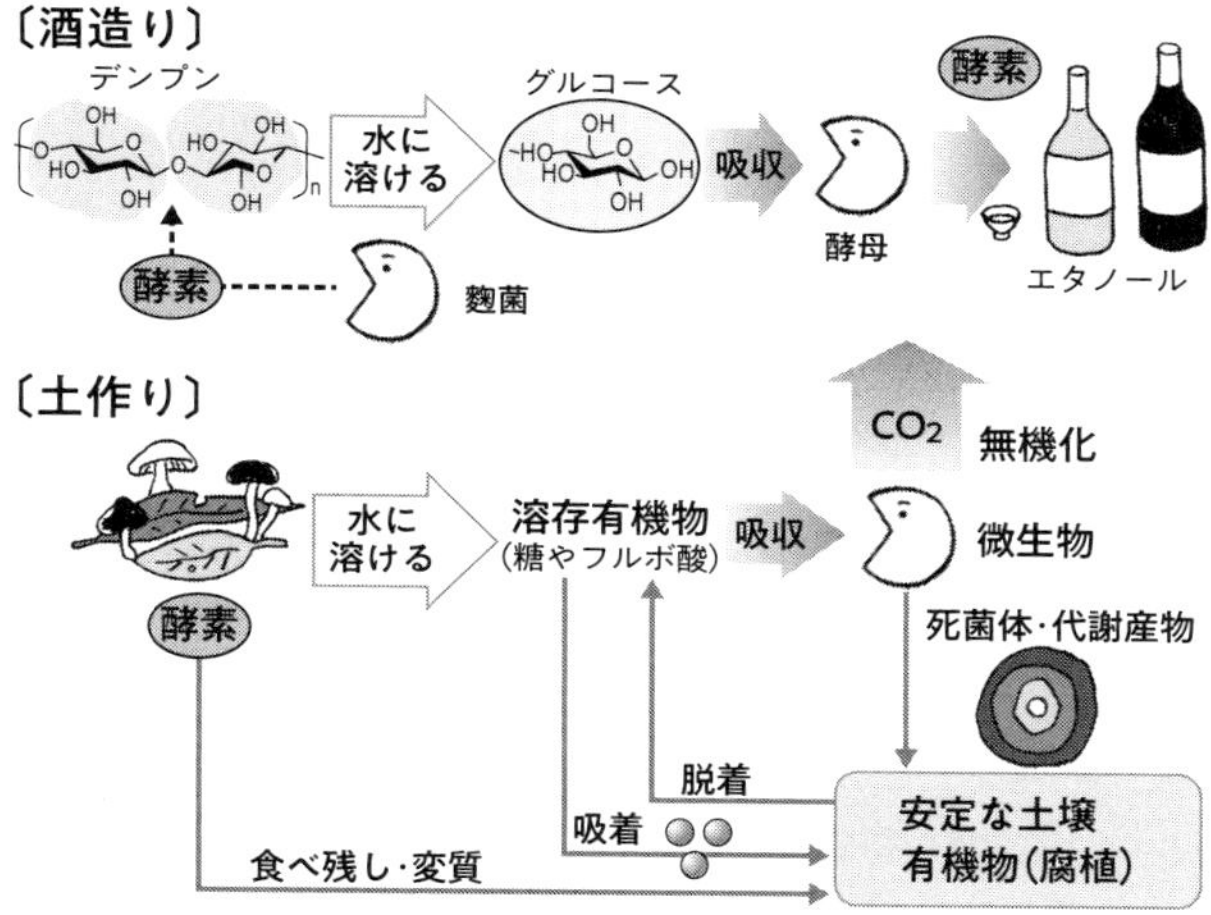

図3-3　酒造りと土作り
どちらも1種類の微生物では完結せず、複数の微生物が関わっている

し、分解するか菌体にする。1種類だけで落ち葉を二酸化炭素まで完全分解できる微生物は、今のところ見つかっていない。多くの細菌、古細菌、菌類が分業し、それぞれが得意な酵素を出し合い、好みの部分を分解する。有機物の分解プロセスは、酵素という楽器で奏でるオーケストラだ。これがシャーレの上で培養した1種類の微生物では土が作れない理由でもある。

有機物の変化は岩石の風化よりも速く、数年で起こり、土を黒く染めていく。これは腐植の中のメラニン色素のような芳香族成分が増加するためだ。肌の日焼けでメラニンが集積する現象と似ている。もとの化学構造よりも複雑なものに変質（縮重合）し、有機物構造の末端（例えば、芳香族化合物の側鎖）はカルボキシル基やフェノール基に酸化され、腐植もまたプラスやマイナスの電気を帯びる。それと粘土が吸着し、微生物に分解されにくくなる。

岩から土を作るストッキングの再現実験によって腐植の蓄積や団粒構造の発達は40年でも起こり、土のようなものを生みだすことが分かった。この小さな発見に感動する一瞬のために、多くの時間と労力を費やしたことに、私はしばしば愕然《がくぜん》とする。

岩と土の境界線

40年で岩石から土ができるというと、冒頭に記した「自然の営みによって1センチメートルの土が作られるのには100～1000年もかかる」という事実は何だったのかということになる。そもそもこの知見を疑う必要がある。

北海道では約2万年前の火山灰層の上に、平均で深さ2メートルの土が堆積している（カラー口絵5）。関東地方でも地下1メートルの土の層から、しばしば1万年前の縄文土器が出てくる。つまり、いずれも1万年に厚さ1メートルの土が発達したことになる。100年で1センチメートルの速度だ。火山大国の日本では土の堆積速度は大きい。一方、地殻変動の少ないアフリカ大陸中央部や南米アマゾンでは地震や火山の心配が少ない代わりに、土の堆積速度は小さ

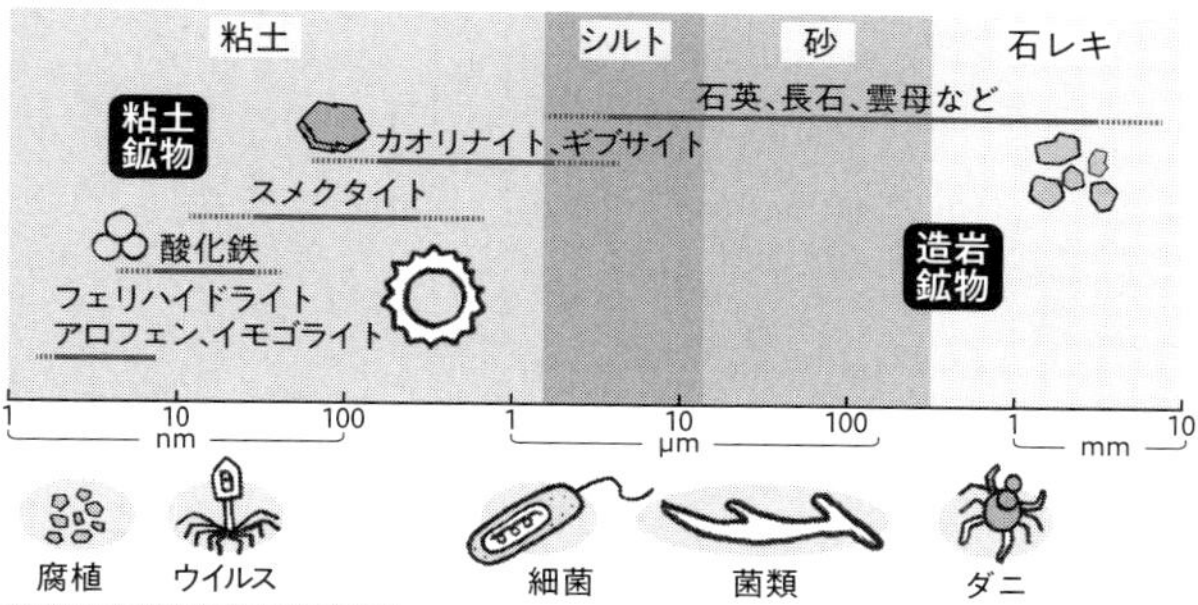

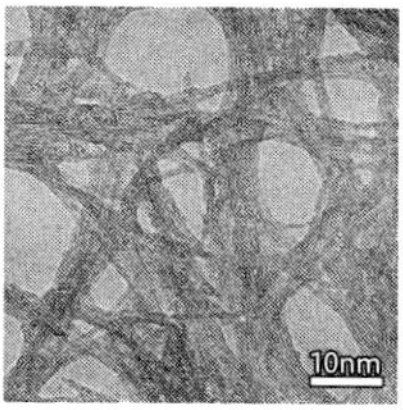

図 3-4　**鉱物粒子のサイズ（上）と火山灰由来の粘土・イモゴライトの写真（下）**

イモゴライトは微細でチューブ状の結晶構造を持つため反応性が高い

写真：Roger Parfitt 氏提供

い。おおよそ、1000年で1センチメートルの速度だ。

ただし、これらの数字は現在の経験値にすぎない。1メートルの土があったとしても、本当は2メートルの厚みの土ができていたのに、1メートルの厚みの分の土が雨風で失われ、1メートルしか残っていないのかもしれない。この場合、土ができる速度を小さく見積もっていることになる。

しかし、40年間埋設してできた〝土〟にも問題がある。40年待ったストッキングの中からは、岩石粉末から新たに結晶構造を持つ粘土（スメクタイト、カオリナイトなど）は生成していなかった。粘土が生成するには時間が短すぎたのだ。「土のようなもの」と呼んできた理由だ。ただし、同じく

40年前に埋設した火山灰〝土壌〟からは、埋設時には存在しなかった粘土鉱物（フェリハイドライト、アロフェンやイモゴライトの初期生成物）の存在が確認できた（図3-4）。スメクタイトなどの層状の粘土鉱物とは異なり、球体やチューブ状の微細な結晶構造を持ち、表面積が広く、反応性が高い。日本とニュージーランドには腐植に富む真っ黒な火山灰土壌（黒《くろ》ボク土《ど》）が広く分布するが、大量の腐植を蓄積・保存できるのはこの鉱物の高い吸着力によるところが大きい。

一つ疑問が湧く。岩石風化実験は植物や微生物の定着した現在の生態系が舞台だが、5億年前の陸地には生物すらいなかった。実際の地球ではどのように土が生まれたのだろうか。舞台は5億年前の地球に戻る。

台所のシンクでも始まる土壌生成

今から5億年前の岩石砂漠には植物も有機物もなかった。微生物は生存できないように思えるが、微生物の生存戦略は有機物を食べるだけ（従属栄養）ではない。水田土壌中のように有機物なしでも硝酸や鉄イオン、硫酸をエネルギー源として、二酸化炭素を炭素源として生きられる独立栄養微生物もいる。オゾン層ができた直後の6億年前の大地では、雨水に溶けこむ硝酸や硫酸を利用する独立栄養性の細菌や古細菌の独壇場だったはずだ。

6億年前の岩石砂漠に似た環境は、火山噴火直後のハワイや三宅島《みやけじま》、西之島《にしのしま》、イエローストーン国立公園の熱水噴出孔などでも見ることができる（図3-5）。初期の火山噴出物からは、２価鉄イオン（Fe^{2+}）を酸化する時に発生するエネルギーを利用して大気中の窒素を固定できる特殊な細菌（鉄酸化細菌）が発見されている[3-5]。その死骸は土になる。同じ鉄酸化細菌は、我が家の台所のステンレス製シンクのサビ周りでも見つかっている。プラスチック製のバスタブとの違いは鉄イオンが溶けだすところだ。台所のシンクの黒ずみは土に近い。

図3-5　**熱水噴出孔（米国・イエローストーン国立公園）**

噴出孔からの距離ごとにシアノバクテリア（上）、地衣類、コケ植物、マツ（下）が分布する　写真：筆者

岩石にはリンやカリウム、カルシウムはあるが、窒素がない。岩石砂漠に窒素を供給する鉄酸化細菌の登場は、植物の足場を築く最初の一歩になる。

岩石砂漠はライバルがいない代わりにエサも少ない。かといって、自らの死骸（腐植）と窒素が蓄積して土が生まれれば、それをエサとする従属栄養微生物に勝てずに全滅する。独立栄養微生物の宿命である。

鉄酸化細菌のことを思うと少し切ない気もするが、そんな独立栄養微生物の遺体がゆっくりと腐植として蓄積したからこそ、次の光合成生物が進出することができた。

コンクリートを耕す地衣類とコケ植物

植物が上陸した5億年前の岩石砂漠と似た環境なら、身近なところにもある。コンクリートに覆われた舗装道路やご近所の石垣の表面だ。凍結や高温、冠水に乾燥という極端なストレスが生物に降りかかる。過酷な環境には共通して土がない。土に粘土や腐植が多ければ保水力が高まり、打ち水のように気化熱（潜熱ともいう）が失われることで涼しくなる。

それでも、よく観察すれば、道路脇にはオレンジ色の斑点の模様が見つかる。ペンキではなくツブダイダイゴケだ（カラー口絵6）。コケと名乗っているが、分類はカビのなかまである。舗装道路や5億年前の岩石砂漠には、カビのエサとなる有機物がない。そこでカビは自分の構造内部に光合成のできるシアノバクテリア（ラン藻）をともなって陸地で一緒に暮らし始めた。ラン藻からは糖分をもらい、菌糸を伸ばして岩石から栄養分（リンやカルシウムなど）を溶かしだす。それぞれの得意分野である糖分の生産、栄養分の吸収を分業し、収穫物を交換することによって生存が可能になった。この運命共同体を**地衣類**《ちいるい》という。私たちは「自然と人間の共生」のように「共生」という言葉をよく使うが、もともとは地衣類の中のカビとシアノバクテリアの関係性を共生と呼んだことに始まる。

地衣類を知らないという人も、リトマスゴケとは無縁ではない。その抽出液が赤色になれば酸性、青色になればアルカリ性に反応していることを応用し、リトマス試験紙が小学校理科の授業で使われている。近縁のウメノキゴケは桜の木の樹皮上で見ることができるが、大気汚染のひどい地域では姿を消すため、環境汚染の〝リトマス試験紙〟となる。地衣類は根を持たない以上、雨や岩、樹皮からの栄養分を全身で吸収するしかない。過酷な5億年前の岩石砂漠を生き抜いた力は、現在の地球にあっては汚染物質まで吸収してしまうという両刃の剣になっている。

コケといいつつも地衣類が続くと、本家のコケ植物も黙っていない。苔《こけ》むす石というように、道路脇や石垣の上にはコケ植物も見つかる。コケ植物は5億年前の岩石砂漠に最初に上陸した植物である。今日でも岩肌荒々しい高山帯やツンドラ地帯（樹木の生育できない場所）は地衣類とコケ植物の宝庫だ。乾いた場所にはトナカイの食料となるトナカイゴケが繁茂し、湿った場所にはミズゴケが生育する。根を持たない地衣類やコケ植物の成長は一年に数ミリメートルと遅く、単純な成長速度の競争では他の植物に勝てない。それでも、地衣類やコケ植物が前人未到の岩石砂漠に上陸し、大地を耕し始めた。そのひたむきな営みは今日も舗装道路の片隅で続いている。

シダ植物のど根性

5億年前に上陸した地衣類とコケ植物が岩石を風化することで、砂と粘土ができた。画期的だったのは、これによって土に**保水力**が生まれたことだ（カラー口絵7）。その次に、1億年遅れて登場したのが根を持つ高等植物（維管束植物）である。地衣類やコケ植物が耕してくれたおかげで、根を張ることのできる土壌が整っていた。南極には4億年前の土の遺物（古土壌）が残っている。現在の乾いた南極（年降水量50ミリメートル）にはペンギンのフンからなる土があるだけだが、かつては湿潤で（推定で年降水量700ミリメートル）よく土が発達した（カラー口絵8）。ただし、その土も今や化石化・固結し、岩石や地層に姿を変えている。4億年前の大地に似た環境は、むしろ近所の道路脇にある。

私は家の前の道沿いにプランターを置き、家庭菜園でイチゴを栽培しているが、イチゴは道路脇の吹きだまりの砂と粘土を目指して茎（ランナー）を伸ばす。ついにはそこで根を下ろし、実をつけた。ど根性イチゴは、プランターのイチゴよりも美味しかった。

私がイチゴの味に感動した日からさかのぼること4億年、大地に最初に根を下ろした高等植物は被子植物（イチゴ）ではなく、土筆《つくし》の祖先のシダ植物（ヒカゲノカズラ類）だった。

海からやってきた植物の立場になってみよう。水という均質な世界から、空気と水と砂と粘土の世界に足（根）を踏み入れる。植物にとって海よりも良かったことは、空気に困らないことだ。気孔から思う存分、新鮮な空気を吸える。しかし、海中では浮力が身体《からだ》を支えてくれていたが、陸地では自立しなければならない。

陸地には乾燥の問題もある。乾燥対策として、高等植物は表皮細胞（クチクラ）層やワックス成分（蠟《ろう》）で身（葉）を守る。乾燥は栄養分の吸収にも問題となる。海中の生物は体の表面全体で水に溶けた栄養分を吸うことができたが、砂も粘土も腐植も、その多くは固体で吸収できない。雨から供給される水と栄養分だけでは足りない。海草のなかまには一度上陸したものの、再び海へと帰っていった植物（アマモ）もいる。[3-6] 陸地に残った植物が自立し、土から水と栄養分を獲得するために発達させたのが根だ。

根は目でもあるかのように水と栄養分を感知し、伸びていく。『種の起源』で有名な生物学者チャールズ・ダーウィンは「根っこの先に脳でもあるのではないか」という仮説をたて、根の先端を切って観察を繰り返し、根の先端（根端）には重力を感知して下に伸びる器官があることを発見した。

土の中では土の保水力と重力が拮抗《きっこう》し、地下水面に近い下層土ほど水分が多い。広く深く根を張ったほうがより多くの水と栄養分を集めることができ、よく育つ。さらに栄養分が多いところに根を密集させる芸当もある。「根は正直ないいやつ」なのだ。マツ林の土１立方メートルの中にある根をつなぎ合わせると、富士山の高さにもなる。[3-7] まだ土の薄かった4億年前の陸地に定着できたのはシダ植物のど根性の賜物《たまもの》だった。

粘土と根の長い付き合い

シダ植物の根の働きによって、コケ植物や地衣類の頃よりも土が深くまで発達した。盛岡地方裁判所前（岩手県）にある石割桜（花崗岩《かこうがん》に生える一本桜の根が岩を割く）のように、根には岩をも貫く力がある。これはもっと細い根によっても起こる。根は酸性物質（有機酸や炭酸）を出し、岩に穴をあける。

このような酸性物質によって鉱物が溶ける現象は私たちの口の中でも起きている。憎《にっく》き虫歯だ。私たちの歯は、主にリン酸とカルシウムが結合した鉱物（ハイドロキシアパタイト）でできている。甘い砂糖や食べかす自体に歯を溶かす働きはないが、歯垢《しこう》の中の微生物によって糖分から酸が生産され、歯が溶かされて穴があく。虫歯の成分は溶けてなくなるが、造岩鉱物が溶けた場合、そのアルミニウムとケイ素が濃縮すると粘土鉱物が再析出する。根を持つ維管束植物の出現によって岩石の風化が進み、粘土が増加する。

微細な粘土の増加によって、粒子と粒子のあいだの細いすきまに毛管張力が働き、重力に抗《あらが》って地下水を持ち上げることができる。粘土の電気の力で栄養分を保持することもできる。これ

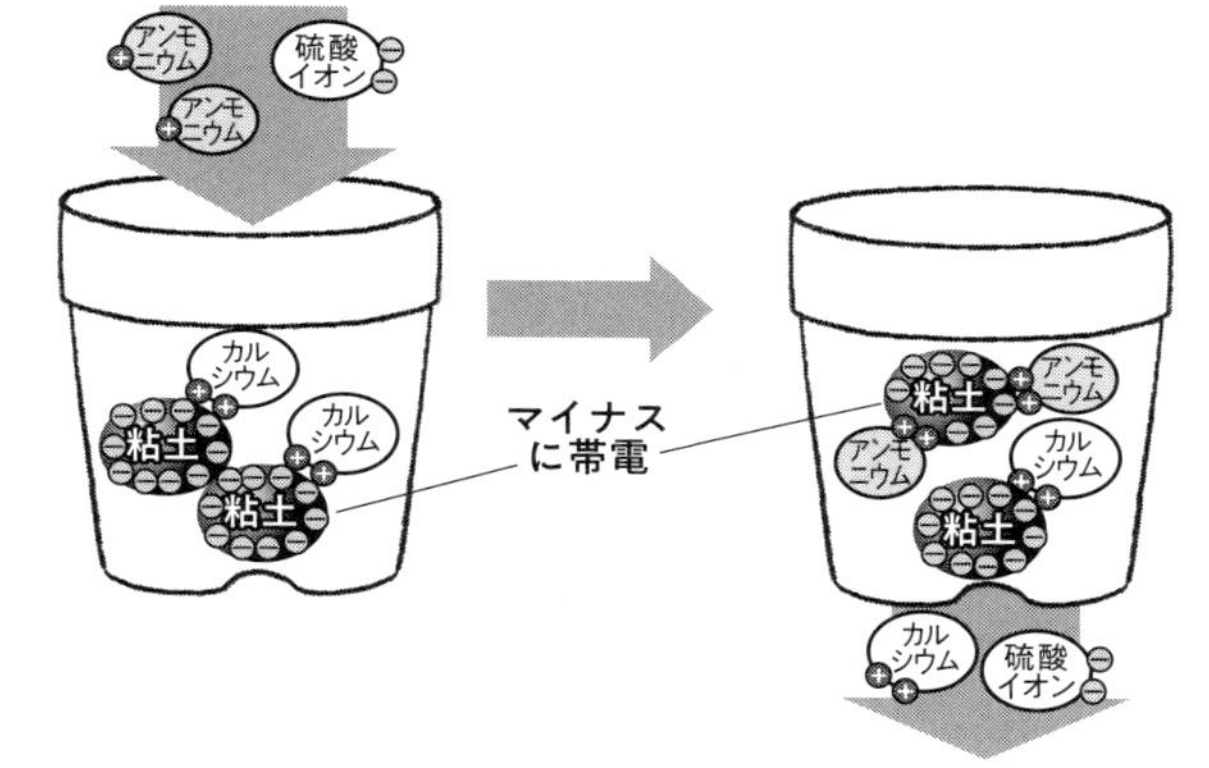

図3-6　粘土のマイナス電気によるイオン交換反応
硫酸アンモニウム溶液を流したにもかかわらず、硫酸カルシウムが溶出したことで発見された現象。粘土はアンモニウムイオンを強く吸着するかわりに、同じ陽イオンのカルシウムイオンを手放した

が土の保水力や保肥力（養分保持能力）の仕組みだ。ここで当たり前のように書いているが、保水力を生みだす毛管現象はルネサンスの巨匠レオナルド・ダ・ヴィンチが発見し、アインシュタインが最初に悩んだテーマだ。ここからブラウン運動（微粒子の不規則な運動）の理論も生まれた。保肥力の存在は、肥料（硫酸アンモニウム）を溶かしこんだ水を土に流したにもかかわらず、ポットの下から違う成分（硫酸カルシウム）が流出してきたという実験によって確認された（図3-6）。

　現在ではイオン保持・イオン交換反応として知られる現象も、当時の化学の第一人者ユストゥス・フォン・リービッヒ（リービッヒ冷却器で有名）が錬金術に違

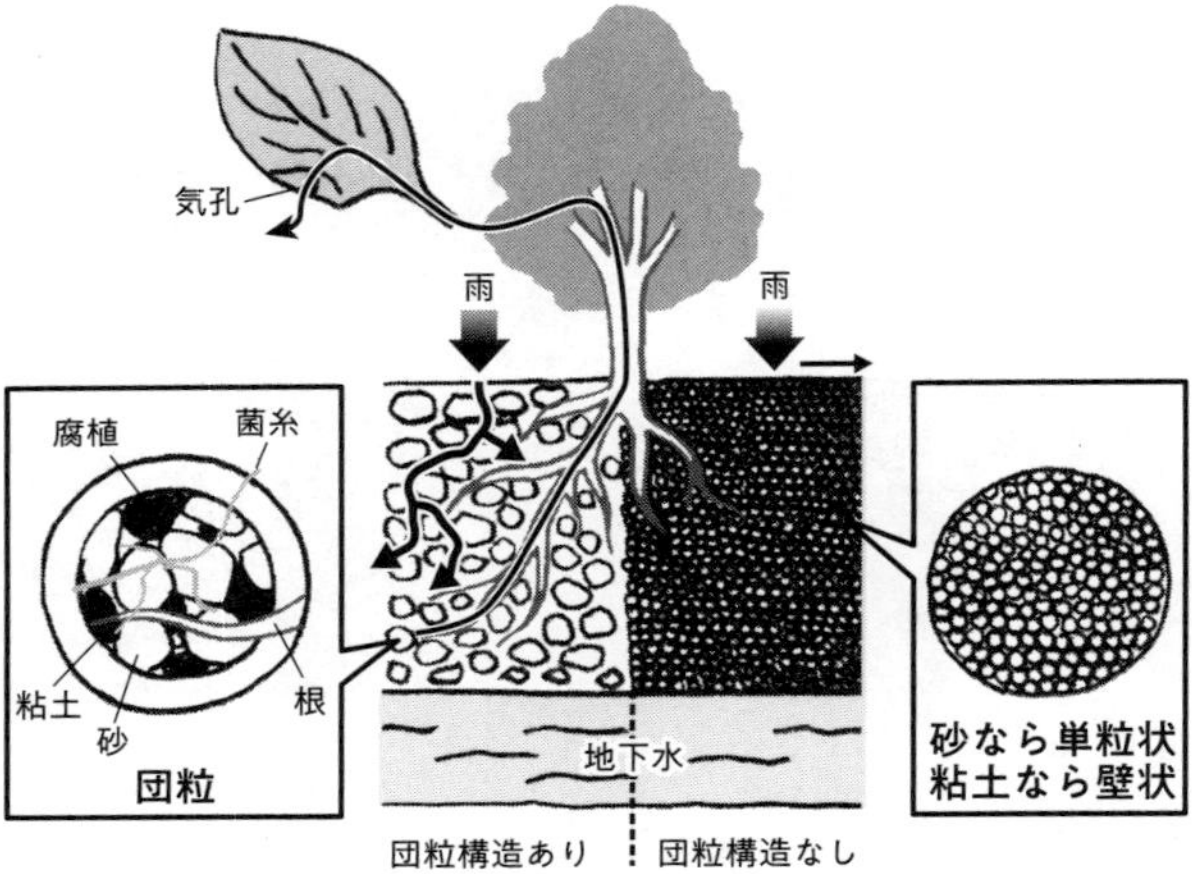

図3-7　葉から土までを結ぶストロー
団粒構造の発達した土（左）では表層の排水と下層の保水が良く、植物の根が吸水しやすい。団粒構造のない土（右）では水がしみこみにくく、植物の吸収しやすい水が乏しい

いないと信じようとしなかったほどの衝撃的発見だった。根が生まれ、粘土が増加することによって、土は天才たちを引き付け驚かせるほどの変化を遂げたのだ。

ただし、喜んではかりもいられない。植物は、この土を上回る力で水と栄養分を吸収する必要がある。高等植物は体の中に維管束というストローの束のようなものを埋め込んでいる。葉の裏に多くある気孔から吐き出した水蒸気（蒸散）の分だけ負圧（引っ張る圧力）が生じ、土の保水力を上回れば、植物は根から水を吸い上げることができる（図3-7）。土の保持する水と地下水はつながっているため、減った分の水は下から補充される。乾燥し、粘土粒子間の水膜が途切れると、ストローが切れたように水が吸えなくなり、植物はしおれる。

植物は蒸散の勢いのままに水を吸い上げ、それによって土壌中の窒素やカルシウムを吸収できる（マスフローという）。窒素（硝酸イオン）はマイナス電気を帯びており、粘土のマイナス電気に吸着しにくく移動しやすい。本来、カルシウムはプラス電気を帯びていてマイナス電気を持つ粘土に吸着しやすいはずだが、微生物のように根の表面もまたマイナス電気を帯びており、カルシウムを引き付け、吸い上げることができる。

しかし、粘土はカリウムとリンに関しては粘着質で、なかなか手放そうとしない。カリウムは粘土（バーミキュライトなど）のマイナス電気に、リンは粘土（アロフェン、鉄サビなど）のプラス電気に強力に引き付けられる。植物が水を吸っただけではなかなか吸収できず、ひどい場合は枯れてしまう。そこで植物が頼ったのが微生物だった。

植物と微生物のかけひき

４億年前に登場した根は土にエネルギー（炭素源）を吹き込む。おかげで有機物を食べる微生物も生存でき、微生物が植物遺体を分解するので植物は栄養分をリサイクルできるようになる。持ちつ持たれつの関係が生まれた。

植物の根のうち、太い根は体を支える役割を、細い根は水と栄養分を吸収する役割を担う。細ければ細いほど表面積が広くなり、吸収能力は高まる。これは、私たちの腸内に柔毛《じゅうもう》が発達することで水と栄養分を効率よく吸収できるのと似ている。細ければ細いほど良さそうだが、細い根は太い根よりも窒素資源（企業の設備投資に相当）を多く必要とし、寿命が短くコストも余計にかかる。そこで、植物は微生物の協力を仰ぐことにした（外部委託に相当）。直径1ミリメートル前後の植物の根よりも、直径数マイクロメートルのカビの菌糸の表面積のほうが広く、水や栄養分（リンやカリウム）を吸収する力が強い。

ただし、タダで協力してくれる微生物はいない。植物は根から糖分や有機酸、アミノ酸を提供する。これはコンブから出汁《だし》（旨味《うまみ》成分であるグルタミン酸）がしみだす仕組みとは違う。コンブでさえ生きているあいだは細胞壁や細胞膜の出入り口（トランスポーター）を調節し、無駄に出汁を出したりはしない。根は、根をとり囲む数ミリメートルの土（根圏《こんけん》）に糖分や有機酸、アミノ酸を積極的に放出し、協力してくれる根圏微生物を養う仕組みを備えている。

しかし、いつの世も悪は絶えない。落ち葉の分解を担う協力的な根圏微生物がいる一方で、悪さをする微生物もいる。生きた植物の細胞に居候（寄生）し、糖分や有機酸、アミノ酸をかすめ取ろうとする。植物そのものを分解しようとする微生物（病原菌）もいる。対策として、植物は付き合うパートナーを選ぶことにした。

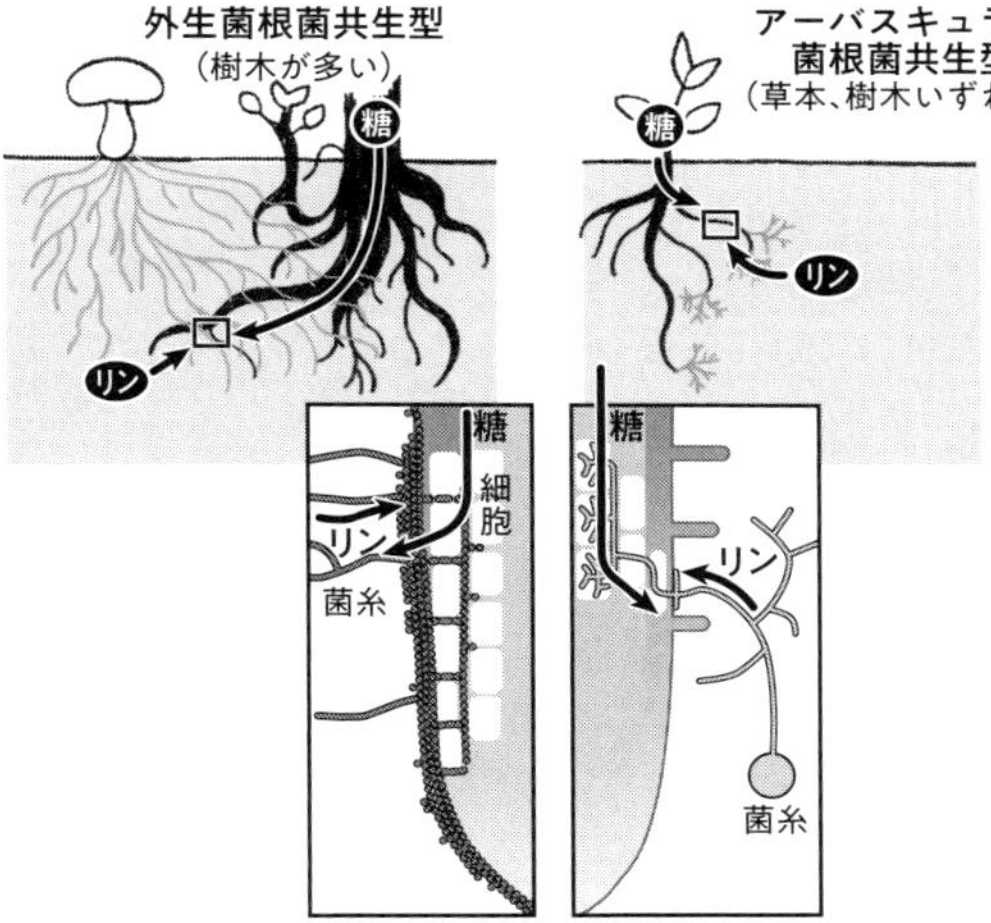

図3-8　二つの菌根菌タイプ
根の細胞内に菌糸が侵入するアーバスキュラー菌根菌と、根の表面を覆うことで糖と栄養分（リンなど）を交換する外生菌根菌（後述）がある

植物を分解する酵素を失い、水や栄養分を届けてくれる安全で優しいカビの菌糸には根への侵入を許し、報酬として糖分を渡す（図3-8）。そうやって選抜され、根と共生するようになったカビを**菌根菌**《きんこんきん》（**アーバスキュラー菌根菌**）という。

植物にとって土壌中の無数のカビの中からパートナーとなる菌根菌を見つけ出すのは、文字通り暗中模索だ。相手に伝えなければ、想《おも》いは届かない。例えば、モンシロチョウの幼虫に食べられたキャベツは匂い物質を放出して用心棒の寄生バチを呼び寄せ、幼虫を退治する。植物も、本来は地上部の枝分かれを促すために使う信号物質（ストリゴラクトン）を根から放出し、ラブコールを送ることで菌根菌を呼び寄せる。[3-8] こうして植物が上陸した5億年前から今日にかけて、陸上植物の8割が菌根菌との強固な同盟関係（共生関係）を構築していった。[3-9]

ライバルたちも黙っていない。「魔女の雑草」という異名を持つ寄生植物ストライガは菌根菌への信号物質（ストリゴラクトンなどの植物ホルモン）をハッキング（検知して発芽）して植物に寄生する。美しい紫色の花を咲かせるが、栄養を奪われたトウモロコシなどは枯れてしまう。アフリカでの被害面積は5000万ヘクタール（日本の国土の1・4倍）で損失額は年間1兆円を超え、3億人の食料を脅かしている。[3-10] そんなリスクがあっても植物は菌根菌への信号物質を送る。共生のメリットがリスクを上回るためだろう。

一方の微生物も言われるがままではない。トマトと共生する根圏微生物は根からしみだす物質に注文を付けることがある。[3-11] 根から美味しくない成分ばかりを出すトマトはうまく微生物の協力を得られないことで排除され、甘い蜜を出すトマトが選抜される。植物と共生微生物の関係は一方通行ではなく、4億年かけてお互いに要求をしあってきた。その緊張感はラーメンの名店と常連客のようだ。微生物と植物のかけひきは地下で今も続いている。

ストレス対策のコーヒーとリグニン

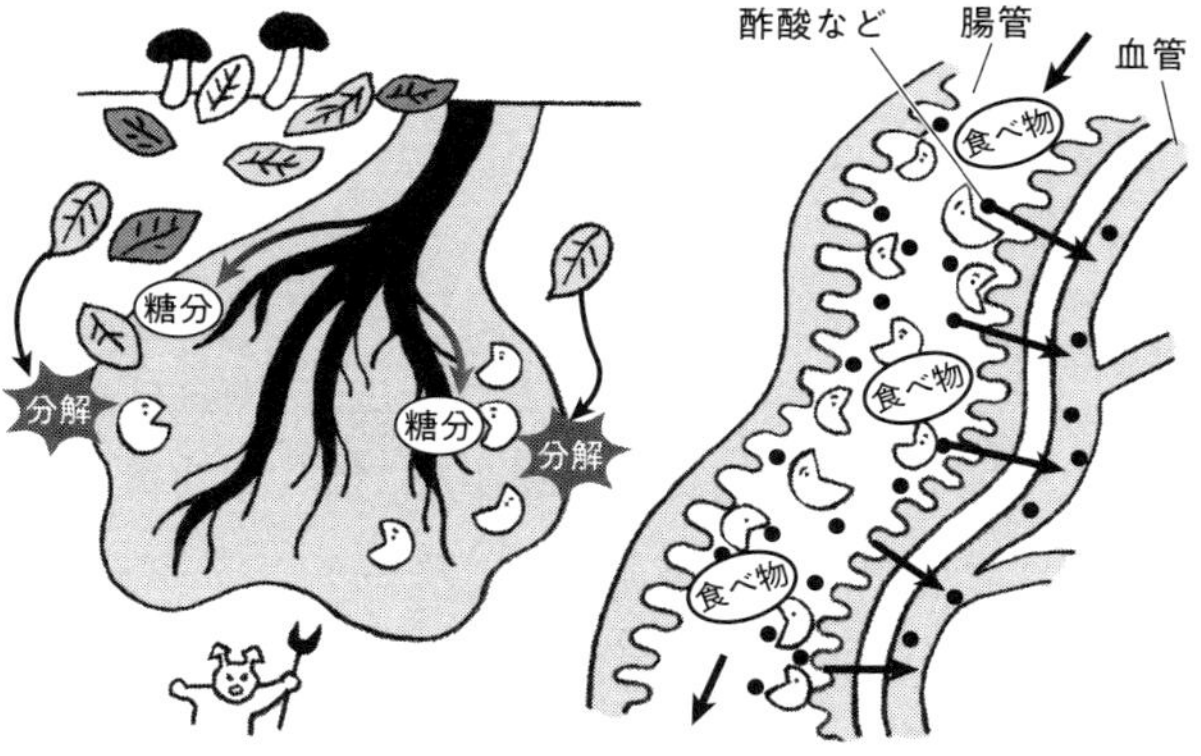

図3-9　土と腸内における微生物の役割の類似性

根の周りの微生物は糖をもらう代わりに有機物の分解・栄養分の提供を担い、病原菌から守る。腸では居場所とエサをもらう代わりに、細菌は有機物から酢酸などを生産して腸に提供するとともに、病原菌から守る

根からエサ（糖分）がしみだすことで、共生微生物が活性化され、有機物の分解を促進し、栄養分が植物に届く。微生物の多様性が維持されることで、病原菌も増殖しにくくなる。土壌微生物と植物の関係性は、ヒトと腸内細菌との共生関係に重ねて紹介されることも多い[3-12]（図3-9）。しかし、これは微生物の都合の良い面しか見ていない。

植物の周りの土では共生微生物だけでなく病原菌も進化する。植物へのストレス、被害も増える。植物は、成長や生殖に直接関わる物質やエネルギーを生産する活動だけでなく、攻撃された時に敵の侵入を防ぐ防御物質、つまり、自分の中に毒を持つ必要が生じる。また、植物に

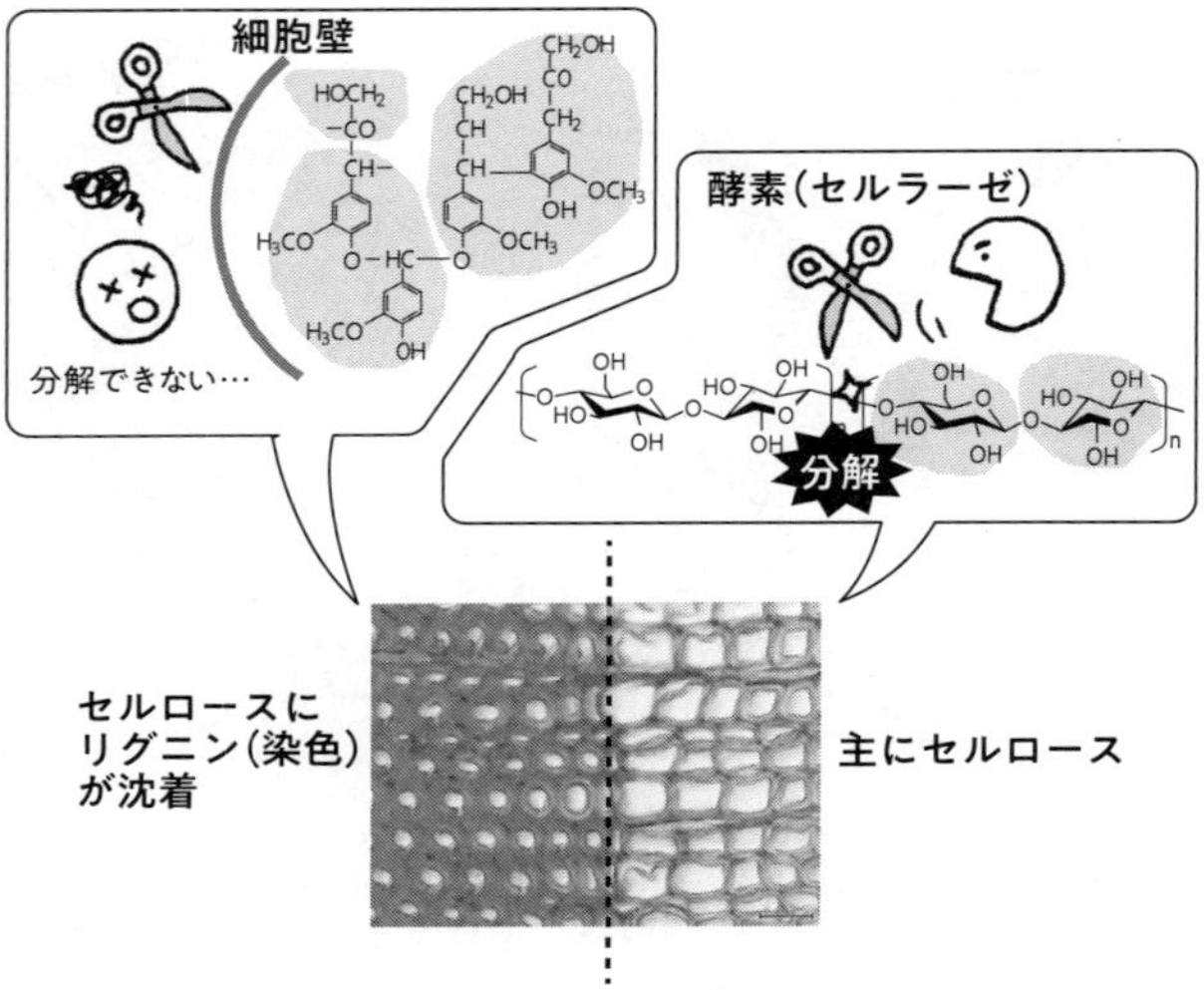

図3-10 樹木の細胞壁を作るセルロースに富む植物細胞（右）とリグニンが沈着し、細胞壁が補強された細胞（左）

写真：筆者

は病原菌以外にも遺伝子に損傷を招く紫外線のリスクがある。ヒトが日焼け（メラニン色素の分泌）によって細胞を守るように、胞子や種子を守る物質が必要となる。

身近な植物の種子を例に挙げると、コーヒー豆にはクロロゲン酸やコーヒー酸というポリフェノール（タンニンの一種）が豊富に含まれ、それが渋みや酸味をもたらす。大人がコーヒーを好むのは、植物の抗ストレス物質をわけてもらって、ストレス社会を生き抜くためなのかもしれない。コーヒー酸はコーヒー豆に限らず、植物全般、コケ植物にさえも含まれている防御物質だ[3-13]。

植物の葉や茎には、コーヒー酸がさらに複雑化して水に溶けなくなった**リグニン**という物質が含まれる[3-14]（図3-10）。動物と違って骨がない植物はセルロース（食物繊維）を鉄筋、リグニンをコンクリートのように使って細胞壁を補強することで巨大化が可能になった。その戦略を磨いた端的な例が樹木である。今から3億年前、コケ植物とシダ植物しかいなかった陸地にイチョウやマツの先祖にあたる裸子植物の樹木が登場した。胞子よりも乾燥ストレスに強い種子を持つことで乾燥した地域にも土壌が拡大した。

落ち葉が蓄積し続けた石炭紀

植物の主成分であるセルロースは、グルコース（単糖の一つ）の連結（重合）したものにすぎない。セルラーゼという酵素（酵素パワー系の洗剤の成分の一つ）を持つ微生物にとっては、甘いお菓子の家同然だ。身体に毒（リグニン）をまとうのは必要なセキュリティー対策だった。

ところが、突如として現れたリグニンを含む細胞壁は、倒木や落ち葉になっても分解を阻む壁として微生物の前に立ちはだかった。ストッキングの66ナイロンを分解できる微生物がいないように、リグニンを分解する酵素を持つ細菌やカビは当時いなかった。セルロースは水を加えながらチョキチョキと分解（加水分解）すればグルコースになるが、リグニンを分解するには特殊な酸化酵素が必要になる。分解に成功しても、溶けだす物質はフェノール、コーヒー酸やタンニンのような苦味成分で、微生物にとっては美味しいものではない。甘くない現実が待っていた。

植物の立場からすると、落ち葉や倒木については分解してもらわないと栄養分が循環しない。植物生産と微生物分解の関係がこじれたことで、陸地は落ち葉と倒木が分解されず、未分解の植物遺体が堆積してできる**泥炭土**が発達する。そんな時代が約6000万年（3・6億〜3億年前）も続いた。泥炭土が化石化すると、石炭になる。この時代を**石炭紀**という。

生物学者はリグニン分解者の不在を石炭蓄積の理由だと主張し[3-15]、地質学者は超大陸パンゲアの地殻変動によって泥炭の埋没作用が活発化したのだと反論する[3-16]。これは二者択一ではない。生物学者でも地質学者でもない土の研究者としては、両論併記が無難だと思っている。リグニンの分解遅延によって増加した泥炭土が、活発化した超大陸パンゲアの地殻変動によって堆積物として飲み込まれ、地球最大の炭素蓄積時代を迎えた[3-15]。今日の火力発電のエネルギーを支えている石炭は、主にこの時代に埋没したものだ。

この結果、大気中の二酸化炭素を固定した植物の遺体が分解されずに埋没することで二酸化炭素が減少し（図2-10参照）、地球は寒冷化した[0-5]。現在の地球温暖化とは逆の現象、というよりも私たちが時代をまき戻している構造になる。

リグニンを分解する微生物のいない状態が続けば、今でも未分解の落ち葉や倒木の蓄積した泥炭土と石炭ばかりになっていたはずだ。ところが、現在の地球では落ち葉は数年、倒木は数十年かけて分解される。この3億年のあいだに何が起きたのだろうか。

キノコと植物の軍拡競争

樹木が土から栄養分を吸収するのもタダではない。粘土に吸着したカルシウムやカリウムなどの陽イオンを吸収するには、イオン交換反応が必要になる。根や菌根菌は、酸性物質（水素イオン）を放出して栄養分を吸収する。土の中和に働くカルシウムやカリウムなどを失った結果、土は酸性に傾く。植物が巨大化するほど、土は酸性になる。そこにリグニンが登場し、倒木や落ち葉が分解されないと、カルシウムやカリウムが土にリサイクルされなくなる。植物上陸以降、土はどんどん酸性に変化した。[3-17] 酸性になると、細菌やカビの多くは元気を失う。生態系の物質循環が停滞する。悪循環である。

しかし、そこで増加したのがキノコだった。カビもキノコも菌糸を伸ばす菌類のなかまだが、特に繁殖器官としてキノコを作る微生物をここではキノコ（担子菌類）と呼ぶ。キノコは酸性に強い。樹木が登場してからリグニンが分解できずにカビや細菌が困っていた石炭紀（3億年前）、白色腐朽菌と呼ばれるキノコが全く新しい酵素を生産できるように進化した。マツタケ、エリンギ、シイタケのご先祖様だ。白色腐朽菌のキノコは木に生えることが多いが、菌糸の一部は土に

も伸び、落ち葉の分解も担う。[3-18]

白色腐朽菌のキノコと他の微生物の違いは、リグニンを効果的に分解する酵素の有無だ。厳密には石炭紀にもキノコは存在し、リグニン分解者の不在説では石炭蓄積を説明できないと地質学者の批判を受けたのだが（102ページ）、当時のキノコが放出できる酵素（ラッカーゼ）の酸化力は強くなかった。しかも、酵素は大きすぎて、なかなかリグニンの構造内部に届かないという問題を抱えていた。ところが、白色腐朽菌はマンガンの酸化力を生かした特殊な酵素（マンガン・ペルオキシダーゼ）を生産できる。その仕組みは巧妙そのものだ。まず、酵素はセルロースを分解する時に発生する過酸化水素（オキシドールの材料あるいは活性酸素）を利用してマンガン2価イオンを酸化剤（マンガン3価イオン）に変換する。本来は不安定なマンガン3価イオンをリンゴ酸（リンゴの酸味となる有機酸）で安定化（キレート化）し、菌糸から放出する。これによってマンガン3価イオンは酵素では届かないところまで浸《し》み込んで酸化することに成功し、リグニンを分解できるようになった。[3-19]

石炭紀を終焉《しゅうえん》させたキノコの分解力は、植物にとって脅威ともなる。落ち葉だけでなく、生きている木も分解されかねない。そこで、2億年前に登場した被子植物の樹木（ブナなど）は、より分解されにくい構造のリグニンを生みだした。これに対してキノコは、酸性条件でマンガンよりもさらに強い酸化力を持つ酵素（リグニン・ペルオキシダーゼ）を生みだした。[3-20]この植物とキ

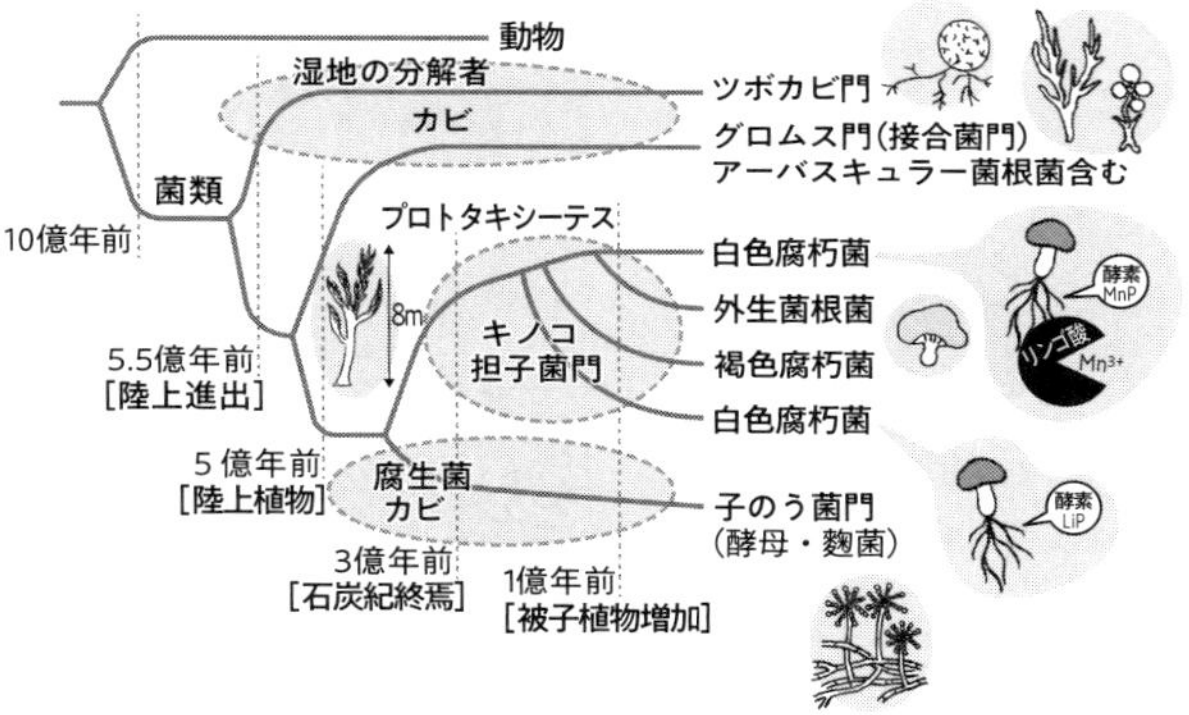

図 3-11　菌類の進化

動物との共通祖先から分岐し、「湿地の分解者」と呼ばれるツボカビと分岐した菌類のなかまからアーバスキュラー菌根菌や巨大菌類（プロトタキシーテス）が登場し、さらにキノコ（担子菌類）、子のう菌へと分岐した。マンガン・ペルオキシターゼ（MnP）を生産する白色腐朽菌の中から外生菌根菌や異なる酵素（リグニン・ペルオキシターゼ：LiP）を生産する白色腐朽菌も登場した　Floudas et al.（2012）、Ayuso-Fernández et al.（2019）、Moore and Trinci（2020）をもとに作成

ノコのいたちごっこは冷戦時代の米ソの核兵器開発競争にそっくりで、進化的軍拡競争（二種の生物間で互いの変化に対抗する適応が競うように起こる生物進化）と呼ばれる。

被子植物の進化にあわせてキノコも多様化した（図3-11）。不毛な核武装との違いは、その結果が私たちの食卓を豊かにしてくれていることだ。ミズナラの枯れ木（ほだ木）にシイタケの菌を接種すれば、菌糸が木を分解しながら成長し、シイタケが収穫できる。エリンギ、マイタケ、シメジ、エノキなどの白色腐朽菌のキノコが１００円前後で購入できるのは、木材や稲わらを材料とし

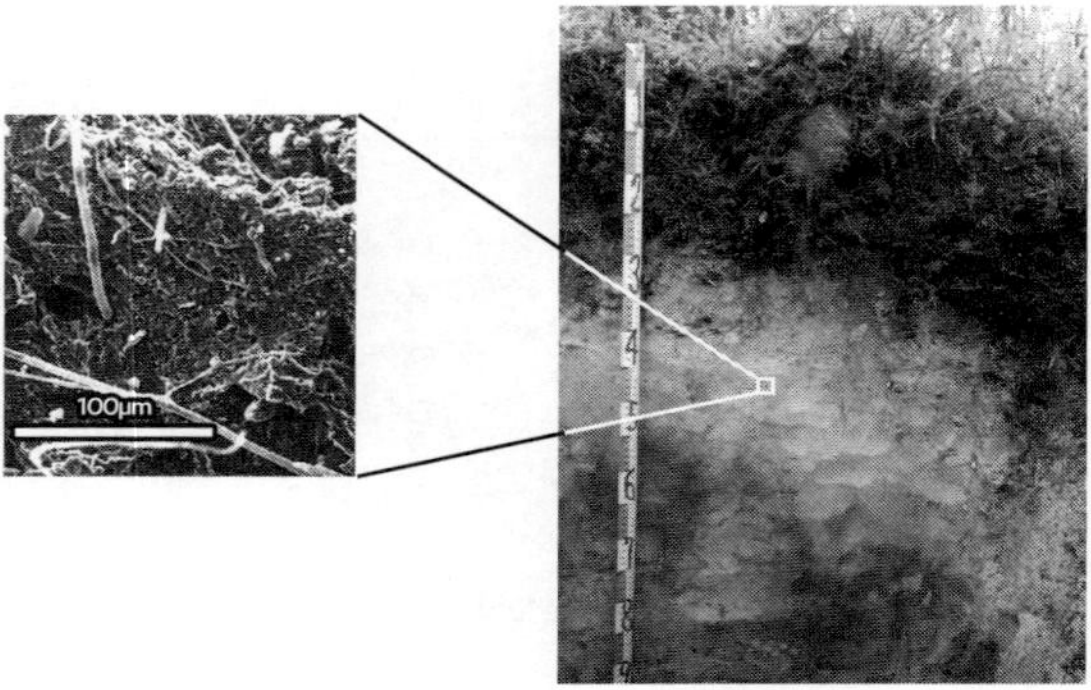

図 3-12　**ポドゾル（エストニア）における外生菌根菌による鉱物中の養分採掘**
外生菌根菌は「岩を食べるキノコ」の異名を持つ
写真：Roger D. Finlay 氏提供

て栽培できるためだ。

マツタケ型菌根菌の進化

キノコは、酸性土壌や倒木などの栄養分の乏しい環境に適応している。菌糸から酵素だけでなく有機酸を出す高い能力を樹木に見込まれ、今から1億年前、一部のキノコは樹木の根から糖分をもらい、お礼に岩を溶かしてそこから放出される栄養分を樹木に渡すアーバスキュラー菌根菌のまねごとを始めた。樹木もこのキノコの菌糸が根に侵入してきても、敵が嫌がる防御物質（ジャスモン酸）を出さないように友好的に対応する。樹木と共生するようになった菌根菌のキノコを**外生菌根菌**という。

最初は副業のつもりだったかもしれない

が、樹木の根から糖分をもらうことに慣れきると、いつしか本業の落ち葉や倒木のリグニンを分解する能力を失った[3-15]。その代表格がアカマツの根に共生するマツタケである。このためマツタケはシイタケのようには栽培できず、栄養分の乏しい土でアカマツの根元に生える秋を待つしかない。これがマツタケ１本に数千円以上の値が付く理由だ。

４億年前から植物と共生している菌根菌はカビだったが、外生菌根菌はキノコが進化したものだった。菌糸を根の細胞内に突っ込む旧来の菌根菌の手口とは異なり、菌糸で根の表面を包み込む包容力が外生菌根菌の特徴だ 図3-8参照 。

菌糸を倒木にではなく岩石に突き刺すようになった外生菌根菌のなかまは、リグニンを分解しなくなった代わりに、岩を食べるようになった。クエン酸、リンゴ酸、シュウ酸などの有機酸を出して岩を溶かす能力は、従来の菌根菌（カビ）の２〜25倍にもなる[3-21]。砂の中には菌糸のトンネルが空き、栄養分が空っぽになった砂が残される 図3-12 。その結果として、北欧のマツ林や日本の高山地帯には、表層に真っ白い砂の層を持つ**ポドゾル**という土が発達する。

現在、亜寒帯、温帯、熱帯（東南アジア）の森で優占するマツ科、ブナ科、フタバガキ科（ラワン）の樹木はすべて外生菌根菌と共生している。光合成に長《た》けた樹木が糖分生産に、リグニン分解に長けたキノコが有機物のリサイクルに、鉱物風化に長けたキノコが栄養分の獲得に専念することで、より栄養分が乏しい環境にも進出できる。樹木の巨大化が引き起こした土壌酸性化は、キノコの進化を促し、今日の森の物質循環が成立するようになった。

競争と共生と共存の森

ここまで、5億年にわたる生物と土の相互作用を見てきた。土は単なる物質の集合体ではなく、物質を循環するシステムであり、そのシステムを更新し続けてきたことで今日の生態系が成立している。私たちの人間社会でも自然界でも、競争原理と共生の理想とが葛藤する。古いシステムは淘汰《とうた》されていくだけなのだろうか。競争原理が強く働く中で、どのように共生社会が成り立つのか。この答えが知りたくて、私はキノコと植物の共生の場として名高い苗場山（新潟県・長野県）のブナ林に通いつめている。

ブナ林は豪雪地帯に多く、冬のあいだはスキー客でにぎわう。雪が解け始めると、今度は冬を耐えた生き物たちでにぎわう。ブナは冬芽から枝を伸ばし、葉を広げる。初夏、風に揺れる木々の姿を見ると、樹冠（地上の枝葉の広がり）と樹冠がせめぎ合い、個体どうしが縄張りを主張しあう。一方、土の中での根の広がりは個々の樹冠の領域を超えて重なりあう。限りある空間や栄養分をめぐって根もまた競合している。

一方、菌根菌の菌糸は、複数のブナの木をつないで水や栄養分を共有する。親木の根と稚樹の根を菌根菌の菌糸が結びつけ、親から子へ糖分や栄養分を移動する子育てのような現象も観察されている。[3-21] 外生菌根菌と共生する植物は、自分の周りの土を酸性に変えることで病原菌を抑制し、子（稚樹）を育てるかのように種子を近くに落とすものが多い。これは我が家のイチゴがプランターから新天地を求めてランナーを伸ばし、子孫を残すのとは対照的だ。アーバスキュラー菌根菌（カビ）と共生する植物は、子孫を遠くへ運び、病原菌にやられないようにするものが多い。[3-22]

微生物もまた増殖するために栄養分（窒素やリン）を必要とし、他の微生物や植物と競合する。植物は春先に微生物に先立って栄養分を吸収し、それを使って光合成をし、糖分をまた地下に分配する。

その糖分を受け取って増殖する微生物が落ち葉を分解して栄養分をさらに植物へと供給する。植物の成長が終わった秋に増えるキノコ、雪の下でのみ元気なキノコもいる。出番の季節以外は死滅して栄養分を放出し、一部は胞子となって次の出番を待つ。短い時間やある場所だけを見ると競争が起きているが、第三者（人間）の立場で見ると、あたかも共生しているかのように生態系の中で共存している。この微生物の入れ替わり、葉や根の代謝回転（ターンオーバー）によって腐植が蓄積し、それは次の微生物、植物の培地になる。競争と共生を許す〝土壌〟の存在が多種共存を可能にしている。

植物のライフスタイルの多様化

陸上植物の8割が菌根菌（アーバスキュラー菌根菌や外生菌根菌）と共生しているため、菌根菌との共生が植物の必勝サバイバル術のようにみえるが、被子植物の中には菌根菌との共生を必ずしも必要としなくなったものもいる。

食卓でもお馴染《なじ》みのキャベツ、ハクサイ、ブロッコリー、菜の花などのアブラナ科の植物が代表的だ。パートナー（菌根菌）のためにエネルギーと時間を消耗するよりも、稼ぎ（光合成産物）は自分磨きのために投資するようになった。具体的には、自分の根を細くし、菌糸のように粘土を包囲することで、粘土の周りの水に含まれるカリウムとリンをゼロにする。すると、粘土から少しずつカリウムとリンが離脱して拡散してくる。菌根菌に依存しなくても済むようになった。

外生菌根菌のキノコの背後には新手の詐欺師もせまる。梅雨時のブナ林の林床には、真っ白なギンリョウソウが花を咲かせる。とても美しいが、葉がない。土の中を見ると、根もない。外見が白いのは太陽の下で労働（光合成）をしていないためだ。ギンリョウソウの地下部は外生菌根菌の菌糸と一体化し、寄生している。菌根菌のキノコはブナの根に寄生して糖分をもらっているが、ギンリョウソウはそのキノコを溶かして糖分や栄養分をもらっている（図3-13）。

さらに、ギンリョウソウは果実をゴキブリに食べてもらい、種子を散布する。生態系の関係性

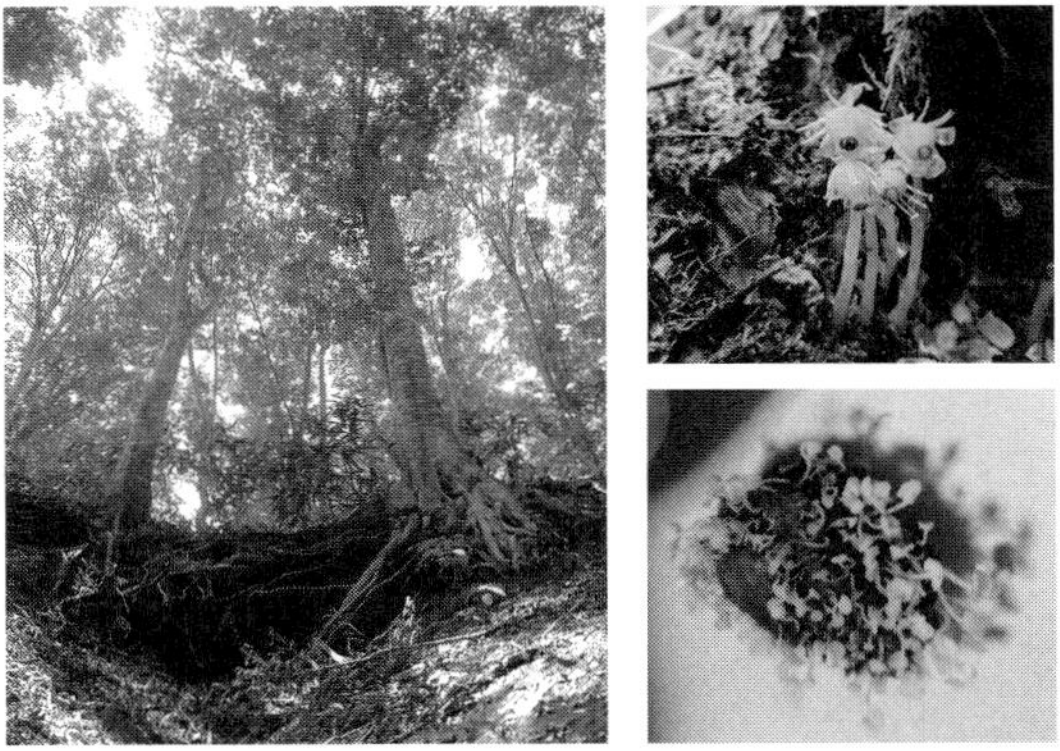

図3-13　**ブナ林（左／新潟県苗場山）とギンリョウソウ（右上）と雪の下でブナの殻（ドングリ）に生えるブナノシロヒナノチャワンタケ（右下）**
写真：筆者

の中で生きている、というと聞こえはいいが、何から何まで他者に依存している。バニラの属するラン科植物のなかまにも、自らは光合成をせず菌根菌から栄養分を奪うものが多い。美しさや甘い香りの裏で、生物たちはしたたかな一面も持っている。

植物は、防衛手段についても多様な戦略を発達させた。樹木は防御物質としてリグニンを多く蓄積する必要があるが、そのためにはセルロースを作るよりも多くのエネルギー（糖分）を要する。イネは、リグニンは少ない代わりに葉の表面を覆うガラス質のトゲで防御力を高める。イネに限らず、チガヤやススキ、タケやサトウキビなどのイネ科植物の葉は、触り方を間違えば血だらけになる。さらに、葉の表面のクチクラ層の下に二酸化ケイ素層を備えた防御壁（クチクラ・シリカ二重層）で害虫・病原菌から身を守る。土に豊富なケイ素（トゲや防御壁）で節約した炭素（糖分）を成長にまわすことでイネ科植物は世界じゅうに分布を拡大した。ジャガイモの芽に含まれるアルカロイド（ソラニン）は、窒素を多く使って作る防御物質だ。土によって利用しやすい栄養分は異なり、植物はそれぞれにとってベストな生存戦略を編み出した。

微生物たちの共生と縄張り争い

植物の多様化は、共生菌や病原菌を含む土の微生物にも多様化を促す。微生物と一括しているが、大さじ1杯（およそ10グラム）の土の中に細菌が100億個、1万種類も存在する。これは腸内細菌の多様性の10倍にもなる。カビ・キノコの菌糸はつなげると数キロメートルもの長さになる。土のすみかやエサとなる有機物には限りがあるため、ケンカも絶えない。

放線菌と呼ばれる細菌の一種（ストレプトマイセス属）は、自分の縄張り（コロニー）に侵入してくる他の細菌を殺すために防御物質でバリケードを作る。ストレプトマイシンと呼ばれるこの物質は、結核菌を退治する抗生物質としても有効だった。第二次世界大戦の頃に日本の死因第1位だった結核は、正岡子規《まさおかしき》をはじめ樋口一葉《ひぐちいちよう》や石川啄木《いしかわたくぼく》ら、多くの命を奪ってきたが、この抗生物質によって克服された[3-23]（図3-14）。同じように、アオカビの分泌液からは細菌性の感染症に効く抗

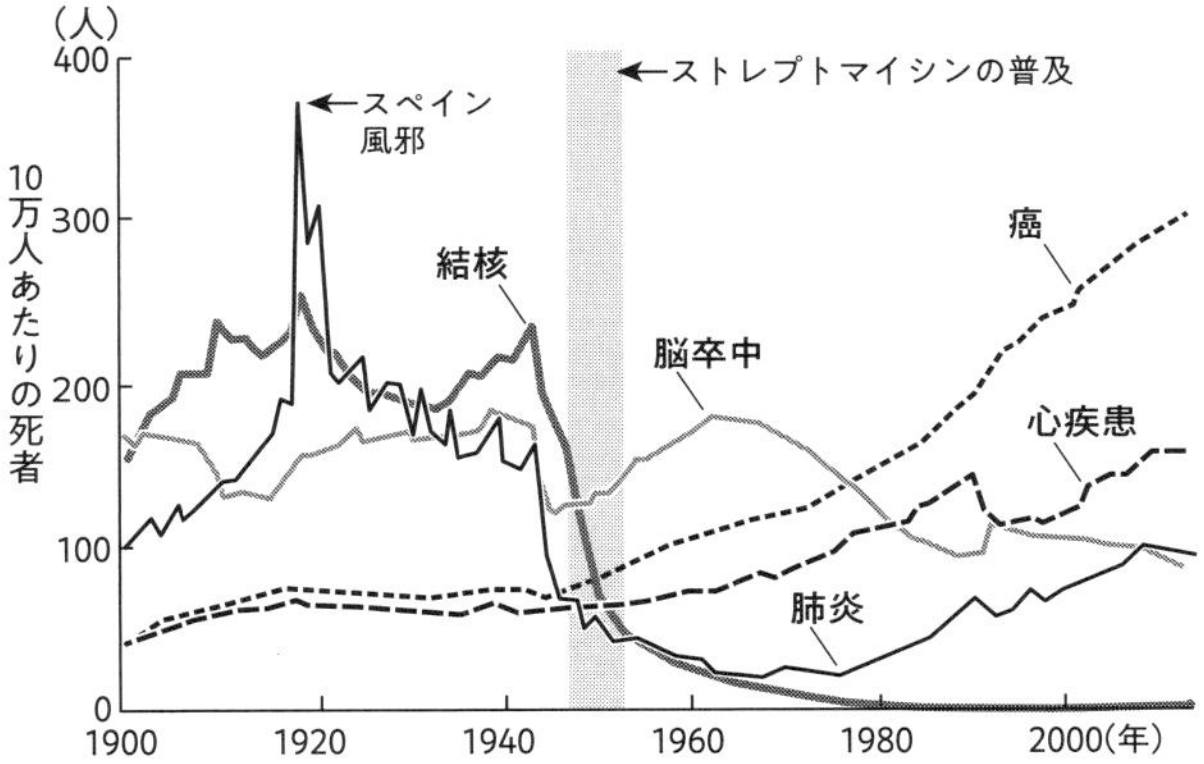

図 3-14　日本人の病死の原因の変化
厚生労働省「平成 28 年人口動態統計（推定数）」をもとに作成

生物質ペニシリンが発見された。量産に成功したのが新型コロナウイルスのワクチン生産で有名なファイザー社である。人類は、土の細菌の縄張り争いに使われる〝化学兵器〟を抗生物質として利用してきた。

プロ野球選手は「グラウンドにはお金が落ちている」と教えられ、土まみれになって練習する。土で成功したファイザー社も微生物ハンターを世界各地に派遣し（現在は許可が必要）、約14万サンプルの土から抗生物質を生みだす有用微生物を選抜した。その中から開発されたものに皮膚の感染症治療薬のテラマイシン軟膏《なんこう》（テラはラテン語で「大地」の意）がある。

温暖湿潤な気候条件にある日本は微生物の繁殖に最適であり、土からの有用微生物の選抜はお家芸でもある。静岡県のゴルフ場周辺の土から分離された放線菌（ストレプトマイセス属）は寄生虫治療薬イベルメクチンとして途上国の人々を救い、発見した大村智《おおむらさとし》はノーベル生理学・医学賞を受賞している。

もっと時代をさかのぼれば、先人たちは土の細菌の中から納豆菌（枯草菌《こそうきん》の一種）、カビの中から麹菌（アスペルギルス・オリゼー、アスペルギルス・ソーヤ）を見いだし、お酒や醤油《しょうゆ》の生産に利用してきた。同属のカビには猛毒（アフラトキシン）を生産する危険なものもいるが、先人たちは猛毒を作る機能を失った種を選抜した。日本で発酵文化が発展できたのも微生物の多様性の賜物だ。

根の作る根圏、そして砂、粘土、腐植の連結した団粒構造という多様なすみかは、海や空から上陸した微生物にとっては全く新しい環境だったに違いない。大気中や水中の均質な世界と比べると、迷宮である。ここで競争と共生を含む相互作用を通して微生物の進化が起こり、土は地球上で最も微生物の多様性の高い場所となった。

みんなが主役の5億年

植物は土から栄養分を吸収して葉や茎を作り、その遺体はまた土に還る。それは同じように翌年も続く。植物が上陸してから5億年、主役の交代劇はあっても、いのちと物質のサイクルが繰

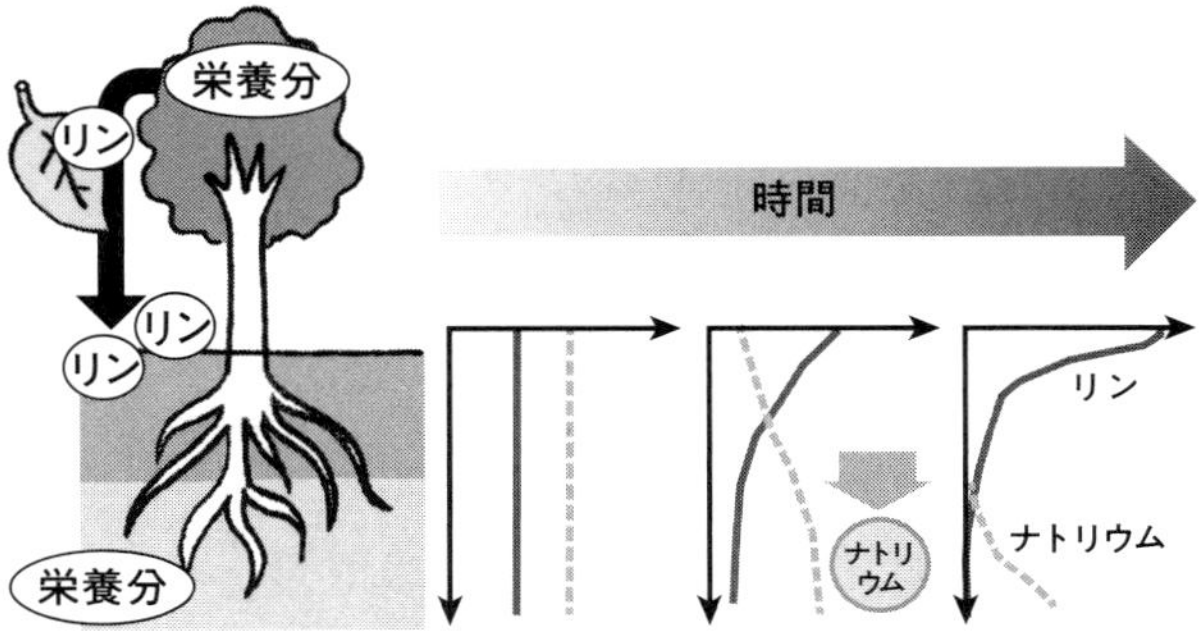

図3-15　植物の栄養分吸い上げによる栄養分の再分配
特に最表層にリンなどの栄養分を集積し、不必要な成分（例：ナトリウム）は減少する

り返されてきた。完全に循環した場合、土の栄養分の収支は差し引きゼロだ。徒労のように見えるのは、他人事《ひとごと》だからだろう。植物からすれば、ヒトも生まれて、あくせく働き、やがて死ぬ。やはり徒労になるだろうか。少なくとも、耕した土と種子は後世に残る。それは植物にもあてはまる。

根を張った土全体から栄養分を吸い上げた植物は、地面に枝葉を落とす。これによって植物に必要な栄養分がどんどん地表数センチメートルに集められる。栄養分のリサイクルが毎年繰り返されることで、表土が肥沃になる（図3-15）。ナトリウムや重金属など、必要ない元素や有害な成分は集まらない。これが自然生態系において植物が人工の肥料なしで生きられる仕組みだ。**自己施肥《せひ》作用**という。

腐植と粘土が増えると保水力と栄養保持力が上

がる。微生物もあわせて変化し、共生微生物・病原菌も増える。森の土は酸性に傾き、細菌・カビ主体の微生物群集にキノコも加わって多様化する。システムの進化は今も続いている。

今日、私たちが「自然」として切り取っている森や土の姿は、5億年ものあいだ変動し続けている生態系のスナップショットにすぎない。植物と微生物が岩石砂漠に上陸したその時から、土をめぐる生物間の競争と共生が繰り広げられてきた。一種類の生物によって起こる一方向の反応ではない。これが5億年の歴史を盾にした「土を人工的に作ることができない」言い訳になる。

ここまで見てきた微生物と植物に加え、私たちを含む動物の存在がさらに土の物語を彩り、同時に、土を思いのままに操るまでの道を一層険しいものにしていく。

第4章

土の進化と動物たちの上陸

植物に1億年遅れて動物が上陸

粘土と生命が誕生したことで地球環境が変化し、植物・微生物が上陸した。植物と微生物の競争と共生の中で5億年かけて土が育まれてきた。しかし、この物語に欠けているキャラクターがいる。小さなミミズから巨大な恐竜までを含む動物である。私たちの祖先を含む動物もまた、土と植物と関わりあいながら進化し、土壌の発達に関わってきた。動物と植物は何が違うのか。なぜミミズは4億年ものあいだ生き延び、一方、恐竜は絶滅し、20万年にすぎない私たちホモ・サピエンスの繁栄はこんなに早く破滅のリスクに直面することになったのか。その答えを土と動物の歴史に探ろう。

5億年前に植物と微生物が陸地に進出していたにもかかわらず、その時代に動物の記録は見つかっていない。ミミズが這《は》った跡の化石が残っているのは植物が上陸してから1億年後の4億年前であり、ダンゴムシにいたっては、さらに1億年も遅刻して登場した（図4-1）。動物が植物から大きく後れをとった理由は何だったのだろうか。

微生物や植物と動物には大きな違いがある。一つは、微生物について成り立つ「似ている環境であれば、微生物はどこでも生息できる」という〝どこでもドア理論〟（第2章参照）が動物にはあてはまらないことだ。微生物の胞子は小さく、水や風によって遠くへ運ばれる。このため、微

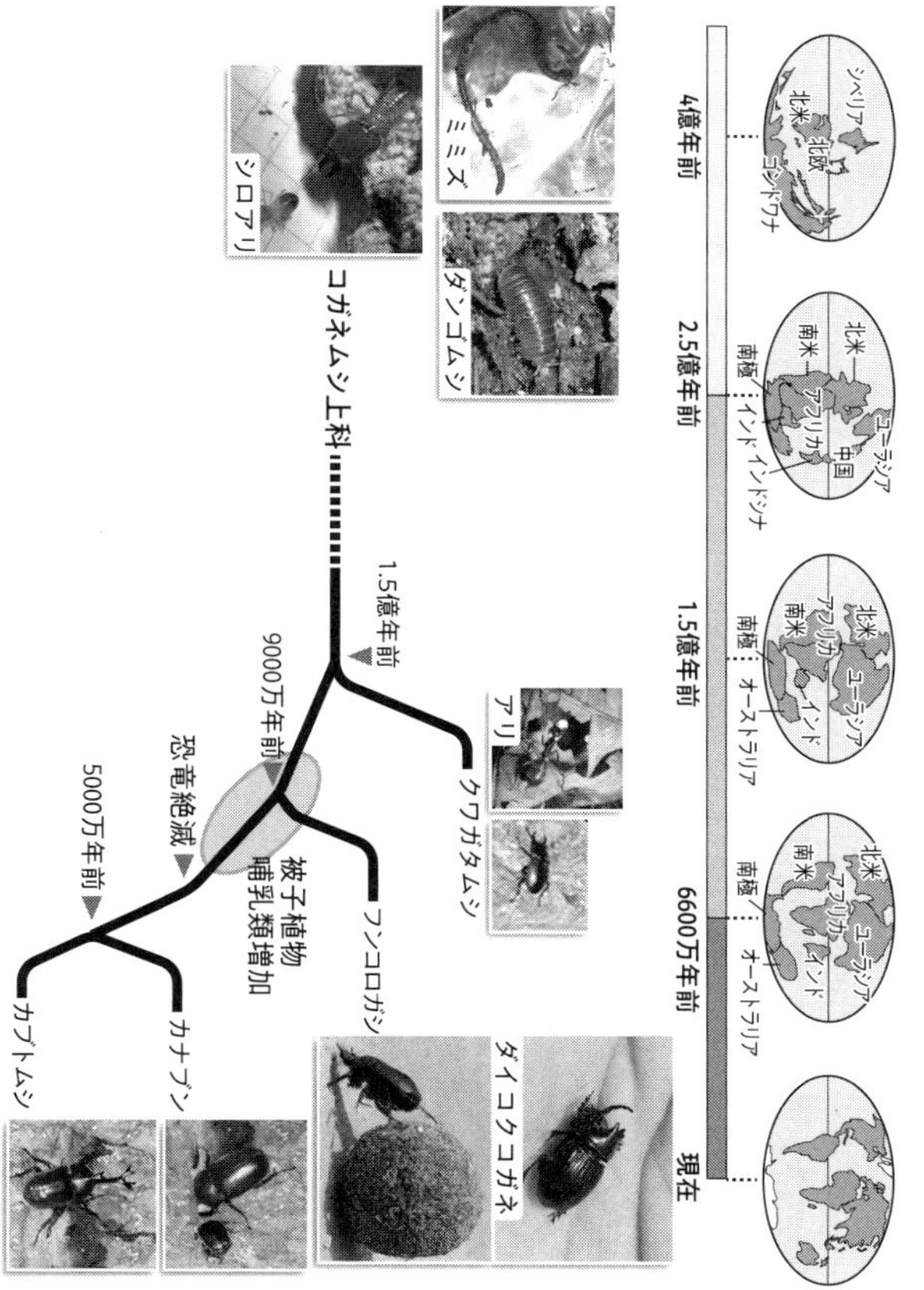

図 4-1　土壌動物の上陸と大陸移動

写真：筆者

生物の有無は、胞子の有無よりも増殖しやすい環境条件かどうかに依存する。

ところが、動物は異なる。仮に東京のど真ん中に草原を整備してライオンがやってくるのを待ったとしても、ライオンが来ることはない。ライオンの暮らすアフリカから日本が遠く、風や水では移動できないためだ。ここでは、〝どこでもドア理論〟と対極をなす「種のないところに花は咲かない」という理論があてはまる。このため、動物は微生物や植物のようには生息地を拡大できない。

植物と動物のあいだには、もう一つ決定的な壁がある。細胞の構造における細胞壁の有無だ。植物は光合成ができるので糖分には困らない。そのことはホットケーキのメイプルシロップ（サトウカエデの導管液）が証明している。体にみなぎる糖分で細胞膜だけでなく細胞壁を作り、植物体を支えている。

しかし、ミミズを含む動物は事情が違う。自分の身体《からだ》を作る炭素源はすべて、究極的には植物の光合成に依存している。細胞壁まで作る余裕（糖分）はない。自分で糖分を生みだせない以上、食料を探して食べないと生きていけない。エサを探し回るための運動能力、目やセンサー、それを統括する脳が欲しい。かみ砕く口と顎、消化器官も欲しい。陸上で生きるための装備が余計に必要だった。植物の中にはウツボカズラのように動物を消化する器官を持つ食虫植物もいるが、あくまで少数派だ。

柔軟な細胞の集合体を支え、陸上で動き回るには、筋肉と骨格が必要になる。ただ硬いだけでなく、関節を備えた骨格が欲しい。それが無理なら、昆虫やミミズのような体節や殻（皮）でもいい。骨格（殻）を作る方法は二つある。カタツムリ、有孔虫やサンゴは炭酸カルシウムで骨格を作る。ミミズは骨格を持たないが、やはり炭酸カルシウムによって１００以上の体節を連結している。もう一つは、私たちの骨や歯と同じカルシウムとリンの結合したリン酸カルシウムによって骨格を作る方法だ。これにはリンが大量に必要になる。

動物にとって陸地のハードルが高かった理由の一つは、必須なリンは岩石にしかないにもかかわらず、リンを岩石から取り出す能力は植物と微生物にしか備わっていなかったことだ。動物は、筋肉を作る炭素と窒素、骨格を作るリンのすべてを、究極的には植物や微生物からかき集めてこないといけない。食物連鎖と物質循環は、植物と微生物がいないと回らない。炭素と窒素とリンの循環に余剰が生まれるまで、多くの動物は上陸できなかったのだ。

粘土の好き嫌いが海を塩辛くする

動物の上陸のタイミングに影響するもう一つの要因は、塩だ。６億年前、海底でプレートどうしが衝突し（地殻変動）、プレートが隆起することで陸地面積が増加した（図4-2）。地上に岩石が露出すると、風化が始まる。さらに植物の根や菌根菌が風化を加速する。大陸地殻を構成する花《か》

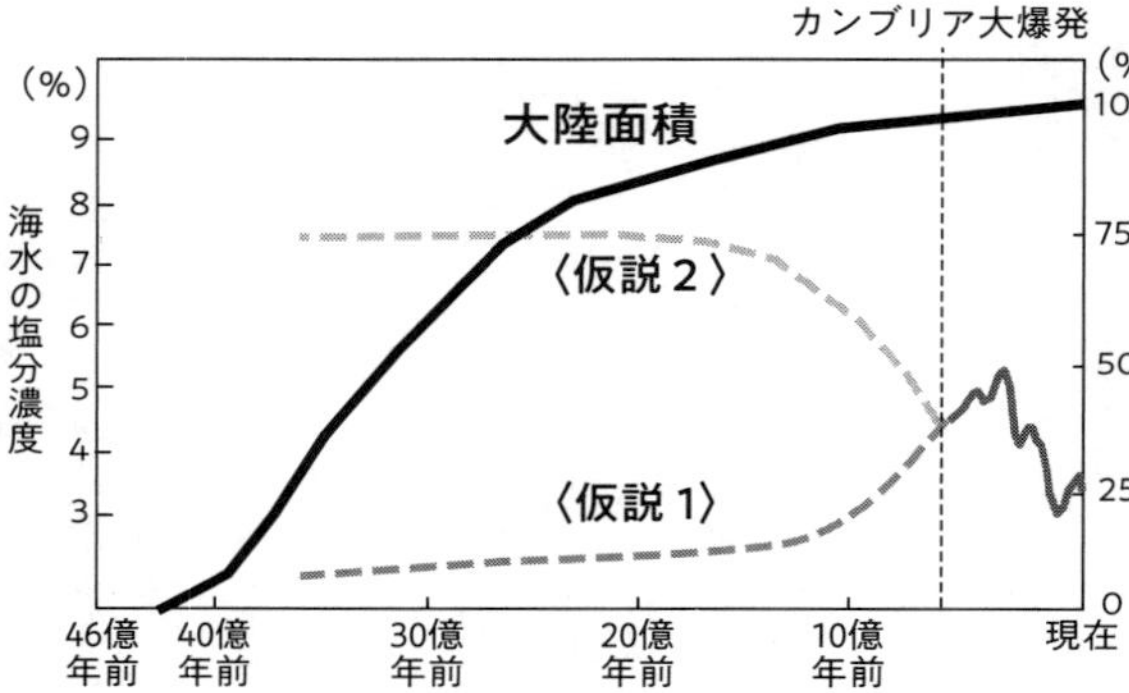

図4-2　海水の塩分濃度の変動と大陸面積の変化

海水の塩分濃度は大陸面積とともに徐々に高くなったという古典的仮説1と、昔はもっと高かったという仮説2がある

大陸面積はHawkesworth et al.(2019)、海水の塩分濃度はKnauth(1998)、Hay et al.(2006)をもとに作成

崗岩《こうがん》からはナトリウムとカリウムが多く放出されるが、二つの元素に対する土の中での待遇は大きく異なっていた。

　粘土の多くはマイナス電気を持ち、カリウムなどプラス電気を持つイオンを引き付ける。ところが、同じ1価のアルカリ金属元素であるナトリウムは、粘土にほとんど吸着せずに土から流れ去る図4-3。この冷たい対応には、イオンのサイズ（水和イオン半径）が影響している。イオンサイズの小さいカリウムとは異なり、ナトリウムは取り巻きの水分子を多く引き連れていてサイズが大きく、粘土の吸着スペースにはまりにくい。これが決定的な違いを生む。

　岩から放出されたナトリウムは雨に洗われ、河川、そして海へと運ばれる。これが火

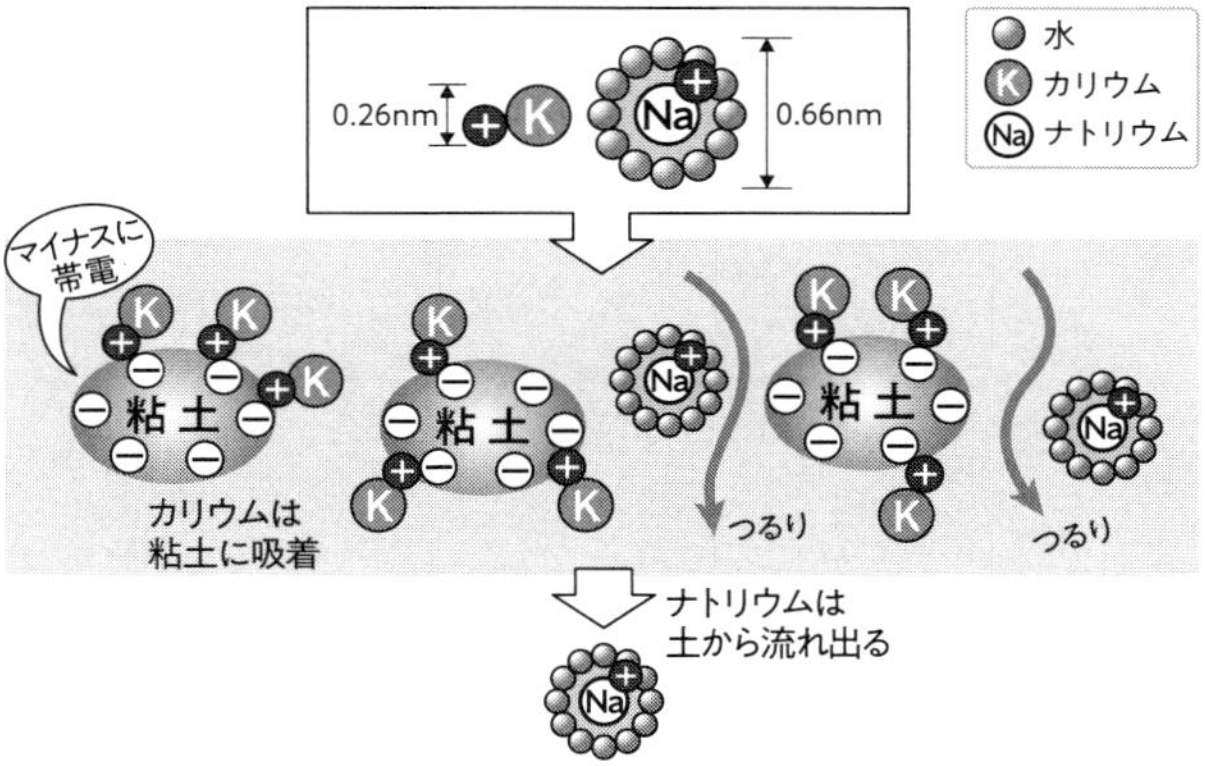

図 4-3　カリウムとナトリウムの粘土への吸着しやすさの違い
水和（水分子を引き付ける作用）しにくいカリウムイオンは粘土に強く吸着するが、ナトリウムイオンは水和すると巨大化し、プラス電気と粘土のマイナス電気に距離ができるために吸着力が弱い

山由来の塩素ガスが溶けこんだ塩化物イオンとセットになることで塩化ナトリウム、つまり塩になる。植物・微生物の上陸による岩石風化の活発化、ナトリウム供給の増加は、海水をより塩辛くするように働く（図4-2〈仮説1〉参照）。電気を帯びた粘土の好き嫌いが海水の組成を変化させ、植物と動物の運命に大きな影響を与えた。

動物と植物の決定的な違い

粘土のクセにうまく順応したのが植物だ。陸上植物はナトリウムに見向きもせず、カリウムを利用する身体の仕組みを備えた。植物は移動できない代わりに、その場に適応する能力（表現型可塑性《かそせい》とい

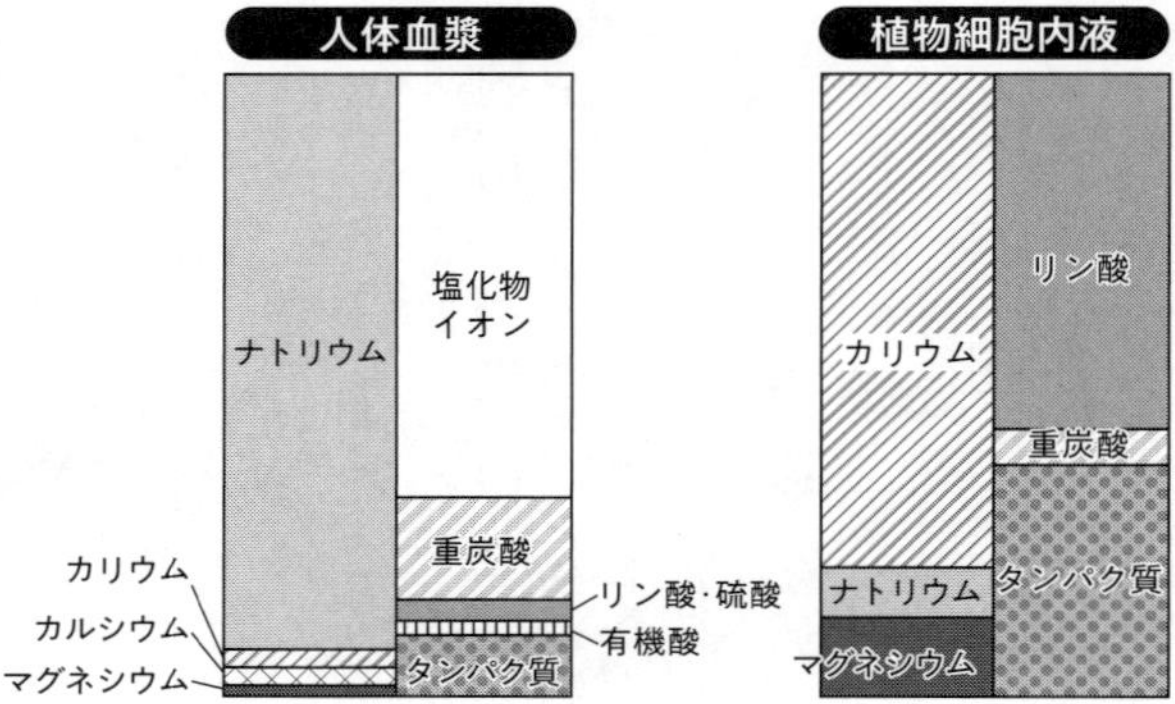

図4-4 動物（ヒト）の血漿と植物の細胞液内の電解質の違い
ヒトの血漿はナトリウム、植物の細胞内液はカリウムが主な陽イオン
Newburgh（1950）をもとに作成

う）が極めて高い。窒素、リンとともにカリウムは植物の必須栄養素となったが、ナトリウムは必須元素ですらない[4-1]。

ところが、動物は少し事情が違い、カリウムだけでなくナトリウムを必要とする。私が真夏の土壌調査で脱水症や貧血で倒れると、病院で点滴されるのは決まって生理食塩水だ。もっと栄養になりそうなものを補給してほしいところだが、医学は「動物の血漿《けっしょう》の主要イオンは塩化ナトリウム」という科学的な原則に従う[4-2]（図4-4）。動物は海で獲得した身体の仕組みを上陸後も引きずっている。

動物にとっても必須なカリウムはリンとともに筋肉、血球、臓器など細胞内の主要イオンとなる。動物細胞は、ナトリウムを排出してカリウムを取り込むナトリウムポンプを細胞膜で働かせて浸透圧を調整する。私たち動物は、陸地に多いカリウムと海に多いナトリウムの両方を必要とする生物なのだ。土に少ない元素でもあきらめず、かき集めるのが動物の最重要課題となる。植物中のわずかなナトリウムでは足りず、岩塩を掘ったり、塩田や工場で塩を作ったりもする。忙しいのは動物の宿命とあきらめるしかない。では、ミミズや私たちの祖先（両生類）はなぜ忙しい陸地での生活を選んだのだろうか。そこには、またしても土が関わっている。

私たちの祖先はなぜ陸地を選んだのか

生理食塩水が点滴に用いられているからといって、ナメクジに食塩（塩化ナトリウム）をかけると喜ぶどころか、浸透圧によって水をとられて死んでしまう。不足しても多すぎてもダメなのが塩だ。岩石風化による海水の塩分濃度の変化は、海の生き物にとっては大事件だった。

「海はいのちのふるさと」「ヒトの血液は母なる海の成分と同じ」という言葉がある。これは、私たちの血漿中の電解質の主成分が海水と同じ塩化ナトリウムであることに基づいている。人体にはナトリウムだけでなくマグネシウムも多い点で厳密には海水とは違うが、大雑把には正しい。

体内と水中の塩分濃度が違うと、塩をかけられたナメクジのように水を奪われてしまうため、環境に適応できた生物の血液の塩分濃度は外界の塩分濃度に近いことが多い。ところが、ヒトの血液の塩分濃度は約０・９パーセントで、現在の海水の塩分濃度（３・４パーセント）の約４分の

1しかない。[4-3] ヒトの祖先と同じ頃に上陸したミミズの場合、血液の塩分濃度は0・5パーセントしかない。[4-33] 塩分濃度の低い河口付近で暮らしていたのだろう。それにしても、体内よりも海水の塩分濃度が高い場合、過剰な塩分を体外に排出するのに労力がかかってしまう。疲れるだけではなく、生き残れない。ミミズやヒトの祖先が塩分濃度の低い環境に適応していたとすると、海水の塩分濃度上昇を嫌って上陸したのかもしれない。

　残念ながら、過去の海水の塩分濃度の変動について信頼できるデータはなく、むしろ地球史を通して海水の塩分濃度が徐々に低下したおかげで5・4億年前のカンブリア大爆発があったのだという説 図4-2〈仮説2〉参照 もある。[4-4、4-5]

　結果論でしかないが、ミミズやヒトの祖先は高濃度の塩水対策の要らない陸地を選んだ。海に残ることを選んだ海水魚の場合、海水を体内に取り入れても、水を吸収して塩分を鰓《えら》から排出する仕組みが発達した。海に戻った哺乳類であるクジラやイルカに鰓はないが、オシッコを我慢して節水することで塩水に耐えている。[4-6] ヒトの祖先を含む動物にとって、新たな捕食者（魚類）と塩分濃度の変化から自由になる方法の一つが上陸だった。岩の風化と土の誕生から始まる環境変動が、動物の多様化のきっかけとなった可能性もあるのだ。

　植物上陸から1億年後、ようやくミミズが上陸した。窒素やリンを含む落ち葉や腐植がないことにはミミズは生きていけない。砂ばかりでは腸壁が傷つくので、粘土も欲しい。土ができるのを待っていたというのが1億年も遅刻したミミズの言い分である。

ミミズのいる土、いない土

ミミズもヒトも母なる海から上陸したはずだが、現在の海は塩辛すぎて生きていけない。海水の苦手な動物は、なかなか海を渡れない。有性生殖の動物は、卵や親が複数存在しないことには定着できない。「種のないところに花は咲かない」理論があてはまる。私の汚い部屋の中に招いてもいない客（ゴキブリ）が現れる一方で、畑に来てほしいミミズはなかなか増えてくれない。

海を渡れないミミズの地域分布は偏りそうなものだが、ミミズの多くはアフリカ大陸、南米大陸、ユーラシア大陸、オーストラリア大陸に共通して存在する。ミミズが海をまたいで存在する事実は、かつて大陸がつながっていたことを示している。[4-7] ミミズの祖先はヒルやヤスデを巨大化したようなゴカイのなかまであり、４億年前、すべての大陸が結合した超大陸パンゲアに上陸した。保水力を持つ土の中は乾燥のリスクが小さい。ミミズは目と脚を失う代わりに、視細胞と剛毛（図4-5）と伸縮自在の体節を獲得することで地下で不自由なく移動することができるようになり、水辺のシダ植物の落ち葉を食べながら拡散した。

このため、過去に大陸とつながっていた大陸島（例えばボルネオ島）にはミミズはいるが、大陸とつながったことのない海洋島にはもともとミミズはいない。海底火山の噴出物が隆起した海洋

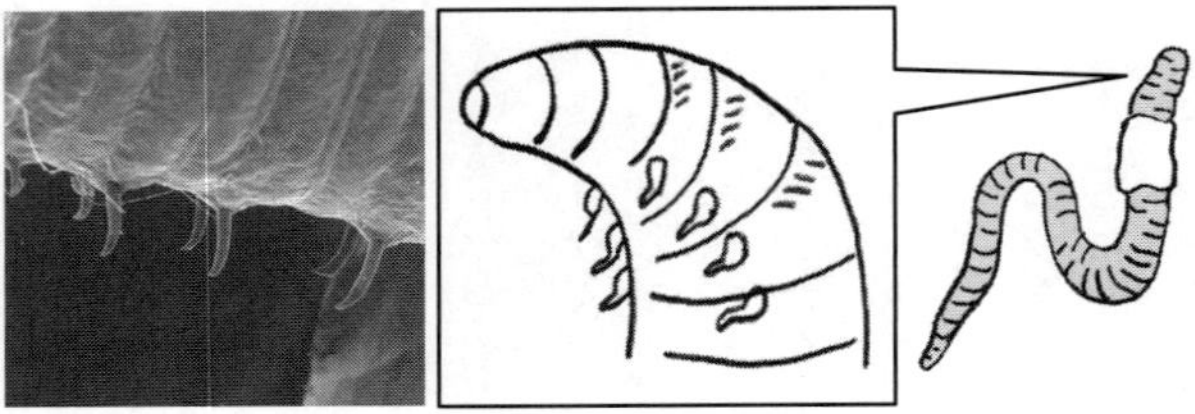

図 4-5 **シマミミズの剛毛**
剛毛の長さは 65 ～ 120 μm　写真：阿達直樹氏提供

島である小笠原村《おがさわらむら》（東京都）では、人間の靴裏に付着した土で島外からミミズを持ち込まれてしまったが、それまでミミズはほとんどおらず、カタツムリやナメクジ、ゴキブリやシロアリがミミズの分解者としての役割を果たしてきた。

かつて海底に沈んだことのあるニュージーランドにもミミズは少なく、外来種のタフなミミズを導入することで草原の生産性が高まり、今では羊毛の一大産地となった。４億年前のゴンドワナ大陸においても、ミミズの上陸は画期的だった。ミミズの通路やフンによって団粒が増え、４億年前の硬くて浅い土を透水性や通気性の良いフカフカした土へと変貌させた。

地球の土の歩き方

４億年前に上陸したのはミミズだけではなく、同期にはユニークな個性が集まった。ミミズは脚がゼロ本だが、無数の剛毛がある。脚の数が50本くらいのムカデと１００本くらいのヤスデ、８本のクモ、ダニ、サソリに６本のトビムシ、あとで合流する14本のダンゴムシも含めて、脚の数はさまざまだ。それには理由がある。乾燥が苦手な土壌動物のすみかは、デコボコの多い土の中になる。脚が多いのは、デコボコだらけの土の中を素早く歩くのに適していた[4-8]。

森のない時代から定着している土壌動物の生活スタイルや姿・形は、４億年前から今日までほとんど変わらない。現代まで４億年も生き延びている点を評価して、この本の中でだけ「花の４億年組」と呼びたい。

花の４億年組の中ではあまり目立たない小さなトビムシは、大きな跳躍力を秘めていた。それは天敵から逃げる時にみせる数十センチメートルという物理的なジャンプだけでなく、トビムシのなかまの中から昆虫を輩出したという進化のジャンプだ。乾燥した陸地に森と土が発達するようになった３億年前、ようやくゴキブリやシロアリといった昆虫が出現する。体が３部に分かれ、脚６本の昆虫のなかまには飛翔《ひしょう》するための羽を有するものが多く現れた。

昆虫は乾燥に強く、地面や葉面でも生活できる。土の中とは異なり、平坦《へいたん》だ。「面は３点で決まる」という幾何学の原則に従い、脚６本のうち３本ずつで平面を決めながら移動できる。昆虫が重心移動の小さな歩行に成功したことは、イエゴキブリのすばしこさが証明している。台所で見せる機動力や生命力は自然界でこそ本来の力と意義を発揮し、ゴキブリやシロアリは倒木や落ち葉、腐葉土を食べる生態系の分解者として機能している。これら〝森の掃除屋〟と呼ばれる昆虫たちを「森の3億年組」としておこう。土、植物、大気という生活環境にあわせて多様化し、今日までその繁栄を続けている。

土と生物の歴史をながめると、脚の数はゼロから無数だった「花の4億年組」に脚6本の「森の3億年組」が加わる。同じ時代、私たちの祖先は脚4本の両生類（現存する生物ではシーラカンスに近い）として上陸し、やがて一部は脚2本の鳥類やヒトとなった。脚2本ではバランスがとりにくいため、ヒトは土踏まずを備えている。動物の脚の数は、陸上生物の生活環境の変化を反映して減り、土から離れても生きられるようになった。土壌動物と人間には土との距離感、進化の歩みに違いがある。

数億年にわたる土壌動物の生存戦略

地球に土ができてからの5億年の歴史の中で、多くの人々の関心を集める出来事はミミズの定着よりも恐竜絶滅かもしれない。しかし、多くの生命が絶滅し、人類もまた危機に直面する中で、なぜ多くの土壌動物はウン億年も前から今日まで絶滅を回避できたのだろうか。生存の秘訣《ひけつ》が分かれば、人類も土とうまく付き合うことができるかもしれない。

鳥類以外の恐竜が絶滅した一方で、土壌動物のなかまが何億年も生き延びられた秘訣は、見えない進化にある。「花の4億年組」のサソリは見た目の変化こそ小さいが、一つの種《しゅ》の中にも驚くべき遺伝子の多様性を秘めている。[4-9] サソリやミミズを含む土壌動物たちは細菌を身体に取り込み、腸内細菌として抱え込んだ。さらには、腸内細菌の出す酵素の活性を最大にするために、腸内環境を酸性やアルカリ性に変えるものも登場した。外見よりも内面を変えてきた歩みには学びが多い。

もう一つの特徴は、土壌動物が土を再生産できる持続性にある。土の中では、カビをセンチュウが食べる。センチュウをトビムシが食べる。トビムシをムカデが食べる。ムカデをモグラが食べる。ここまでは、ただの食物連鎖（**腐食連鎖**《ふしょくれんさ》）だ。ところが、土壌動物の食物連鎖は単なる一方向のエネルギーの移動現象ではない。トビムシやムカデのフンや遺体は、カビのすみかやエサとなる。カビの匂いに誘われたトビムシがカビのコロニーを食べ、そのフンがカビの胞子を散布する。[4-10] センチュウがカビを食べた後に排泄《はいせつ》される窒素やリンは、植物の栄養源となる（図4-6）。ミミズなど土壌動物は、動植物遺体の腐る過程、リサイクルする物質循環の中に居場所を見つけることに成功した。

微生物と影響しあいながら歩んできた土壌動物の進化の意義は、環境変動に対する柔軟性である。植物の進化に対して、大型動物はすぐに適応できない。例えば、ブラキオサウルスの闊歩《かっぽ》した時代（ジュラ紀）には、シダ植物とマツやイチョウなどの裸子植物が主体だったが、トリケラトプスの時代（白亜紀）には、ブナ科や草本類などの被子植物の割合が増加した。ブラキオサウ

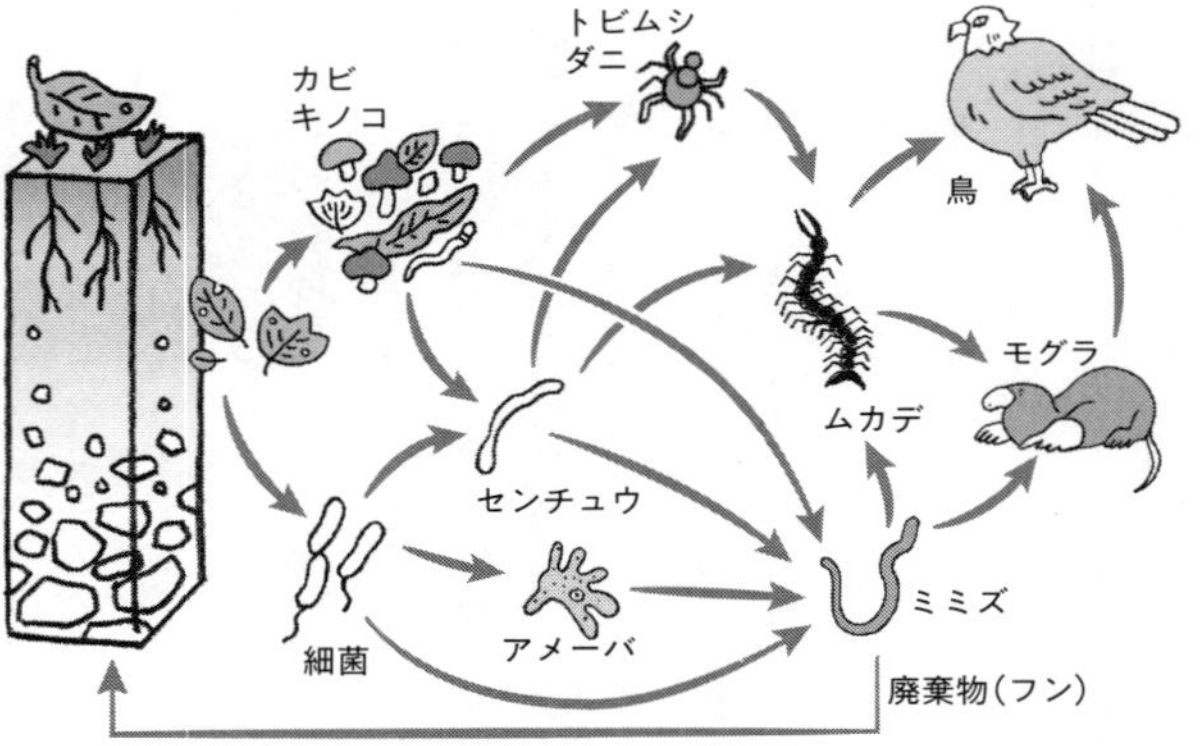

図4-6　土壌中の腐食連鎖（食物連鎖）における土壌動物の役割

ルスの消化能力だけでは被子植物のリグニンや消化不良アルカロイド毒の進化に対応できず、や食中毒になったはずだ。[4-11]アルカロイド毒を備えた花（被子植物）の登場が恐竜を絶滅させたというセンセーショナルな仮説もある。[4-12]

花の4億年組（ミミズなど）、森の3億年組（昆虫）が現在まで生き延びることができたのは、微生物との結びつきによるものだ。恐竜は息が長いほうだが、数億年前から現在まで生き延びた大型動物はいない。これに対し、小さな微生物は世代交代が早く、自力で対応できなくても土壌動物は微生物を取り込むことで環境変化に適応できる。数億年も地球で生き延びてきた土壌動物の生存戦略は、土とともに生きることだった。

カブトムシとクワガタムシが育つ土の違い

ミミズなどの土壌動物とクワガタムシやカブトムシなど昆虫の幼虫には、腐ったものとの付き合いが上手だという共通点がある。一方で、６本脚の昆虫の大繁栄に関わるもう一つの要因が大陸移動だ。ゴンドワナ大陸などの超大陸が分裂して生物が移動しにくくなると、オーストラリアのカンガルーのように地域固有の生物進化が起こる。植物が多様化すると、植物の樹液、草食動物のフンに特化した昆虫が登場する。例えば、恐竜が繁栄していた1億年前には、被子植物の蜜を求めて花粉を運ぶハチが生まれ、一部は羽を失いアリとなった。

同じ熱帯雨林でも、東南アジアとアフリカ、南米では、土も植物も違う。[4-13] アフリカと南米にはアカシアなどのマメ科樹木が多い。窒素固定をするアカシアにはリグニンが少なく、窒素が多い。窒素に富む腐葉土や朽木《くちき》を食べて、南米ではカブトムシ、アフリカではハナムグリやフンコロガシがよく育つ。東南アジアはクワガタムシが多い。所変われば主役（巨大甲虫）が変わる。[4-14]

東南アジアはフタバガキ科やブナ科などリグニンに富む樹木が多く、土（赤黄色土《せきおうしょくど》）はアフリカや南米よりも酸性が強い。マイナス電気を持つ粘土（バーミキュライトやカオリナイト）は、カルシウムイオンよりも水素イオンや有害なアルミニウムイオンを多く吸着している。粘土表面に住む細菌からすると、体内を中性に保つために水素イオンやアルミニウムイオンを排出するのに忙しく、増殖どころか生存すらままならない。

単独では倒木を分解できないクワガタムシの幼虫にとっても厳しい環境に違いない。頼みの綱は酸性条件に強いキノコだ。キノコは進化の末に、酸性条件で活性化する特殊なリグニン分解酵素（ペルオキシダーゼ）を生みだした。[4-15] ヒトの胃の中で、胃酸を出すことで肉（タンパク質）の消化酵素が活性化するのと似ている。クワガタムシの幼虫はその周りで暮らすことで、キノコの作るジュースや菌糸を食料にできる。多様化する被子植物とそれを分解する多様なキノコに歩調を合わせて、クワガタムシは種数を増加させてきた。[4-15] その甲斐《かい》あって東南アジアの熱帯雨林は多様なクワガタムシの種の70パーセントが集中する楽園となった。その分布域は日本まで届き、子どもたちの人気者になっている。ゴンドワナ大陸の分裂前に世界中に広がった土壌動物とは異なり、昆虫は大陸ごとに異なる土や植物に合わせて特殊化することで繁栄を続けている。

乾燥した土とオシッコの進化

植物が上陸した5億年前、生物の生活圏は川や池の周りに限られていた。シダ植物が出現した4億年前になってもその状態は変わらない。ミミズのように土の中で暮らす生物の多くは充分な乾燥対策を持たず、泥炭土など水辺の湿った土で暮らしていた。ところが、今から3億年前には種子を持つ裸子植物が現れ、乾燥した地域にも土が拡大した。動物にも乾いた土や地上で暮らすための乾燥対策が必要になる。最も深刻なのは、いかに尿で水を失わないかというオシッコ問題であった。

　カブトムシからヒトまで、動物の筋肉や臓器はタンパク質でできている。身体は生きている限り新陳代謝を繰り返し、アミノ酸を代謝したあとの老廃物としてアンモニアが多量に発生する。高濃度のアンモニアは毒だ。老廃物を尿として捨てる必要があるが、可能な限り水を失いたくない。魚類（サメのなかまを除く）は、アンモニアのまま垂れ流しにすることで排出している。広くて大きい海ならば、毒を薄めてくれる。しかし、陸上ではそうはいかない。臭い物にフタをする文化（トイレ）を持たない多くの生物にとって、トイレは生活空間と同一であり、毒の放出は環境汚染を意味する。

　この問題に対して両生類が見いだした答えが、尿素である。[4-3、4-6] カエルの場合、水中で暮らすオタマジャクシ時代はアンモニアのまま排出し、陸で暮らすカエル成体は尿素に変えて排出する。私たち哺乳類はカエル成体の流儀に倣っている。肝臓でアンモニアを毒性の低い尿素に変えて、腎臓まで運び、尿として排出する。これは尿素回路と呼ばれ、オルニチン（シジミ汁やキノコ汁に多いアミノ酸）とアンモニアを尿素に変える仕組みだ。尿素のかたちで濃縮する時に、腎臓や大腸で水をリサイクルする。そうでなければ、私たちは毎日１７０リットルの水を飲まないといけない。それが2リットルの水分摂取で済んでいるのは、99パーセントの水を再吸収する腎臓の役割

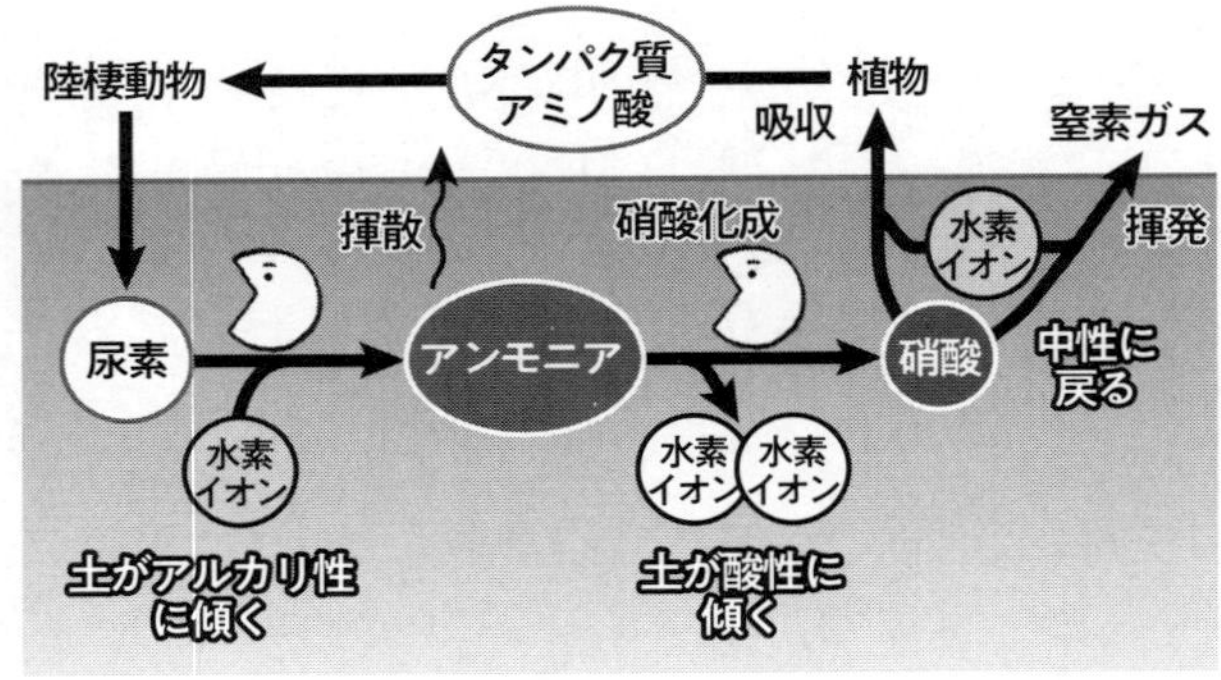

図 4-7　オシッコが土に入った時の物質循環

硝酸化成で水素イオンが２つ生産されるが、完全な循環では尿素分解、植物の硝酸吸収、揮発（脱窒）で中和される

であり、高い濃度で老廃物を放出できるオシッコの意義だ。ヒトよりもさらに乾燥に強い昆虫や爬虫《はちゅう》類《るい》、鳥類は、尿酸（鳥の排泄物の白い部分、痛風の原因物質）として老廃物を排出する。両生類や哺乳類が水辺や湿った土の中を離れて暮らせるようになったのはオシッコ排出技術の進化の賜物《たまもの》である。

土へと排出された尿素は数日もすれば土壌微生物によってアンモニアや硝酸へと分解され、やがて植物に吸収される（図4-7）。窒素が潤沢に循環する熱帯林や犬の散歩コースの公園では、動物の尿由来と思われるアンモニア臭が漂うこともある。

これとは逆に、アンモニアや硝酸の分解が遅い永久凍土地帯では、微生物と植物の窒素をめぐる競争が激しく、土壌中の尿素をそのまま根から吸収する樹木（クロトウヒ）や、動物の尿を葉面から直接吸収する植物もいる[4-16]。アンモニア、硝酸、アミノ酸よりも効率が悪いが、背に腹は代えられない。土の種類や土との距離感が異なることで動物や土壌微生物の代謝パターンが異なり、それが植物の適応戦略の違いを生み、多様な生態系を生みだしてきた。

土と大気の大変動と巨大化した動物たち

土はすみかや栄養分の供給を通して植物や微生物に直接的影響を及ぼすが、土の変化は大気中の酸素濃度を変えることで動物の運命をも翻弄する。動物によって酸素の運搬のしかたや酸素濃度の変化に対する適応力が異なるためだ。

昆虫を含む無脊椎動物の多くには、赤い血が流れていない。冷たいやつだという意味ではなく、血液の成分が異なる。ヒトの血液を赤く見せているのは、赤血球に含まれるヘモグロビンという酵素（タンパク質）だ。鉄イオンが酸素を結合することで赤くなり、酸素を手放した静脈は青みを帯び黒っぽくなる。田んぼの土で鉄サビ粘土が溶けると青灰色になるのと似ている。一方、無脊椎動物の血リンパ（血液＋リンパ液＋組織液）中の酸素の運搬は、鉄ではなく銅（10円玉の成分）を多く含んだヘモシアニンというタンパク質が担うため、ボルドー液（消毒液・農薬）のような青色となる。酸素を運搬する能力はヘモグロビンに劣るが、昆虫は気門から空気を取り込み、気管から拡散させることによって細胞内部に酸素を届けている。

ヒトは山に登るなどして、少し酸素濃度が低下するだけで高山病になるが、大気中のガス成分は地球史を通して大きく変動してきた。まず、酸性だった太古の海が中和されたことで、海には大量の二酸化炭素が溶けこめるようになった。今や海は地球最大の炭素貯蔵庫だ。次に陸上に進出した植物が炭素を固定し、土壌中に腐植として炭素を貯《た》めこむ。土壌には、大気中の二酸化炭素ガスの約2倍、植物体中の約3倍の炭素が貯蔵されている。産業革命以前の地球では、大気中の酸素や二酸化炭素の濃度は火山、大気と海、そして植物と土のあいだの物質の循環によって決まっていた。大気組成はこれらの微妙なバランスに依存し、植物が光合成しすぎると大気中の二酸化炭素が減少してしまうし、微生物が土の有機物を分解しすぎると二酸化炭素が増加してしまう。

これが杞憂《きゆう》ではないことは歴史が証明している。石炭紀には、リグニンの合成によって分解されにくくなった倒木や落ち葉が未分解のまま泥炭土として堆積し、石炭として化石化したことで大気中の二酸化炭素濃度が急減した。微生物による有機物の分解を上回るスピードで植物が光合成をしたことで酸素濃度が上昇し、『風の谷のナウシカ』の世界のように節足動物は巨大化した。酸素濃度が高ければ、巨大化しても体中に酸素が行きわたる。しかし、やがてキノコの分解能力が高まると酸素濃度は低下し、巨大節足動物たちは姿を消した（図4-8）。

また、今から2・5億年前（ペルム紀と三畳紀の境界）にはシベリアで巨大噴火（スーパーホット

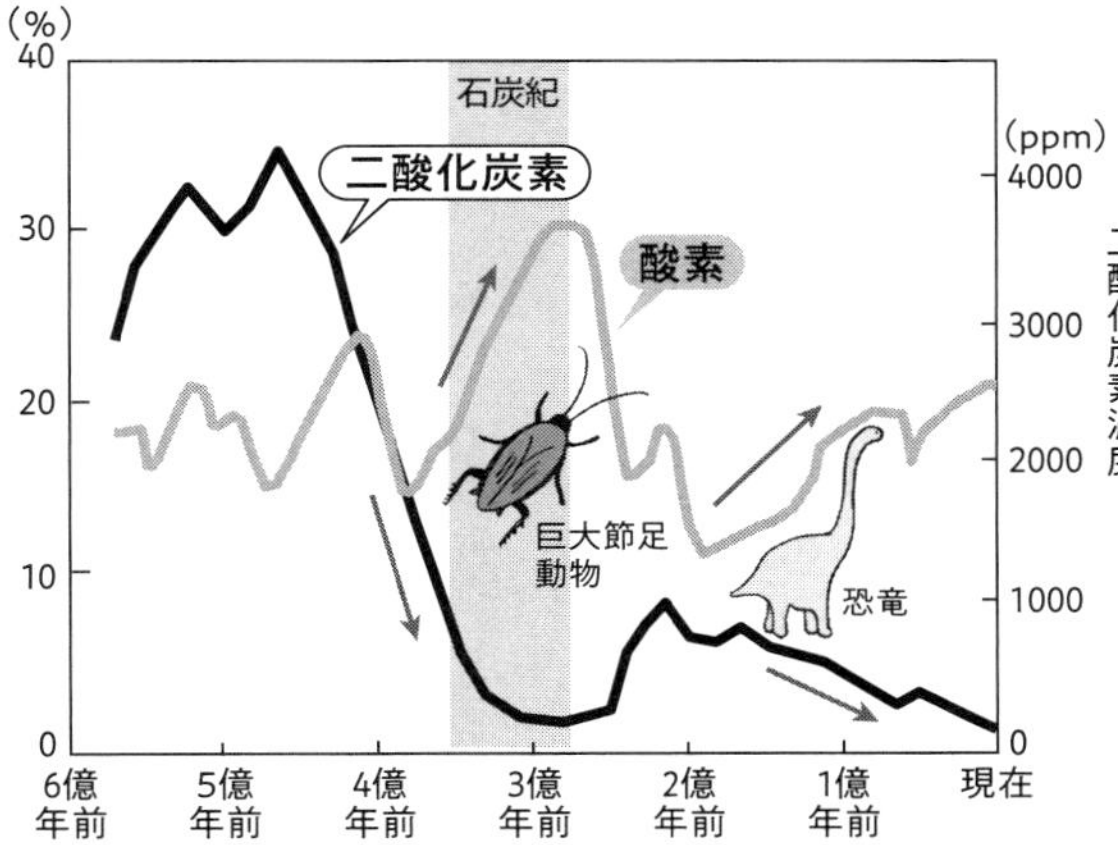

図 4-8　大気中の酸素と二酸化炭素濃度の変化
酸素濃度が増加し続けた時代に節足動物や恐竜は巨大化した

プルーム）が起きた。今でこそ地衣類に覆われた静かな永久凍土地帯だが、この噴火で放出された火山灰は地球深部に多いニッケルを大量にまき散らした。ニッケルは、メタンを発生させる酵素を作るのに必要な元素だ。それまで30億年以上にわたって地表はニッケル不足だったが、あるメタン生成古細菌のグループはニッケルを使う新しい酵素を生みだした。さらに、酢酸を効率良く利用する遺伝子を細菌からもらって成長できるように進化し、酢酸からメタンを排出するようになった[4-17]。海全体が還元的になると、田んぼやオナラとは比較にならない大量のメタンが発生する。メタンは10年ほど大気中に滞留するが、最終的には酸素を

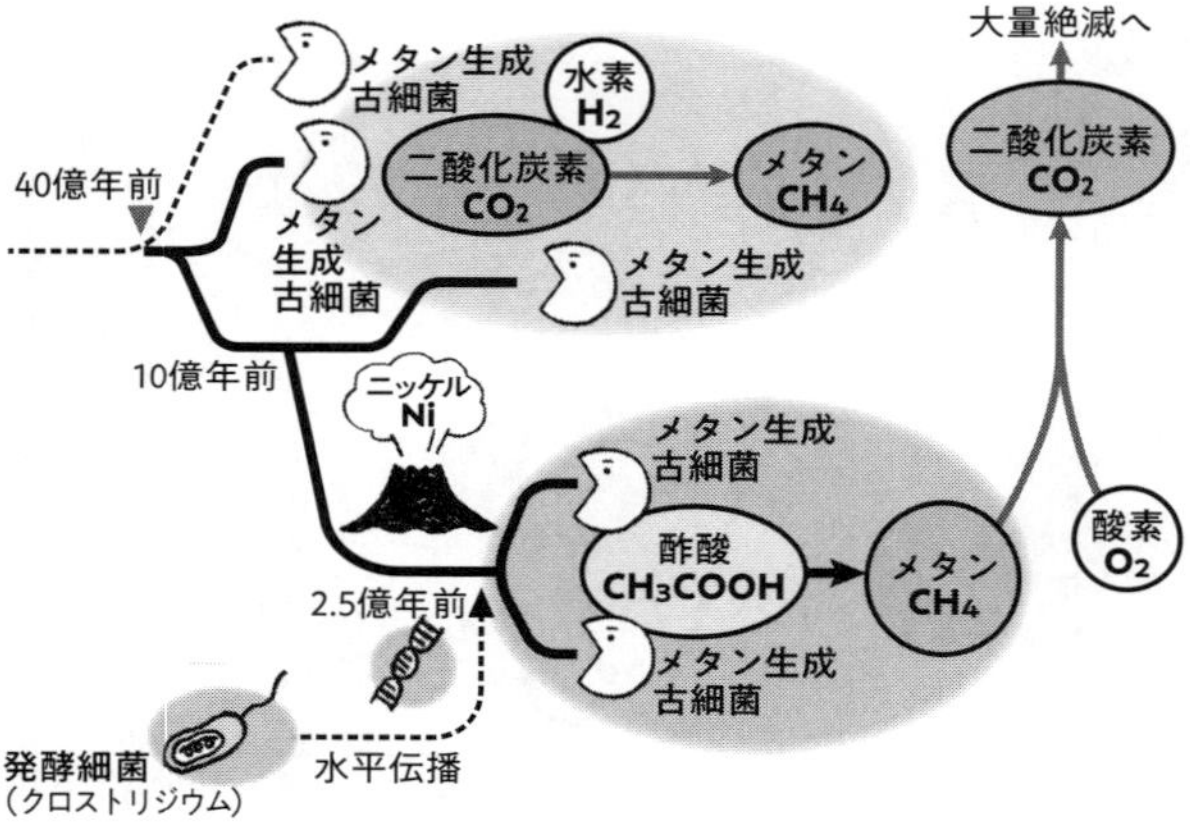

図 4-9　地球史におけるメタン生成古細菌の進化
植物の陸上進出後にセルロースを分解して酢酸を利用するように進化した発酵細菌から遺伝子を受け取って（水平伝播）、二酸化炭素と水素ではなく、酢酸を利用して成長できるメタン生成古細菌が登場した。メタンは二酸化炭素濃度を上昇させ、大量絶滅の一因となった
Rothman et al.(2014) をもとに作成

消費して二酸化炭素と水になる。この結果、海水中の酸素濃度は低下し（図4-9）、史上最大の大量絶滅の一因となった。酸素欠乏によって海底に住む三葉虫も絶滅した[4-18]。三葉虫との共通祖先から分岐したダンゴムシは上陸したことで、あやうく難を逃れたことになる。

この大量絶滅を経て、大気中の二酸化炭素濃度は現在の20倍にまで高まり（図4-8参照）、今よりも10度ほど温暖な時代が到来した。酸素に乏しい環境は爬虫類にとって有利だった。肺のポンプが一方通行式で、酸素を取り込む効率が良かったためだ。

特に恐竜は効率良く酸素を取り込める気嚢《きのう》という呼吸システムを獲得した。哺乳類も横隔膜を獲得したが、気嚢の低酸素への対応力の高さは、恐竜の末裔《まつえい》とされる鳥類が上空で高山病にならないことが証明している。土と大気の変化に対応できなかった生物たちが絶滅したことは、気候変動に直面する人類には重い事実だ。

土が恐竜を絶滅させた

２・５億年前の大量絶滅で生まれた生態系の空白（ニッチ）に収まったのが爬虫類であり、酸素濃度が回復するとともに巨大化した爬虫類のうち、前進歩行に適した骨格を持つなかまは、恐竜と呼ばれる。高い酸素濃度が巨大化に有利になるのは、石炭紀に巨大節足動物が出現した時と似ている。恐竜の巨大化は、背の高い針葉樹やイチョウを食べ、分解しにくい葉を腸内でゆっくり発酵・消化するのに好都合だった。[4-19]

その恐竜が６６００万年前、絶滅する。[4-20] 直径約10キロメートルの巨大隕石《いんせき》（小惑星）が衝突したことで寒冷化したことが原因とされている。メキシコ・ユカタン半島沖で発生した隕石衝突による粉塵《ふんじん》が世界を覆い、太陽光を遮ったという。その痕跡は世界各地に残り、バーコードのような地層の中に白い粘土層として刻まれている（図4-10）。地球の表層にほとんどないイリジウム

（レアメタルの一つ）を多く含むことが隕石由来であることの証拠だ。

自分の目で見なければ納得できない私は、カナダ・アルバータ州の地層を訪ねたことがあるが、迫力不足で正直がっかりした。カナダに残る粘土層はほんの数センチメートルの厚みしかない（図4-10下）。数メートルの火山灰が一度に堆積するのを知っている日本人からすると、隕石だけで恐竜が絶滅したとは考えにくい。

図4-10　恐竜絶滅の原因とされる隕石衝突を記録する地層（上／カナダ・アルバータ州）と泥炭層に挟まれた6600万年前の堆積物層（下／K-Pg境界）

写真上：筆者、写真下：ロイヤル・ティレル古生物学博物館

隕石以外にも恐竜絶滅との関わりを疑われる物質には身近なものが多い。チョーク、石油、土だ。そもそもブラキオサウルスの繁栄したジュラ紀という地質年代は、スイスとフランスを分かつジュラ山脈の地層に由来している。チャップリンの愛したワインを生んだブドウ畑が美しい場

図4-11　**土壌から見つかったジュラ山麓の石灰岩（左）とブドウ畑（右）**
晩年スイスへ移住したチャップリンは、ここラヴォーのワインを楽しんだ　写真：筆者

所だ。近くの森の土を掘らせてもらうと、私のスコップはすぐに分厚い石灰岩にぶつかった（図4-11）。アンモナイトを含む石灰岩は、ジュラ紀から白亜紀（白亜はチョークに由来）にかけて存在した広大な亜熱帯の浅い海（テチス海）でサンゴが化石化したものだ。日本の龍泉洞《りゅうせんどう》（岩手県）、伊吹山《いぶきやま》（岐阜県・滋賀県）、秋吉台《あきよしだい》（山口県）の石灰岩も同じ仕組みでできている。

この時代、サンゴだけでなく、テチス海で大繁殖した植物プランクトン（シアノバクテリアなど）が酸欠現象（海洋無酸素事変）のたびに大量死して赤潮となり、化石化した遺体が今日の中東の石油（およびオイルシェール）となった。この結果、大気中の二酸化炭素が大量に地下に固定された[4-21]。

同じ白亜紀に陸地で増加したのが、被子植物とキノコだ（図4-12）。ブナ科やフタバガキ科などの被子

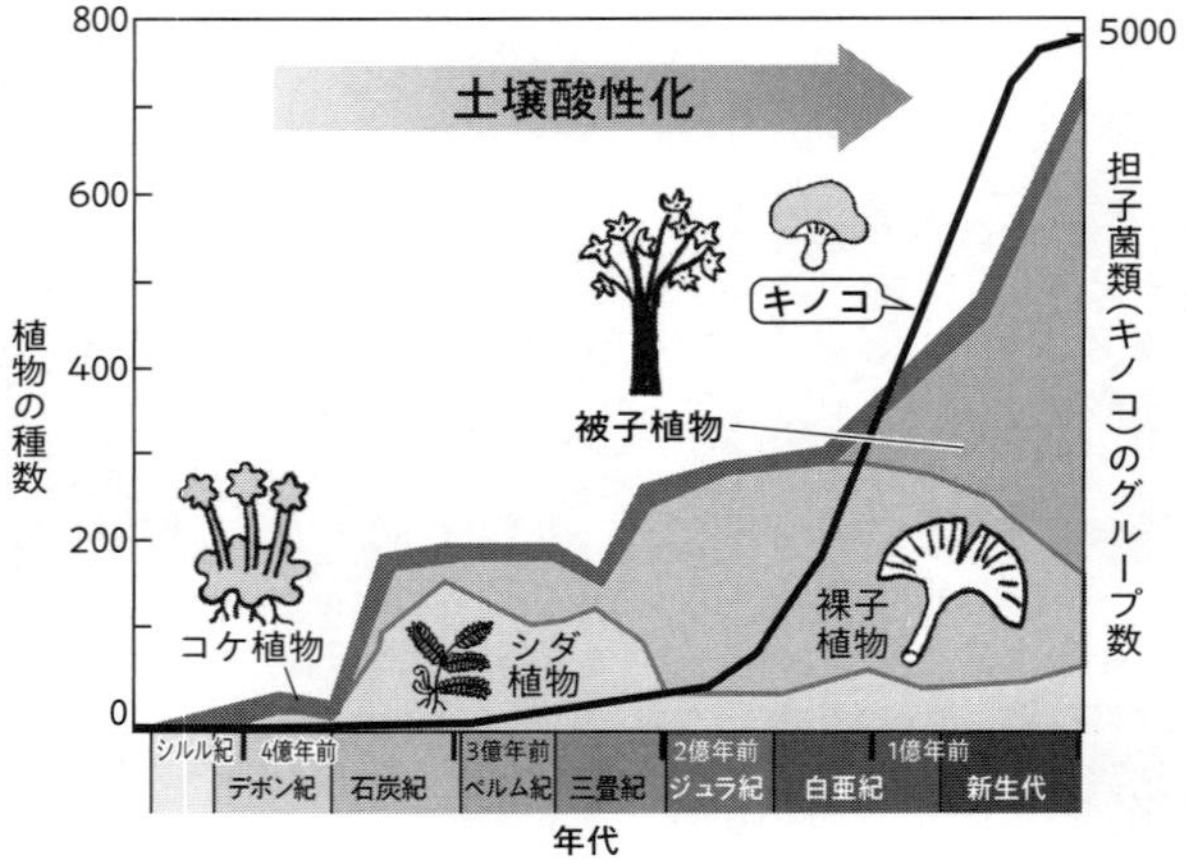

図 4-12　植物の種数とキノコのグループ（系統）の多様化と土壌酸性化の関係

植物化石から推定された種数。キノコのみ折れ線グラフで示している

Niklas et al.（1983）、Varga et al.（2019）をもとに作成

植物は外生菌根菌のキノコとともに多様化・繁栄した[4-22]。被子植物の葉脈は裸子植物よりも細かく、光合成の能力が高い[4-23]。植物の生産力が高まれば、それを支える根っこも増える。根とキノコの働きで岩石の風化も促進され、土もずいぶんと深くなる（カラー口絵7参照）。岩石の風化によって土ができるプロセスは主に炭酸水による溶解反応として進むため、結果として大気中の二酸化炭素が消費される[4-24]。

　陸と海の両方で二酸化炭素が消費され、地球は寒冷化した。巨大化した恐竜は温暖環境に適応したスタイルであり、寒冷化に対応できずに絶滅した。巨大隕石だけでなく、チョーク、石油、そして土という身近な存在が恐竜絶滅に関わっていたことになる。恐竜にとって代わって増加したのは、小型の鳥類と私たちの祖先、哺乳類である。

鳥類と哺乳類が生き残れたわけ

粘土の結晶から始まった生命進化の旅も、ようやく哺乳類までたどり着いた。鳥類と哺乳類が生き残れた理由は何だろうか。他の動物と比べて、哺乳類と鳥類には特殊な点がいくつかある。まず、脳が大きい。同じサイズの魚類に比べて哺乳類と鳥類は10倍も大きい脳を持つ。[4-25] カタツムリや昆虫が外骨格で外敵や乾燥から身を守るのとは異なり、哺乳類はリン酸カルシウムでできた骨が、頭蓋骨を除き身体の中心にしかない（アルマジロは例外）。自分の殻に閉じこもらず（？）、行動力と柔軟性を優先した身体の作りになっている。

哺乳類の特異性は腸内にもある。動物の口から腸内を経て肛門《こうもん》に至る消化経路は単純化するとチクワの構造であり、食べたものや腸内細菌もまだまだ油断ならない身体の外部にあるとみることもできる。カブトムシの幼虫も哺乳類も、食べ物を消化するために腸内細菌と共生しているが、他者との共存には感染症のリスクもある。昆虫や魚類・両生類は腸壁をキチン（カニの甲羅などを構成するムコ多糖の一種）で防御した上で腸内細菌を住まわせている。[4-26]

一方、哺乳類は腸壁からキチンの防御壁を取り払い、腸内細菌と腸壁とが一体化している。腸内の柔毛《じゅうもう》を覆う腸内細菌のバイオフィルムは、風にそよぐ花畑のように揺れていることから腸内フローラと呼ばれる。哺乳類は鎧《よろい》を脱ぎ捨てて、腸内を〝お花畑〟に変えたのだ。哺乳類は、細菌の定着した腸壁の粘膜ごと新陳代謝する。その結果、排泄物であるウンチは水と食べかすだけでなく、むしろ腸内細菌の遺体と腸粘膜を主成分としている。

腸内からキチンの防御壁を取り払った哺乳類が、代わりに採用した防御機構が温血性・恒温性だ。自然界に潜む病原菌は土の温度（地温）で最も活発になるものが多い。比熱の小さい砂漠や砂浜を除いて、土の温度はふつう25度以下である。それに対して、哺乳類の体温はおおむね37度（アルマジロは例外的に34度）、鳥類の体温にいたっては41度に調節されており、地温よりも高く設定されている。高温を維持するにはコストもかかるはずだが、25度で活発に増殖する土壌微生物の8割が37度では増殖できない[4-27]。腸内の防御壁を取り払った哺乳類は無防備になっただけではなく、温血性・恒温性によって高温に弱い病原菌への感染リスクを下げている。その一方で、母から子へと継承・選抜された腸内細菌は人体に適応して37度で最も活発化し、その働きによって水溶化した有機酸などを私たちは腸壁から吸収できる[4-27]。

恐竜が絶滅した6600万年前、隕石の衝突で森林が壊滅し、分解者であるカビ・キノコが大増殖したことが知られている。カビによる病気は、現存する鳥類に感染するものが比較的多いことから、鳥類の祖先と考えられている変温性の恐竜はカビ由来の病気で淘汰《とうた》され、恒温性の哺乳類・鳥類が選抜されたという説がある。[4-28] また、隕石衝突時には、硫黄を含む岩石から発生した硫酸の雨によって土壌が極度に酸性化し、森林が破壊され、食料源を失った大型恐竜が一掃されたという説もある。[4-29] 土が恐竜の絶滅、哺乳類の台頭を促したのだとすると興味深い。

ウイルス感染と陸地で進化する動物の宿命

細菌やカビと並ぶ感染症リスクにウイルスがある。こちらは土が起源ではないものが多いせいか、低温条件（冬）での感染力が高いもの、高温条件（夏）での感染力が高いものとさまざまで、温血性・恒温性だけでは防御しきれない。エイズウイルス、ノロウイルス、エボラウイルス、インフルエンザウイルス、コロナウイルスなどの感染症は手強く、私たち人類は今も闘っている。だが、長い地球史を通して感染した一部のウイルスは、宿主（私たち）の遺伝子の中に埋め込まれており、ヒトゲノムには、かつて感染したウイルス由来の遺伝子（内在性レトロウイルス）が９パーセントも含まれている[4-30]（図４-13）。レトロウイルス由来の遺伝子には５億年前の海中で脊椎動物の祖先が獲得したものが多く含まれる。[4-31] ウイルスの感染症に苦しみつつ、時に取り込みながら乗り越えてきたのが生物の歴史である。

哺乳類は陸上生物にとって酸素濃度の最も低かった時代（２億～１・７億年前）、胎生という生

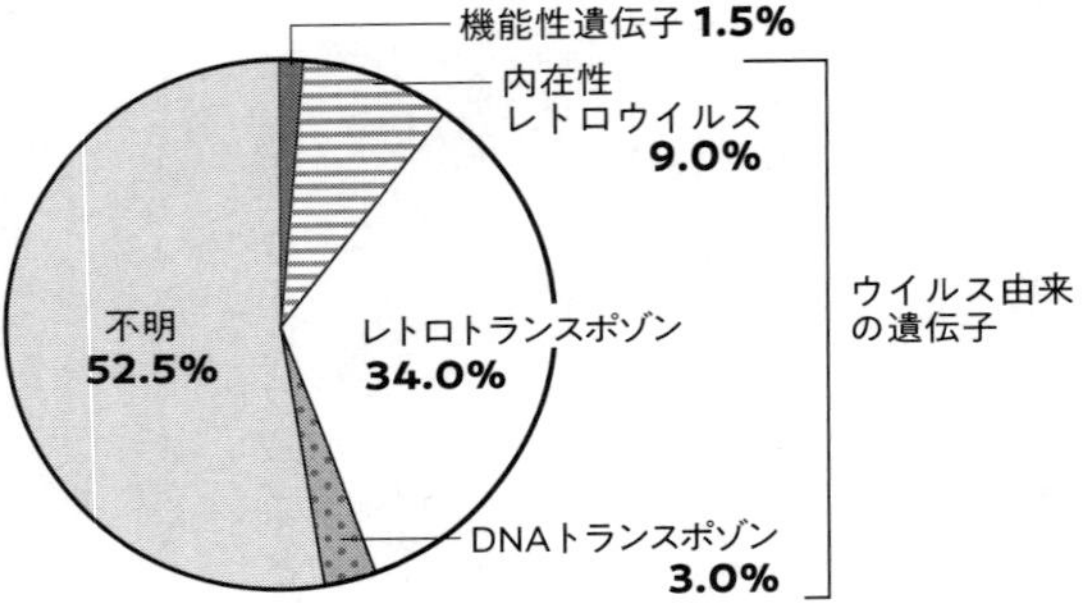

図4-13 ヒトゲノムの内訳
ヒトゲノムのうち、タンパク質を作るのに必要な機能性遺伝子は1.5%にすぎず、感染ウイルスが取り込まれた内在性レトロウイルスはその6倍ある。遺伝子の墓場とされるレトロトランスポゾン、DNA トランスポゾンも含めるとウイルス由来遺伝子が46%にもなる
Ryan(2009)をもとに作成

存率の高い繁殖の仕組みを獲得し、さらに一部は有袋類（コアラやカンガルー）へと分岐し、より長く妊娠して子どもを大きく育てるように進化した。重要な役割を果たしたのがウイルスである。感染して取り込んだレトロウイルス由来の遺伝子が作るタンパク質（PEG10・PEG11やシンシチンなど）が胎盤形成のスイッチとなり、体内に共存する他者（胎児）への栄養供給が可能になった[4-32]。恐ろしいウイルス感染が生命進化の原動力となる局面もあったことになる（図4-14）。

ミミズと比べて土から離れて暮らせるように進化してきた人間は、自然と人間を切り離して考えがちだが、多くの動物は土や他の生物と相互作用を続けながら進化して

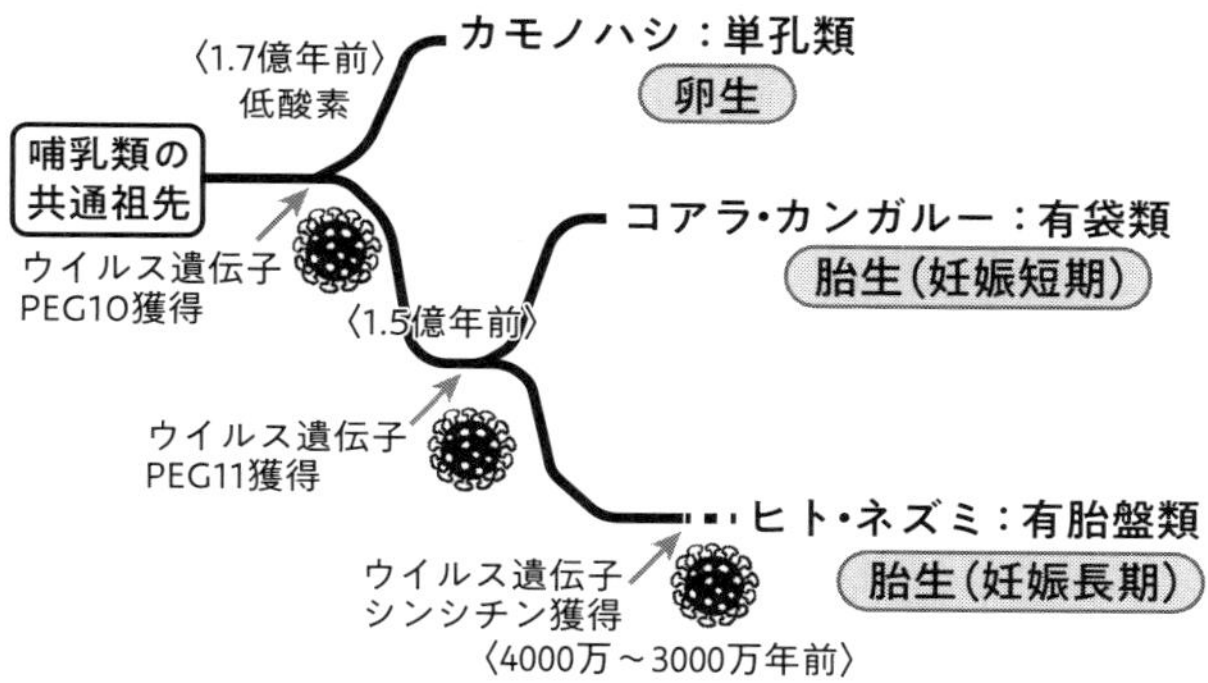

図 4-14　**ウイルス感染と哺乳類の進化**
ウイルス感染にともなって内在化した遺伝子 PEG10 によって胎盤形成が可能になり（有袋類＋有胎盤類）、さらなるウイルス感染で獲得した遺伝子 PEG11 による胎児の血管形成、シンシチン遺伝子による免疫抑制機能によって有胎盤類は長く胎盤で育てるように進化した
大槻ら（2020）、Kaneko-Ishino and Ishino（2015）をもとに作成

きた。40億年に及ぶ長い生命の歴史から見れば、動物が陸地で暮らした時間はまだまだ短く、陸地で進化し続ける他の生物・ウイルスに翻弄されながらも、相互作用の中で暮らしていく宿命を負っている。ウイルスのような人間にとって都合の悪い存在も含めてみんなが主役の５億年だった。

ゼロから土を作ろうとすると、生命誕生から40億年、陸上に限っても５億年かかる。シャーレの上で一つの微生物を培養するようにはいかないのは、鉱物と植物・微生物との相互作用が土を作るからだ。これが５億年ほど遠回りしてたどり着いた、「土とは何なのか？」「なぜ人類は基本的な素材（岩石）から、生命や土を作ることができないのか？」という問いに対する答えになる。しかし、人類は不可能とされた知性すら人工的に生みだすことに成功してきたことを思えば、土を生みだすことも不可能ではないのではないかとも思える。だが、歴史を振り返れば、人類もまた土に振り回されてきた動物の一種にすぎない。次に人類の土との歩みをたどろう。

第5章

土が人類を進化させた

土の最期

岩石から粘土が生まれ、その一粒一粒の粘土が生命誕生に関わり、植物と微生物が岩石砂漠を土へと変化させ、土が恐竜や哺乳類を含む動物の栄枯盛衰にも関わるという壮大なビッグヒストリーを追体験してきた。土（陸）と海と空とのあいだで絶え間なく続く物質循環は、決して定常状態ではない。マラソンでスピードのアップダウンに対応しなければ振り落とされるように、土と大気の変動に対応できた生物は繁栄し、できなかった生物は衰退・絶滅することになる。

この本の目的の一つは、人類がなぜ繁栄と衰退のリスクに直面することになったのかを知ることだが、その前に人類はどのように誕生し、なぜ繁栄できたのかを知る必要がある。これまでの動物と比べて人類は何が違うのだろうか。ここには、やはり土が関わっている。

ここまで植物が上陸して土とともに生態系が発達し、多様なニッチと環境変動が動物の進化を促すという土と生命が躍動する側面を見てきたが、土は生まれるばかりでは、やがて地球ごと泥団子になってしまう。そうならないのは、土にも寿命があるためだ。人間が老化や世代交代を避けられないように、土も変化を続ける。年代や個性の異なる多様な土の存在が、人類の進化において重要な役割を果たした。

岩からできた土の成分は少しずつ風化や侵食によって流され、一部は海底に沈んで堆積岩とな

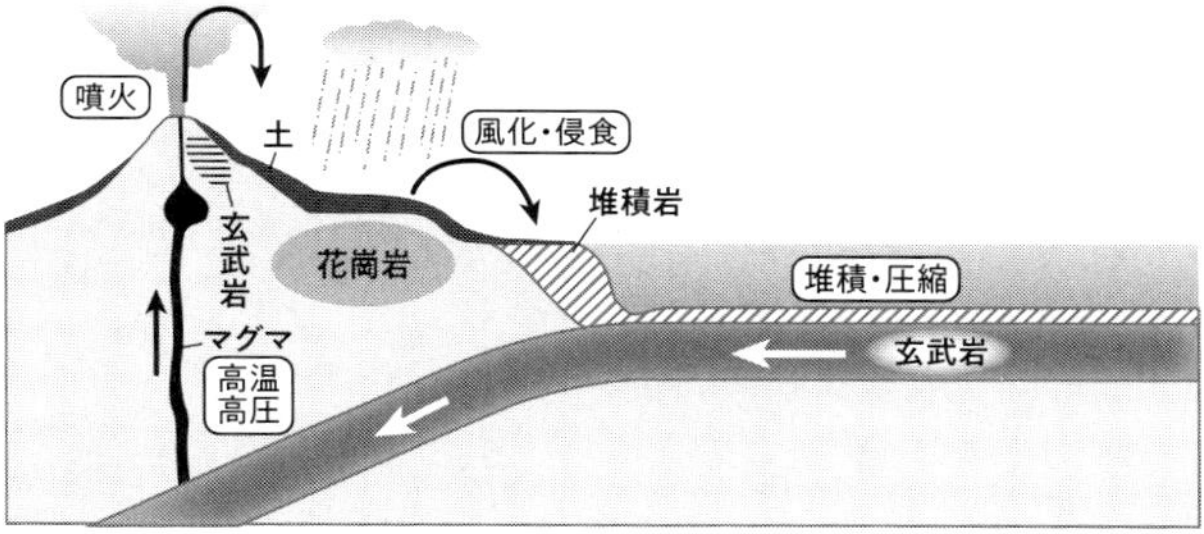

図5-1 岩石サイクル
岩（玄武岩や花崗岩）からできた土の成分が風化・侵食され、一部は海底に沈んで堆積岩となる。さらにその一部がマグマとなって岩に戻る――このサイクルが一周するのに数千〜数億年かかる

る。さらに、その一部は地下のマグマとなって、また岩に戻る。それがまた隆起や噴火で現れれば、新たな土の材料となる。数千〜数億年周期の岩石サイクルと呼ばれる流れだ 図5-1 。

地質学的な時間スケールで土も新陳代謝している。人間の場合、新陳代謝で常に若々しくいられるわけではなく、徐々に代謝が遅くなり、老廃物が蓄積する部位も出てくる。土も同じだ。

地形の急峻《きゅうしゅん》な日本では、土の新陳代謝が活発だ。隆起も活発なので、新しい岩石も供給される。火山灰や黄砂も降り積もる。このため、日本の土を1メートル掘った程度では縄文時代（1万年前）までしかさかのぼれない。これを「土が若い」という。一方、地質年代が古く、地形がなだらかなオーストラリア大陸やアフリカ大陸中央部や南米大陸では土の新陳代謝が起きにくく、風化しにくい成分が残留する。これを「土が古い」という。

ブラジルは平坦《へいたん》な土地でダイズやトウモロコシ、サトウキビを大規模に生産しているが、開発されずに残る丘が点在する。生暖かい風が吹く小高い丘の頂上には、赤い鉄の石（ラテライト）が無造作にぽつぽつと落ちている（カラー口絵9）。ラテライトも、もとは土だった。

初期の土に鉄は数パーセントしか含まれないが、ラテライトは約50パーセントが鉄だ。風化によって数百万年〜数千万年にわたって数メートル〜数十メートル分の土から栄養分が失われ続け、厚さ1メートルの風化しにくい鉄と砂だけが残された。ラテライトは、いわば土の墓標だ。オーストラリアのエアーズロック（砂岩の一枚岩）も主に鉄サビと石英の砂からなっている。長い侵食と風化を受けた土の最期の姿である。もはや土ではなく、食料生産は期待できない。

土も老化する

人間の老化は腰痛や記憶力の低下として現れるが、土の老化は栄養分の低下として現れる。若い土は、スメクタイトやバーミキュライト、雲母《うんも》などの粘土鉱物が多い。そこではケイ素・アルミニウム・ケイ素のトリオによって結晶構造や電気が保たれている。ところが、初期メンバーのケイ素が流出すると、粘土の結晶構造が崩壊する（図5-2）。

残されたアルミニウムとケイ素はデュオのユニットを再結成してカオリナイト粘土としてやり

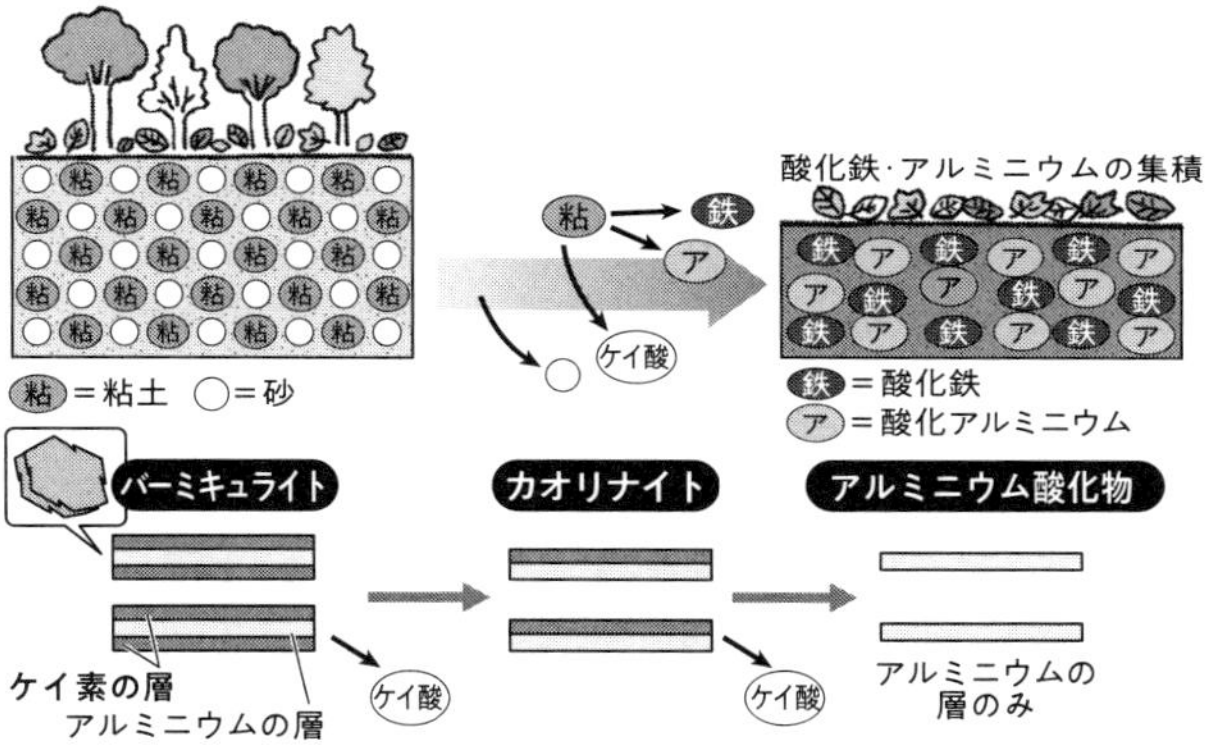

図 5-2　**熱帯雨林における粘土鉱物の風化と土壌の変化**
湿潤熱帯環境での強度の風化によってケイ素が減少し、アルミニウムや鉄の酸化物が残存・集積する

直す。さらにケイ素が流出すると、最後にはアルミニウム酸化物だけのソロになる。その間、粘土はマイナスの電気を失い続ける。粘土の電気がなくなると栄養保持力が低下し、肥沃な土ではなくなる。最後に残るのは、風化しにくい砂（石英）とアルミニウムと鉄の酸化物ばかり。栄養分を失った赤土が固結するとラテライト、化石化するとボーキサイト（アルミニウムの原料）となる。

この時、深刻なのがリンの減少だ。生物にとって、リンは遺伝子やエネルギーの生産に欠かせない。しかし、リンは究極的には岩石中の鉱物（アパタイト）しか供給源がない。アパタイトは私たちの骨や歯とほとんど同じ組成の鉱物である。岩から土に成長する段階では、鉱物は徐々に風化されることで植物や

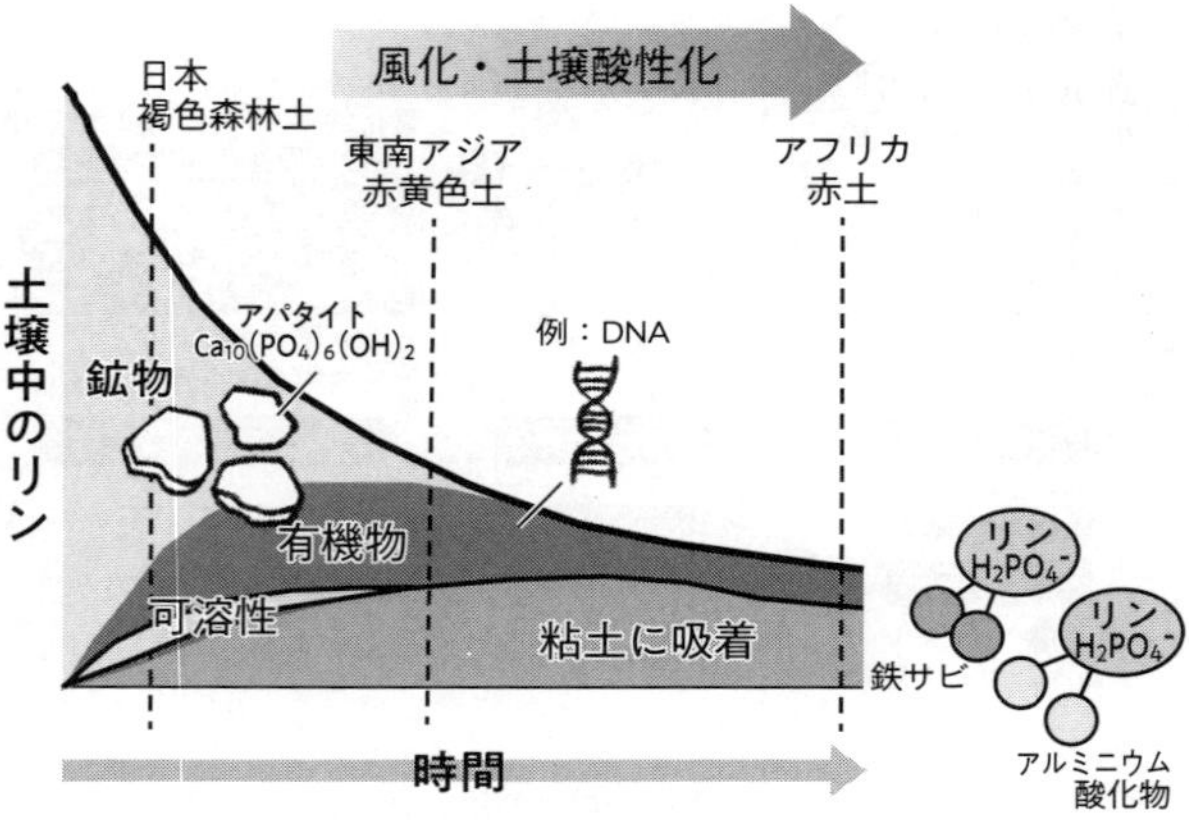

図5-3　**岩石風化・土壌の発達にともなうリンの形態変化**

造岩鉱物（アパタイト）の風化によって放出されたリンは、時間とともに流出して減少する。残存したリンも有機物や粘土と結合することで植物に利用しにくくなる。特に風化した赤土ではリンが少ない

Fujii et al. (2024) Ecological Research 39:623-633 をもとに作成

微生物が吸収できるリンが増加する。ところが、リンは窒素と違い、大気や雨から供給される見込みがない。風化・流出しても補給されないため、時間とともに土壌中のリンは減少してしまう（図5-3）。さらに、残されたわずかなリンはプラス電気を帯びた鉄サビ粘土に強く吸着される。

粘土のマイナス電気に吸着したカルシウムイオンであれば、植物はすぐに取り出して吸収できる。新幹線の座席に例えるならば、3列シートの通路側だ。いつでもトイレに立てる。しかし、鉄サビ粘土とリンの吸着（結合）はさらに

強い。リンと鉄サビのあいだで脱水反応が起こり、一体化する。新幹線の３列シートの窓側席に座っている状態だ。隣の人はお弁当を食べ始め、通路側の席の人は靴を脱いで寝ている。簡単にはトイレに立てないし、降りるには新たに膨大なエネルギーを要する。鉄サビ粘土に吸着されたリンはこの状態に近く、多くの植物は簡単には吸収できない。このため、オーストラリア大陸やアフリカ大陸中央部、南米大陸の赤土はリンの不足という問題を抱えることになった。これが人類の祖先の暮らしに大きく影響を及ぼすことになる。

リンが足りない

土壌中でリンは最も溶出しにくい栄養分の一つだが、人体（水を除く）にはリンが３パーセントも蓄積されている。魚類や鳥類のリン含有量の１・５〜２倍にもなる。体内でリンが最も多い場所は骨や歯（リン酸カルシウム）だが、その次にリンが濃縮している場所は脳だ。[5-1] 脳はもともと腸から発生、進化したものとされる。腸を「第二の脳」と呼ぶことがあるが、むしろ脳が「第二の腸」だ。脳を進化させた生物のうち、脳の大きい哺乳類は鳥類とともにエネルギー消費が多く、脳の発達とエネルギーの生産にリンを多く必要とする。

ところが、動物は岩石を溶かしてリンを直接吸収することができない。このため、哺乳類にとって土と植物を介したリン循環が生命線となる。オーストラリアのフクロミツスイの暮らしに、

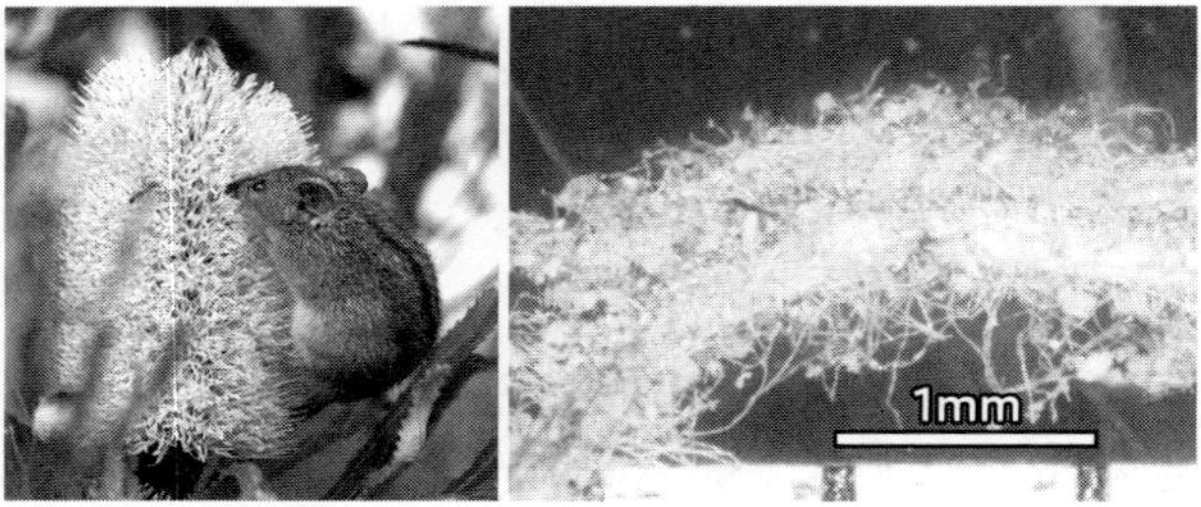

図5-4 フクロミツスイ（左）とバンクシアの根（右）
バンクシアは、菌根菌なしでも微細な根からなる構造を発達させる
写真左：Kym Nicolson（Wikimedia Commons/CC BY 4.0）、写真右：筆者

その厳しさが反映されている。

オーストラリア大陸の地質は古く、風化した土は栄養分が少ない。そんな中でも、有胎盤類（ヒト）が来る前からカンガルーのような有袋類が独自の進化を遂げていた。フクロミツスイもその一つだ（図5-4左）。オスの体重に占める陰茎の割合が生物の中で最も大きいことで有名である。メスは特定のオスを選ばず、卵子は不特定多数の精子に競争させる。繁殖には遺伝子や細胞の膜を作るリンが特に多く必要となる。しかし、土にはリンが乏しい。

そこで頼りにしたのが、バンクシアという被子植物である。恐竜絶滅前から存在している古株だ。蜜や果実にはリンが豊富に含まれ、フクロミツスイのごちそうとなる。フクロミツスイが花粉を媒介することでバンクシアも繁殖できる。バンクシアはかわいい花をつける一方で、地下ではおどろおどろしい細い根の束

（プロテオイド根）を発達させる（図5-4右）。貧栄養な赤土からリンを吸収するための適応だ。根から有機酸を放出することで粘土に強く吸着したリンを溶かし、酵素（フォスファターゼ）を放出することで有機物中に格納されたリンさえも溶かしだす。溶けだしたリンを張り巡らせた極細の根で回収する。これらの機能は栄養分の乏しい条件でのみ活性化する。[5-2] 水不足、肥料不足で野菜たちが全滅した私のプランターでも、バンクシアだけは憎たらしいほど元気だ。

オーストラリアの古い赤土の上で、限りあるリンをバンクシアとフクロミツスイが受け渡しながら、命をつないでいる。気候変動によって火災が頻発するようになったことで、バンクシアの再生が間に合わず、フクロミツスイも絶滅の危機に瀕《ひん》している。哺乳類にとって、土壌のリン、そして、それを吸収してくれる植物の存在は不可欠なのだ。限りあるリンと被子植物に食料の多くを依存している点は人類も共通しており、フクロミツスイのピンチは対岸の火事ではない。

大陸移動と霊長類の進化

フクロミツスイよりもヒトの直接的な祖先である霊長類の進化に目を向けよう。ティラノサウルスのいた白亜紀末期、哺乳類（有胎盤類）の祖先は土の中に暮らす齧歯《げっし》類（モグラ、ネズミなど）に近い姿だった。そこから、齧歯類やウサギのなかまと分岐して、モモンガのように滑空のできるヒヨケザルや木登りが得意なサル（霊長類）が進化した。初期のサルたちは童謡「アイアイ」

でお馴染《なじ》みの原猿類（アイアイ、ロリス、キツネザル）であり、そこから分岐して南米のオマキザル、そしてニホンザルを含むオナガザル、テナガザル、大型類人猿が登場する[5-3]（図5-5）。ここでいう大型類人猿とは、オランウータン、ゴリラ、チンパンジー、ボノボ、ヒトの共通祖先だ。もはや他人事《ひとごと》ではない。

哺乳類から霊長類へ、そしてその中でもヒトに至る進化の過程において、脳のエネルギー消費量はどんどん大きくなる。[1-11]脳の要求を満たすべく、大型類人猿は高カロリーでリンを豊富に含む食料を求めた。[5-4]その欲望を満たしたのが熱帯雨林のトロピカル・フルーツだ。実際、寒さ厳しい下北半島まで分布を広げたニホンザル、北極圏まで拡大したヒトを除けば、サルの分布は熱帯雨林に集中している。

熱帯雨林と一括してしまったが、現在の地球では南米のアマゾン、アフリカ大陸中央部、東南アジアが三大地域である。このうち、アフリカや南米の木々は樹高が40メートルくらいしかないが、東南アジアのフタバガキ林は樹高60メートルもの木々が電信柱のように立ち並ぶ。木と木の間をつなぐツル植物が少なく、滑空という移動手段を持つ生物が有利となる。[5-5]フタバガキ科の樹木が増加した同時期に、滑空するサル、トカゲ、カエルが出現した。この時、滑空を選ばなかったサルが霊長類の祖先である。

滑空するサル（ヒヨケザル）の進化の舞台として東南アジアはなぜ特別だったのだろうか。ヒ

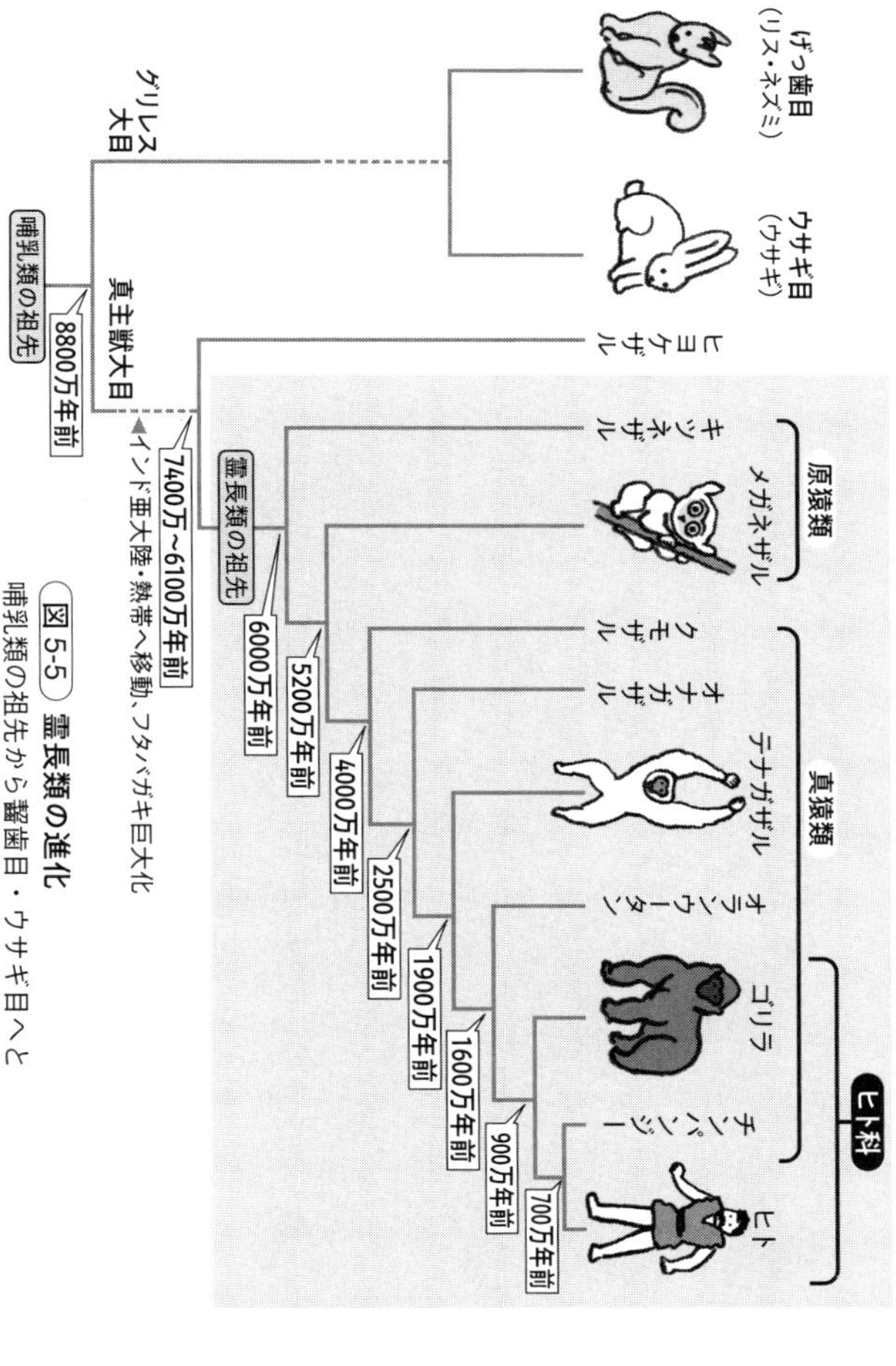

図5-5　霊長類の進化
哺乳類の祖先から齧歯目・ウサギ目へと分岐したなかまから、霊長類が誕生した

ントはインドにある。インド南部のＩＴ都市バンガロールにあるカルナタカ高等裁判所（イギリス統治時代の遺産）はラテライト（赤土の固結物）でできている。現在のインドは綿花を栽培する乾燥地帯が多いが、ラテライトの存在はかつてインドが赤道直下の熱帯雨林気候にあり、風化が活発だったことを示している。大陸移動があったのだ。

約2億年前、ゴンドワナ大陸を構成していたインド亜大陸は現在のアフリカ大陸と分離し、マダガスカル島とも分かれて北上し、アジアに到達した（図5-6）。長い旅の中でインド亜大陸は熱帯雨林を育み、それがラテライトを残した[5-6]。この漂流島に便乗して東南アジアにやってきて大繁

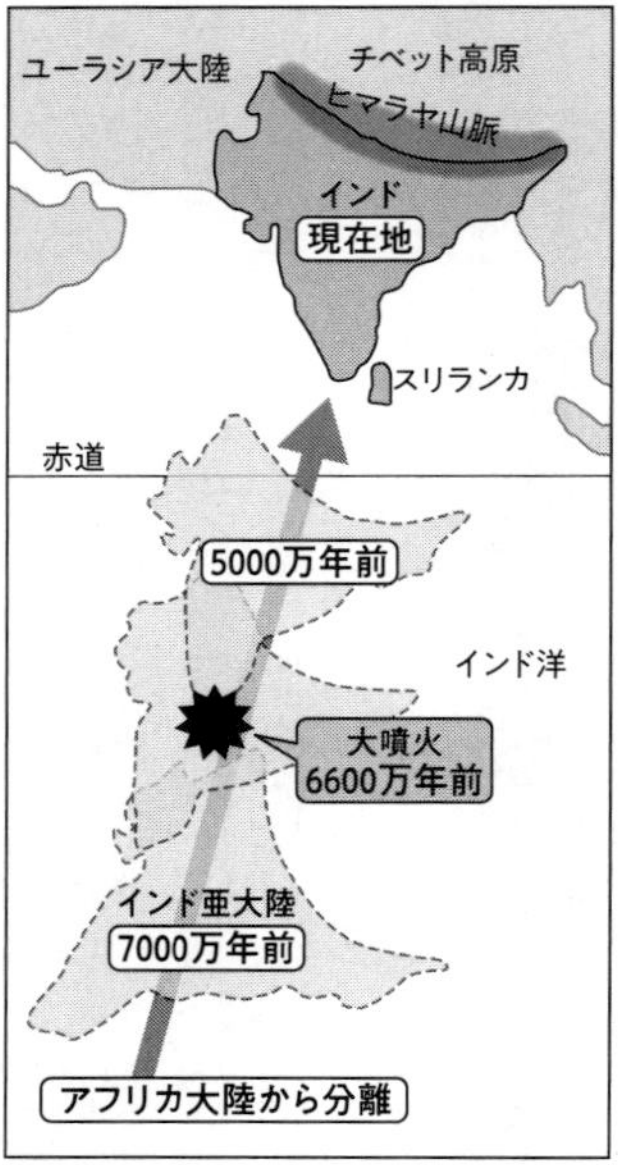

図5-6　大陸移動とチベット高原・ヒマラヤ山脈の形成

ゴンドワナ大陸から分離したインド亜大陸はマダガスカルと分離し、ユーラシア大陸に衝突した。6600万年前にはデカン高原を形成する大噴火も起きた

栄したのがフタバガキだった。

東南アジアとアフリカでは土が違う。地形が急峻な東南アジアの赤黄色土のほうがアフリカの赤土よりも土が若く、マイナス電気を帯びたバーミキュライト粘土も多く残存する。この粘土に水素イオンやアルミニウムイオンが多く吸着するため、アフリカの赤土よりも酸性が強い（カラー口絵10）。酸性土壌ではリンが溶けにくくなるが、キノコ（外生菌根菌）は菌糸から有機酸や酵素を放出することで土壌中のリンを効率よく溶解して根に供給する。熱帯雨林にありながら相対的に若い土の存在とキノコとの共生がフタバガキの巨大化を可能にした。フタバガキの森には多様なドリアンも育ち、多くのリンを求める霊長類の胃袋を満たした[5-7]。

ヒマラヤの標高とサルの脳の巨大化の関係

インド亜大陸の北上は、もう一つ大きな事件を引き起こした。４０００万年前のインド亜大陸とユーラシア大陸の衝突によってヒマラヤ山脈とチベット高原が発達したのだ。奇妙なことに、ヒマラヤの標高が高くなる時代、ちょうどサルの脳が巨大化する[5-8、5-9]（図5-7）。その究極のかたちが私たちヒトだ。しかし、相関関係は直接的な因果関係を保証するものではない。まずは因果関係を探ろう。

まず重要になるのが、「土は水よりも温まりやすく冷めやすい」という情熱的な特性を有して

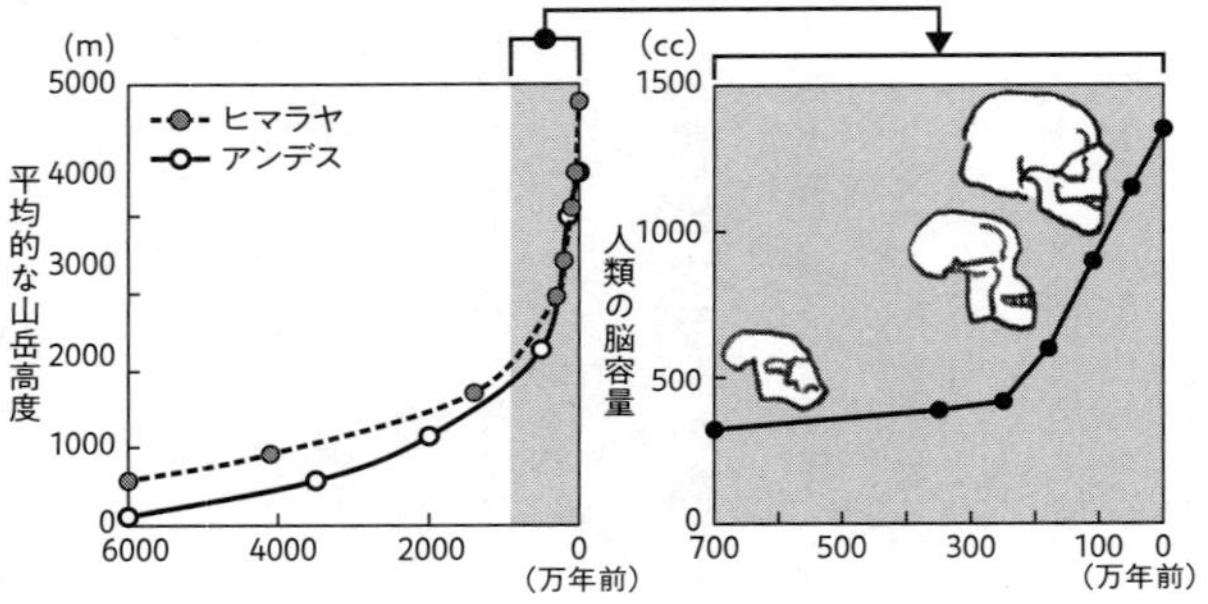

図 5-7　ヒマラヤ山脈・アンデス山脈の平均高度および人類の脳容量の変化

山も脳も巨大化した

Molnar(1990)をもとに作成

いることだ。情熱大陸と覚えよう。夏、海水よりも先に温められた陸地の空気は膨張し気圧が低くなり、その低気圧を補うために海洋から大陸へ季節風が吹き込む。陸の上昇気流は入道雲（積乱雲）を生みだす。これが雨季（日本では梅雨）をもたらす。

特に、ヒマラヤ山脈の発達は、アフリカからアジアまで広がるモンスーン気候を強化した（図5-8）。海洋の湿気を含んだ風がヒマラヤ山脈にぶつかり雨となる。雨は山を削り、土砂を飲み込んだ大河は、激流となって熱帯アジア地域に流れこむ。ヒマラヤを侵食した土砂は現在のマレー半島から島嶼《とうしょ》部を一つにした広大な半島スンダランドを形成した。大河が土砂を侵食・堆積するだけなら世界中で起こっているが、世界地図を書き換えるような大規模な侵食

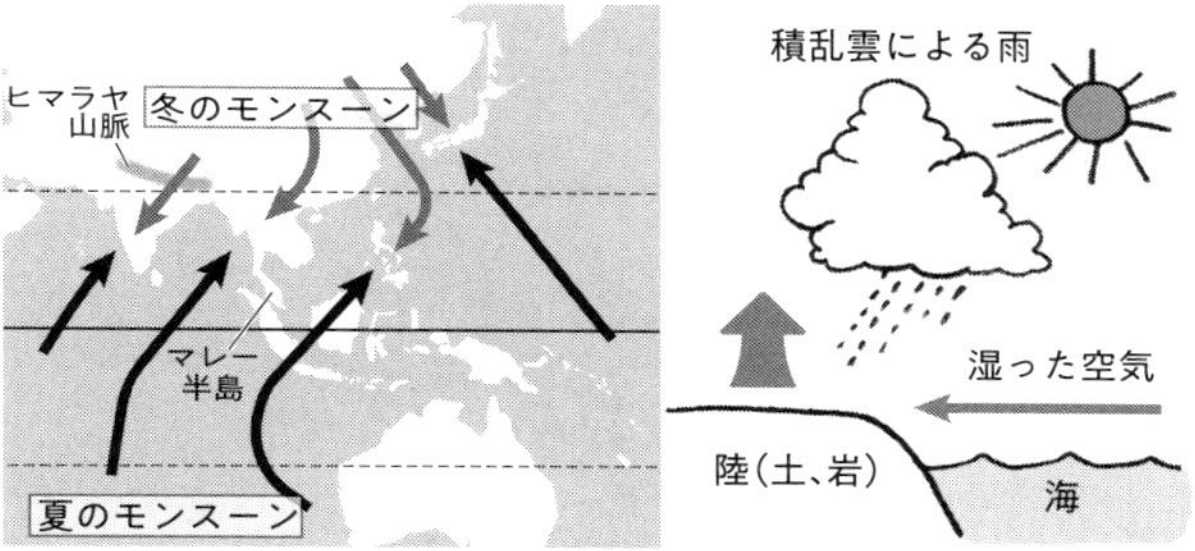

図5-8　**モンスーン気候の形成メカニズム**
水よりも熱しやすく冷めやすい陸地（土）の性質が夏の雨を招く

の場合、話は別だ。

雨が多く高温であるほど風化は速く進む。ヒマラヤ由来の大量の造岩鉱物が土へと風化する反応に炭酸水が使われる（図5-9）。炭酸水は大気中の二酸化炭素が溶けこんだものだ。風化に多くの二酸化炭素が使われたことで、大気中の二酸化炭素濃度が低下し、地球寒冷化が進んだ。[5-10]この時期、アンデス山脈も隆起し、侵食された土砂はアマゾンの熱帯雨林に運ばれて強く風化し、やはり二酸化炭素を消費した。

地球の寒冷化によって、北極と南極に降った雪は解けなくなり、氷河が発達した。これが**氷河期**である。雪が降らない大陸性の乾燥地帯では土ごと凍って永久凍土となった。地球全体の水の多くが北極と南極の氷河に集まったため、乾燥化が引き起こされ、森林は草原に変わった。[5-11]アフリカでは熱帯雨林

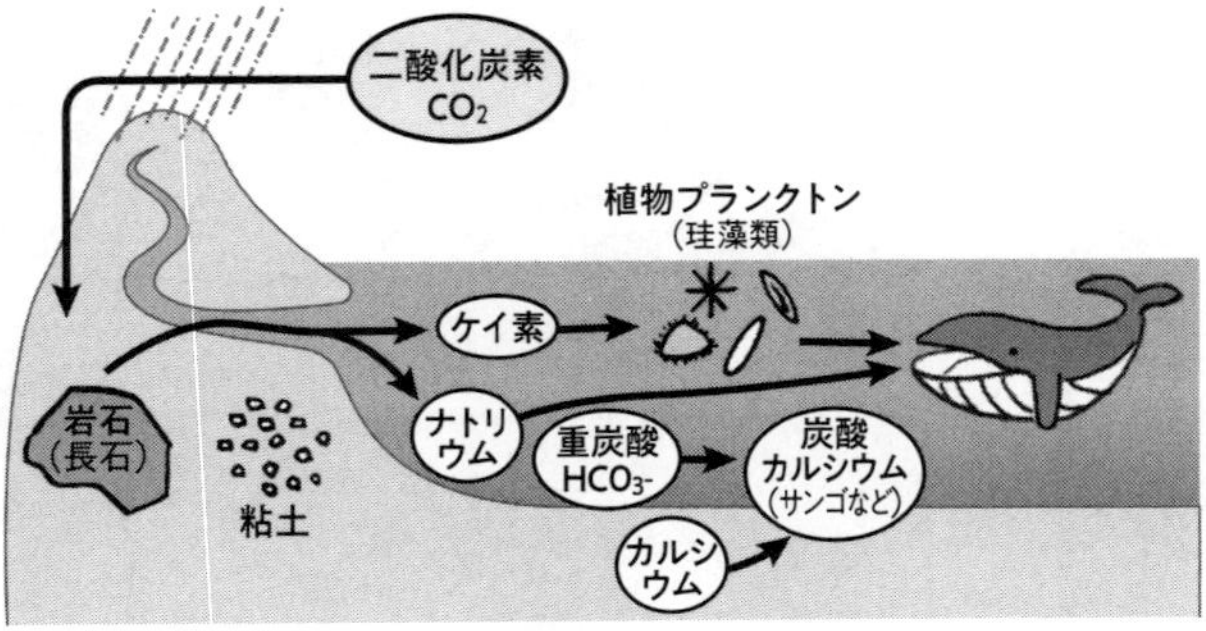

図 5-9 岩石の風化による二酸化炭素の消費メカニズム
最終的に二酸化炭素は海で炭酸カルシウム（サンゴなど）の沈殿物となる

が分断されることで、サルは森から森へと草原を歩いて移動する必要が生まれた。そこで草食動物を狩るために社会性を身につけたヒトの脳は巨大化するようになる。[5-12] かなり長い因果関係だが、人類進化についての一つの仮説である。

話はここまで単純ではない。地球には、変化を緩衝する機能があるためだ。陸地で風化が進めば、海ではその逆、**逆風化**という現象によってバランスをとろうとする。[5-13] 風化で陸から溶けだした鉄またはアルミニウムとケイ素が海でもう一度集結して鉱物に戻ると、二酸化炭素が大気中に返却される。逆風化がこれまで地球の極端な寒冷化を食い止めてきた（図5-10）。

ところが、この働きを止めたのが生物進化だ。乾燥化によって、陸ではイネ科植物（イネ、チガヤ、トウモロコシの祖先）が増加し、海では珪藻《けいそう》

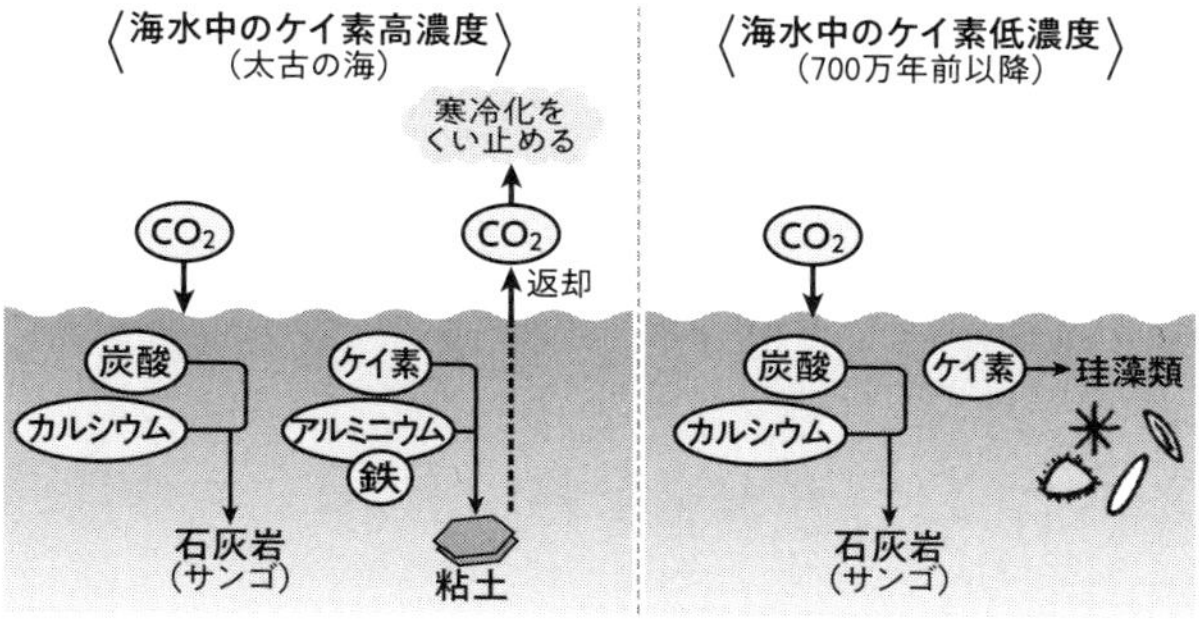

図5-10 **風化と逆風化の気候への影響**
岩石風化によって二酸化炭素が消費されるが、ケイ素濃度の高い海水中では粘土鉱物（スメクタイト）が再び生成（逆風化）することで二酸化炭素が大気中に返却される

（海の主要な植物プランクトン）が増加した。これらの生物がケイ素を吸収するようになると、海水中のケイ素が減少し（図1-14参照）、海底で粘土鉱物が生成されにくくなる。逆風化による二酸化炭素のリサイクル、温度調節機能が低調になると、寒冷化、乾燥化を止められなくなった。

陸と海における生物進化とヒマラヤ山脈の土壌侵食・岩石風化とが組み合わさって気候変動と熱帯雨林の分断を進め、ヒトを含む大型類人猿の進化（脳の巨大化）を促したという壮大な物語だ。

二足歩行のはじまりとサハラ砂漠

土が哺乳類のリン要求を満たし、外生菌根菌が酸性土壌におけるフタバガキの大繁栄と霊長類の進化を可能にし、ヒマラヤの土壌侵食が大型類人猿の進化を促した。この人類進化の物語の最後の舞台はアフリカとされている。
東南アジアにはオランウータン、アフリカにはボノボ、チンパンジー、ゴリラという大型類人猿がいるが、南米アマゾンには、そもそも大型類人猿がいない。この時点で、南米はヒト進化の候補地から外れる。残るは東南アジアとアフリカだ。かの進化論の巨匠、チャールズ・ダーウィンは、化石人骨が見つかる以前から、ヒトの起源をアフリカだと予想していた。ヒトと最も近縁の類人猿であるゴリラとチンパンジーがいたからだ。

ビーグル号に乗り込んだダーウィンは、大西洋の航海中、風を受けた白い帆が日に日に赤く染まることを発見した。地球最大の砂漠・サハラ砂漠の砂嵐（ハルマッタン）によって巻き上げられた土粒子が貿易風に乗って大西洋を渡り、はるばる南米アマゾンの熱帯雨林まで運ばれていたのだ。

軽い粒子は遠くまで飛ぶが、重い粒子は途中の大西洋で落ちる。大西洋の海底に沈んだ砂の堆積は約３００万年前から始まっていた。このことからサハラ砂漠の誕生は３００万年前だと分かる。[5-14] 人類最古の二足歩行の足跡と同じ年代だ（図5-11）。砂漠のない東南アジアと異なり、乾燥化を経験したアフリカではサルの暮らす熱帯雨林が減少した。分断された熱帯雨林を移動するためには木から降りて草原や砂漠を歩くしかなくなった。これが土から推理できるアフリカでヒトの二足歩行を促した要因である。

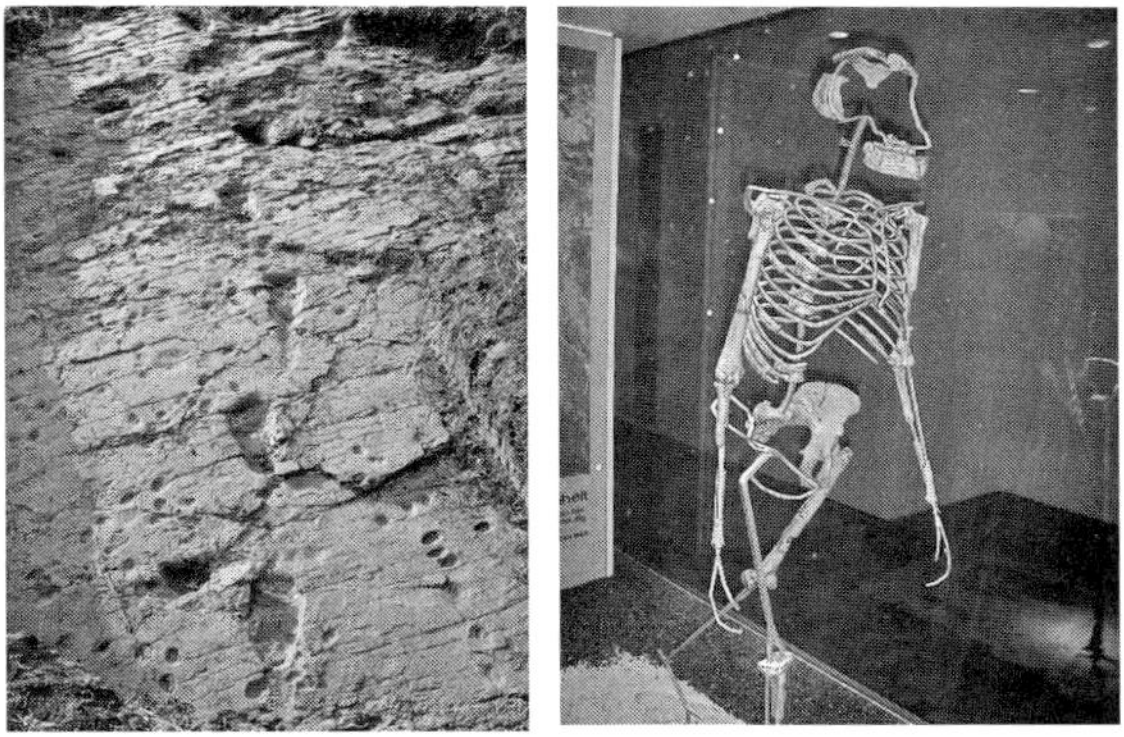

図 5-11　タンザニアで発見された二足歩行の足跡化石（左）と全身骨格化石ルーシー（右）

足跡は 375 万年前に降り積もった火山灰を踏みしめたものとみられている。近い時期（300 万年前）の全身骨格の名・ルーシーは化石清掃作業中に流れていた曲「Lucy in the sky with Diamonds」（The Beatles）にちなむ。本名ではない

土の記録をよく説明できる気候変動の仮説がある。地球は公転面に対して少し傾いて自転するだけでなく、コマのように軸が微妙にブレながら歳差運動をし、周期的に気候が変動する（ミランコビッチ・サイクル）。この結果、モンスーン気候の雨季が弱まる時代があった。

加えて、東アフリカでは、大地溝帯付近の山々の隆起（造山活動）によって大西洋からの湿った偏西風が遮られる。これらの変化によって東アフリカの乾燥化が進行した。以下同文で、分断された熱帯雨林間を移動するためにヒトが二

足歩行を始めたのではないか、というものだ。
実際、化石人骨は東アフリカに集中して発見されている（カラー口絵11）。人骨に見られるチンパンジーとの違いは脳の肥大化に必要な「犬歯の縮小」であり、二足歩行のフラミンゴとの違いは「直立二足歩行」という特徴だ。東アフリカでヒトへと進化したという仮説は、ハリウッドの歌劇『ウエスト・サイド・ストーリー』をもじって「イースト・サイド・ストーリー」と呼ばれる[5-15]。

しかし、アフリカ中央部のチャド、西アフリカで世界最古の人骨化石が発見され、東アフリカに限定する仮説は否定された。現在のチャドはサハラ砂漠のど真ん中だが、化石が示す７００万年前の時点では熱帯雨林だった。そのことは砂漠に残るラテライトの塊が証明している。人骨のそばからは、熱帯雨林に住むサル（コロブス）やワニやカバの化石も見つかっている。ヒトが歩き始めたのは草原ではなく、むしろ熱帯雨林の中だった。では、なぜアフリカの熱帯雨林の中でわざわざ「サルも木から降りる」変化が起きたのだろうか。

発情期の起源とフルーツ争奪戦

両生類が上陸してからずっと、紫外線で発生する活性酸素は肌のシミ、そばかすに限らず細胞の損傷の原因となってきた。このため、両生類から哺乳類にいたるまで、抗酸化物質としてビタ

図5-12　**東カリマンタン特産のドリアン（左）と調査隊（右）**
ここのドリアンは臭いが控えめで食べやすい
写真：筆者自撮り

ミンCを合成する酵素遺伝子をもっていたが、霊長類はこれを失った。熱帯雨林で主にフルーツを食べて暮らしており、ビタミンCを摂取できるようになったためだといわれる[5-16]。大型類人猿にとってフルーツはデザートではなく、必須の栄養源だ。フルーツの生産量は土壌の栄養分に制限される。ヒトの直接の祖先ではないが、同じ大型類人猿のオランウータンの生き様に私たちの祖先と土の関係を探ろう。

東南アジアの熱帯雨林で暮らすオランウータンの好物は「果物の王様」ドリアンだ。私の調査するインドネシアの熱帯雨林では、7種類のドリアンが食べられる。調査隊の朝は早い。たたき起こされた私は現地のなかまとともに朝食前に森へ行き、オランウータンが地面に落としたドリアンを探す。仕事の後も、風が吹いてドリアンが落ちてくるのを待ち続ける。個人的には「果物の女王」マンゴーのほうが好きだが、精力剤効果のあるドリアンを見つけると調査隊の士気があがる。陽気なメンバーたちは「落ちてきたドリアンに直撃されたら即死だな」といって笑っている。オランウータンに限らず、私たちヒトもフルーツ好きなサルの末裔《まつえい》だと思い知らされる 図5-12 。

能天気な私たちとは異なり、植物は苦労している。植物の繁殖器官であるフルーツ（果実）を生産するには土の中の窒素やリンを大量に必要とする。ところが、風化した熱帯土壌では特にリンが乏しい。わずかなリンも粘土や他の微生物に取られてしまうため、植物の根だけでは太刀打ちできない。そこでフタバガキ科の樹木根は外生菌根菌のキノコと共生することで栄養分を集めてもらい、少しずつ幹や根にため込む。さらに、エルニーニョがやってきて低温や乾燥になると、細菌や腐生菌（菌類）が死んだり、胞子になって眠りについたりする。そのすきに、樹木は他の微生物から放出された栄養分をかき集める[5-17]。充分な栄養分がたまると、大量のフルーツを生産する。その周期は、およそ4年に1度だ。異なる種類の木々が一斉に花と実をつける現象は、一斉開花（一斉結実）と呼ばれる。

気まぐれな植物の繁殖戦略は、フルーツを主食にする動物たちに厳しい試練を課す。オランウータンは我慢することを選んだ。繁殖・子育てをしやすい豊作年を待つために、オランウータンの繁殖能力は極めて低い。この特性は、熱帯雨林の減少とあいまってオランウータンを絶滅の淵《ふち》に追いやっている。

一方、アフリカのジャングルにフタバガキ科の樹木はなく、マメ科の植物が多い。キリンが長い首を伸ばして食べるアカシア、インドカレーのスパイスとなるタマリンドがそのなかまだ。マメ科の植物の根は、外生菌根菌ではなく窒素固定のできる細菌（根粒菌）と共生し、大気中の窒素ガスから作った窒素肥料（アンモニア）を補給してもらう。この共生関係によって栄養分の乏しいアフリカの赤土でもマメ科の樹木はよく育つことができる。

しかし、窒素だけではフルーツを作ることはできず、もう一つの栄養分であるリンの究極の供給源は岩石中の造岩鉱物（アパタイト）しかない。地質年代が数億歳のアフリカの赤土では、数百万歳の東南アジアの土壌よりも１００倍ほど老化（風化）しており、岩に残るリンはなく、土壌中のリンも乏しい。結果として、フルーツの生産量は少なく、ゴリラやチンパンジーの個体数は森のフルーツの生産力に制限されている。[5-18] ゴリラ、チンパンジーは明確な発情期を持ち、フルーツの多い時期にだけ子育てをするようになった。乾燥化による森林減少に加えて、アフリカの赤土に充分なフルーツを生産する力がないことは、ゴリラ、チンパンジー、ヒトの祖先の食料の争奪戦を激化させたはずだ。

私たちの祖先は困っていたに違いない。ゴリラやチンパンジーとのフルーツをめぐる縄張り争いに勝てない。といっても、森を出るのは危ない。まずは下に落ちたフルーツを拾うことから始めた。我々調査隊と同じ行動パターンだ。フルーツは腐る直前が一番美味《おい》しい。地面に落ちたフルーツは微生物の働きによってアルコール発酵していた。ヒトはここでお酒の味を覚えたのだという〝のんべぇ仮説〟がある。二足歩行の動機がフルーツ酒であるなら、ヒトのお酒好きは仕方ないことなのかもしれない。[5-19]地面にあるフルーツなどの食料を両手で抱えて妻子に運ぶために直立歩行を始めたという〝イクメン仮説〟もある。いずれにせよ、赤土の栄養不足ゆえに樹上のフルーツをお腹《なか》いっぱい食べられなくなったサルが私たちの祖先である。

肥沃な土を求め発情期がなくなったヒト

ゴリラ、チンパンジーの暮らすコンゴ盆地の熱帯雨林地帯の東には、少し乾燥したサバナと呼ばれる草原が広がる。フルーツの争奪戦に負けて木を降りたサルは、西アフリカの熱帯雨林から東アフリカの草原へと生活の場を変えた。アカシアやバオバブがぽつぽつと点在する草原地帯は、ゾウやライオンの闊歩《かっぽ》するサファリパークのような景観だ。

熱帯雨林では降水量が蒸発や植物の蒸散を上回るため、余った水は土の中に浸透する。水の働きによって、土に含まれていたカルシウムなどの栄養分が洗い流されてしまう（図5-13）。これは日本の土が酸性になる仕組みと同じだ。一方、降水量が減少すると、水の流れの向きが逆転する。地下水が蒸発や蒸散によって吸い上げられ、カルシウムが土に残るようになる。土は酸性から中性に変化する。さらに乾燥すると塩類が地表に集積する問題を引き起こす。ちょうど中間の

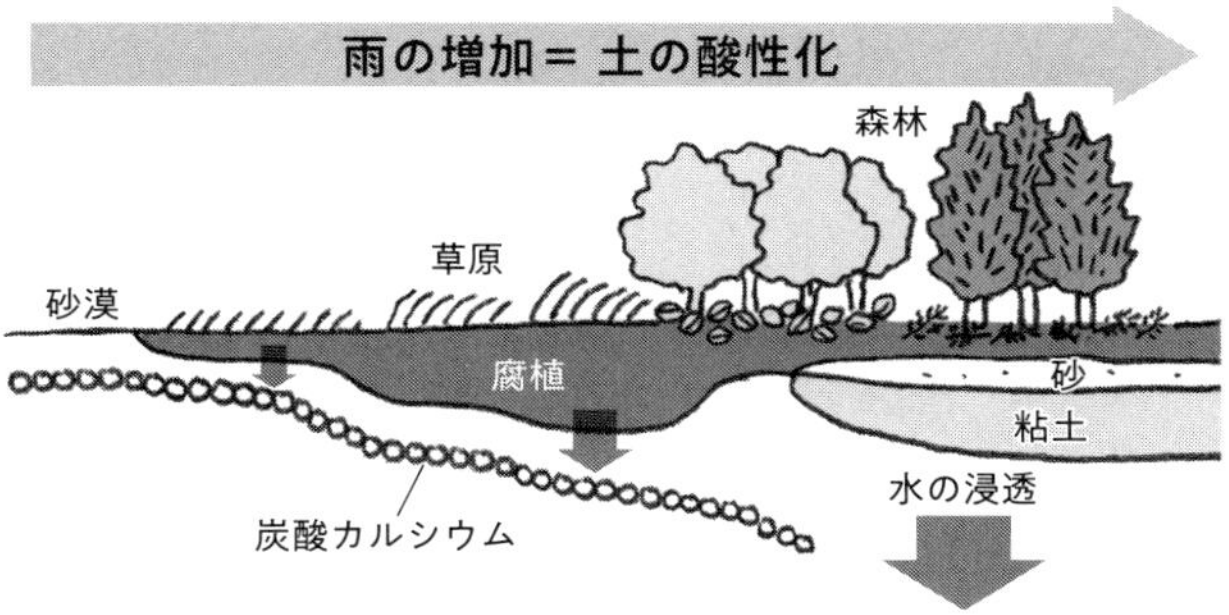

図 5-13　土の酸性度と降水量の関係
乾燥地では岩石由来のカルシウムと植物・微生物がだす二酸化炭素が結合して炭酸カルシウムとなる。蒸発散量よりも降水量が多くなると炭酸カルシウムが洗い流され、日本のように雨の多い地域では、土は酸性になる。逆に雨が少ないと水の流れが逆転して中性になる

半乾燥地では適度に雨が降り、土は肥沃になる。東アフリカの草原地帯がこれにあてはまる。

　東アフリカの大地溝帯の活動によって生まれた高原地帯には、エチオピアの玄武岩《げんぶがん》台地やケニア、タンザニアの火山地帯もあり、アフリカの中では土が若い。ほどよく風化した土は、動物に欠かせないリン、カルシウム、ナトリウムを豊富に含んでいた。ちょうどコーヒーの産地とも重なる。高原地帯は熱帯低地よりも涼しく、日本のような腐植の多い肥沃な土となる。玄武岩由来のひび割れ粘土質土壌（高校地理ではレグール土《ど》／スーダン、エチオピア）、火山灰由来の黒《くろ》ボク土《ど》（タンザニア、ケニア）、粘土集積土壌（ジンバブエ、南アフリカ）は、赤土（フェラルソル）よりも肥沃な土

に位置付けられる。

興味深いことに、化石人骨の多くはこれらの肥沃な土の分布域から見つかっているという意見もあるが、洞窟などでは関係ない。化石人骨の密集地は今もアフリカの人口密集地だ。今も昔も、ヒトは肥沃な土を求める。

（カラー口絵11参照）。酸性土壌では骨が溶けてしまうために西アフリカで骨が見つからないだけだ

ゴリラ、チンパンジー、オランウータンとヒトには一つ決定的な違いがある。ヒトには明確な発情期がないことだ。ヒトには理性があるという意味ではなく、むしろ一年中が発情期になった。肥沃な土で季節を問わず食料を手に入れられるようになったおかげである。ヒトは他の大型類人猿よりも繁殖能力が高い。少子化に悩む日本では想像できない話だが、世界全体では人口爆発を心配するほどだ。別に土を見比べて移動したわけではないだろうが、結果的に私たちの祖先は貧栄養な赤土地帯から人口扶養力の高い土壌地帯へと生活の場を移したことになる。この決断が人類の大繁栄を可能にした。

なぜヒトは雑食になったのか

東アフリカで肥沃な土に人類が出会ったとしても、そこで食料を確保できなければ意味がない。ヒトが熱帯雨林を出て乾燥地に適応したということは、植生や土も異なる新天地で食料を確

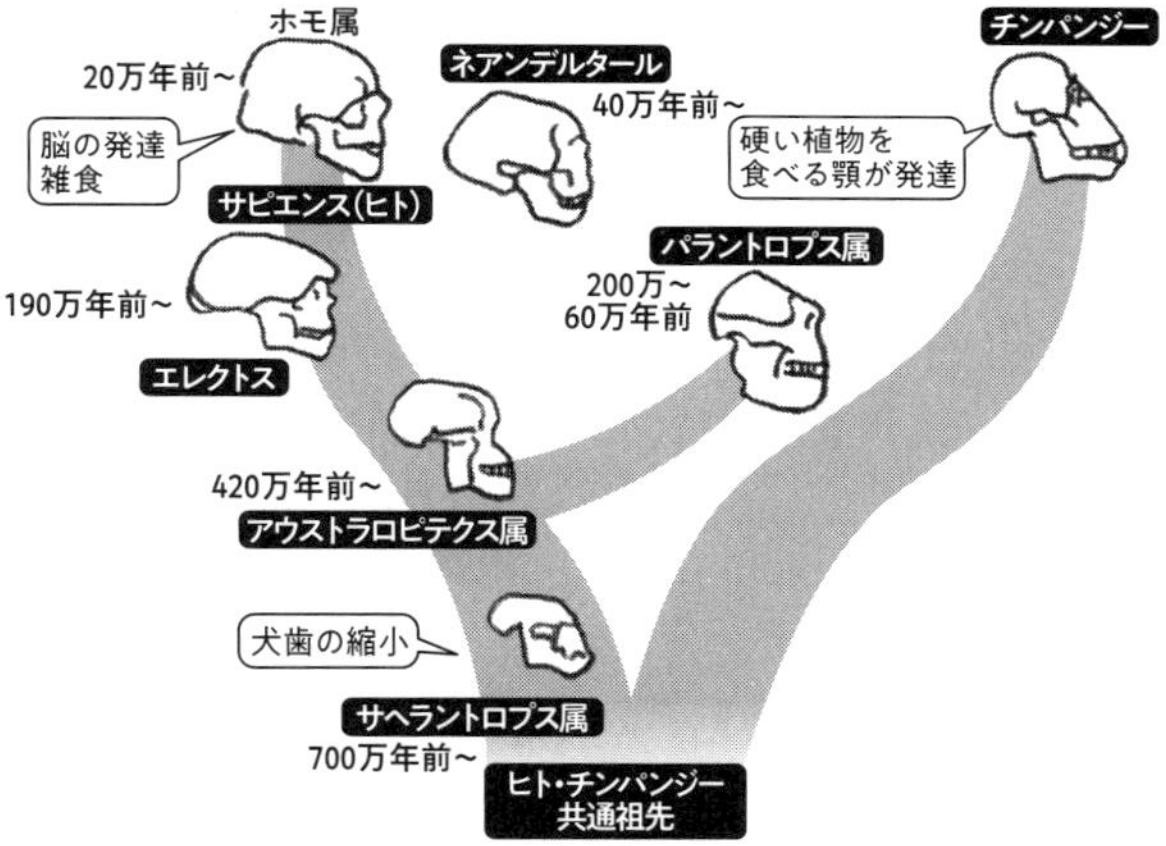

図 5-14　**頭蓋骨に見る進化の過程**
顎を発達させたサルと、脳を発達させたサルがいた

保できるようになったことを意味する。といっても、農業はまだ始まっていない。人類史７００万年のうち、最初の６９９万年は狩猟採集生活だった。

ヒマラヤの土壌侵食に始まる大気中の二酸化炭素濃度の低下、寒冷化（氷河期）と乾燥化は、イネ科植物（チガヤ、ススキなど）の草原を拡大させた。東アフリカの玄武岩や火山灰由来の土は花崗岩《かこうがん》よりも風化しやすく、ケイ素の供給力が高い。ケイ素を多く要求するイネ科植物の生育に適していた。しかし、ヒトは草の主成分であるセルロースの分解酵素（セルラーゼ）を持たないため、草を主食とすることはできない。肥沃な土からどうやって食料を獲得したのだろうか。

図5-15 無人島の冒険物語の定番食材・ユリ根（北海道真狩《まっかり》村）

当時の食生活は骨から推定できる。ヒトの化石人骨の頭蓋骨の形態には大きく分けて二つある。一つは顎を大きくするアウストラロピテクス属の方向性、もう一つは顎を小さく、脳（頭蓋骨の体積）を大きくするホモ属の方向性だ[5-20]（図5-14）。これは食べ物の違いを示している。前者は、立派な顎で硬い植物もすりつぶして食べることができる。後者は、肉も食べる雑食で小さな顎でも間に合った。植物と動物の細胞壁の有無（第4章参照）が、ヒトの骨格の進化にも影響したのだ[1-11]。ホモ属の脳は体重の7パーセントにすぎないが、消費エネルギーでは30パーセントにもなる。動物に多い脂肪はエネルギーに富むため、肉食は効率が良かった。

アフリカの乾燥化によって草が増えれば、それを食べるインパラなどのウシ科の動物が増加する。ウシ科の動物はイネ科の草の消化のために四つの胃袋とルーメンと呼ばれる腸内微生物を備えている。ヒトは草を食べられなくても、草食動物の肉なら食べられる。食べられない植物の栄養素を肉から摂ることこそ肉食の意義である。厳しい乾燥化に適応できたのは、肉食を含む雑食

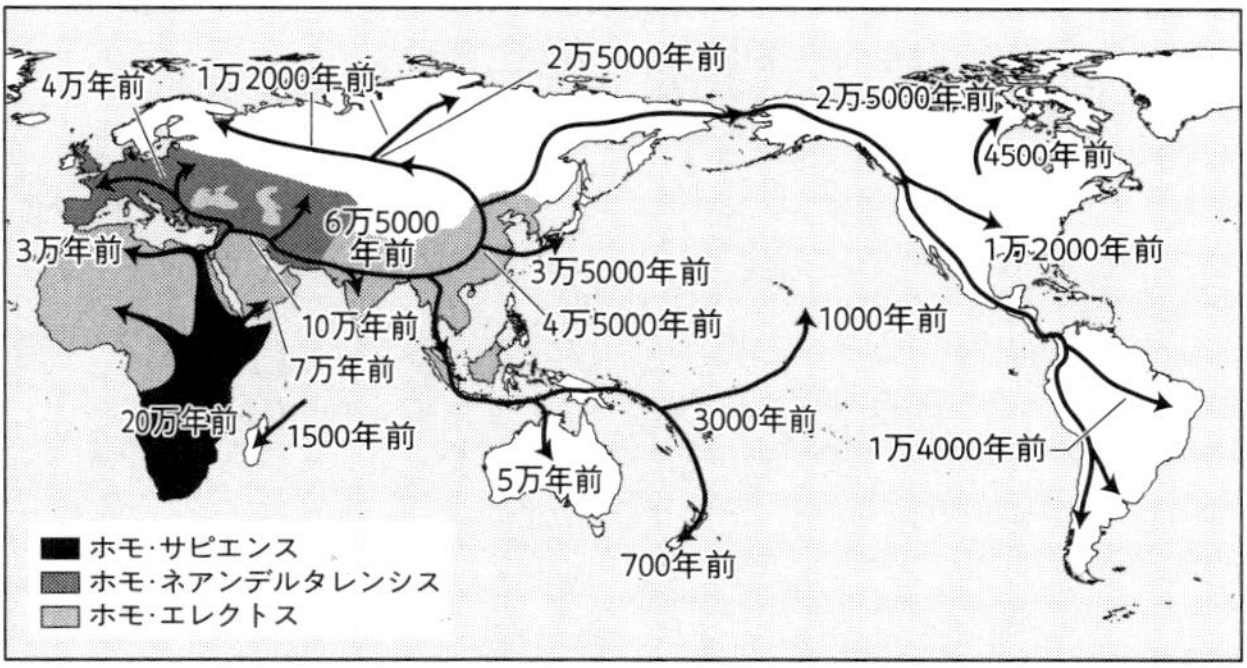

（図 5-16）**ホモ属の移動**
NordNordWest ／現生人類の移動（グレート・ジャーニー）による到達時期（年前）は筆者加筆

という戦略をとったホモ属だった。ホモ・ネアンデルタレンシス（ネアンデルタール人）とホモ・サピエンスの祖先である。

　直立二足歩行は良いことばかりではなかった。難産や腰痛、痔《じ》がひどくなる。ヒトが腰痛や痔のリスクを抱えてまで直立二足歩行を始めたメリットは、両手の自由だ。土を掘り返すことで球根植物（ユリ根）も食べられるようになった（図5-15）。ユリ根は、無人島に漂着する冒険物語『孤島の冒険』（N・ヴヌーコフ、1988年）や『あやうしズッコケ探険隊』（那須正幹、1980年）における定番メニューである。

　肉食のネアンデルタール人の分布はヨーロッパに集中したが、なんでも食べるホモ・サピエンスは世界中に分布を広げた（図5-16）。ホモ・サピエンスの生存圏を拡大する旅はグレート・ジャーニーと呼ばれている。ただ旅をするだけではなく、気候、土壌の違いによって異なる動植物の中から毎日の食料を見つける必要がある。サルのなかまとしては異例の分布拡大の結果、ヨーロッパの寒冷化でネアンデルタール人が絶滅した時（一部はホモ・サピエンスと交雑）、幸運にも雑食のホモ・サピエンスは生き延びることができた。親が子どもに向けて言う「好き嫌いせず食べなさい」は、人類史に基づく教訓でもある。

私たち人類の祖先は、気候変動、砂漠化、赤土の栄養不足というピンチに直面し、熱帯雨林の赤土地帯から草原の肥沃な土壌地帯へと充分な食料を求めて移動し、フルーツ食から雑食に変化しながら生き延びてきた。肥沃な土を選んだことで、結果的にヒトは霊長類の中で例外的に高い繁殖能力を獲得した。この特性が両刃の剣となり、人類に大繁栄と大ピンチをセットでもたらすことになる。

第6章

文明の栄枯盛衰を決める土

破滅か、繁栄か

これまで土を軸に46億年の地球史、5億年の生物史を見てきたが、植物や恐竜、人骨の化石なら博物館でも見ることができる。この本がリスクを冒してでも挑戦するのは、化石として残る恐竜や植物の姿——歴史のスナップショット——ではなく、あらゆる陸上生物が毎日の食料を得ている土の物質循環に着目し、命の躍動と土の成り立ちを復元することである。

生物学者なら遺伝子から40億年の生命史を、地質学者なら鉱物や化石から5億年の大地の歴史を私よりもうまく語るかもしれないが、土の研究者が語る違いは、これからの生活に生かそうとする執念にある。１００万回の数理モデルの繰り返し計算が適正人口を地球存続の最適解として出力しても、次は違うかもしれないと抗《あらが》うしつこさ、気候変動や人類絶滅を自然の摂理として割り切れない往生際の悪さ、植物工場やシャーレにない泥臭さ、手触りへのこだわりに特徴がある。地球史に学び、「20万年にすぎない私たちホモ・サピエンスの文明はなぜこんなに早く危機に直面したのか？　どうすれば繁栄を継続できるのか？」という本題に土を通して向き合いたい。

5億年前の岩石砂漠しかなかった地球に地衣類やコケ植物が登場して未熟土が生まれ、湿地帯のシダ植物や針葉樹の森が発達することで泥炭土が堆積した。そこに進化したキノコが加わることで有機物の分解や岩石風化が促進され、寒冷地ではポドゾル、亜熱帯・熱帯雨林では赤土（フェラルソル）が生まれた。大気中の酸素・二酸化炭素濃度の変化は、気候変動、恐竜の栄枯盛衰を操り、氷河期、草原の拡大によって腐植に富む黒土（チェルノーゼム）、ひび割れ粘土質土壌（レグール）も発達する。そこに適応して大繁栄を遂げたのが人類（現生人類、ホモ・サピエンス）だ。他の生物とは異なる特徴が農業である。

農業を始めたのは人類だけではない。ハキリアリやキノコシロアリはヒトにずいぶん先駆けて〝農業〟を始めた昆虫といわれる。葉を巣に持ち帰り、それを分解するキノコの甘味や旨味《うまみ》成分をもらう。私たちの腸内細菌にあたる存在を体外（巣）に備えているともいえるし、キノコを栽培しているともいえる。３０００万～５０００万年ものあいだ持続している昆虫の〝農業〟と比べた時、人類の農業の特異性は「土を大きく変えていること」だ。土には、人類が文明を興すことができた理由、そして文明が危機に瀕《ひん》している理由が隠されている。

土と生命の関係

人類が他の動物と共通しているのは、食料のほとんどを土からの恵みに依存していることだ。その土は岩石からできている。５億年を通して、土は地球の物質循環の法則に従ってきた。それは次のような一つの式で表される。

岩石＋大気　⇓　（風化作用）　⇓　土＋海

この地球の方程式は岩石と大気から供給された成分から、土と海の構成成分が生まれることを意味している。重要なことは、この岩石から土ができる化学反応式に「生命」という項がないことだ。

土の骨格となっている成分は、アルミニウムとケイ素である。それらは植物の主成分でもなければ、私たち動物の主成分でもない。ヒトの骨格はカルシウムとリン、内臓や筋肉、皮膚は主に炭素、窒素、酸素、水素から構成される。植物は、大気からは二酸化炭素と酸素を、土からは水を、そしてそこに溶けこむ窒素、リン、硫黄、カリウム、カルシウム、マグネシウム、鉄、その他微量元素を吸収している。そして、動物は究極的にそれらを材料に身体《からだ》を作る。つまり、生命が利用しているのは土の主成分ではなく、その周りをウロチョロする栄養分のほうだ。花崗岩《かこうがん》の風化を例に考えてみよう。

花崗岩＋炭酸水　＝　砂＋粘土＋ケイ素＋塩（ナトリウム）

この式は、何を意味しているのか。具体的な物にあてはめてみたい。愛知県には、織田《おだ》氏の拠点となった濃尾《のうび》平野、徳川氏の拠点となった豊橋平野の背後に花崗岩質の山がある（図6-1）。戦

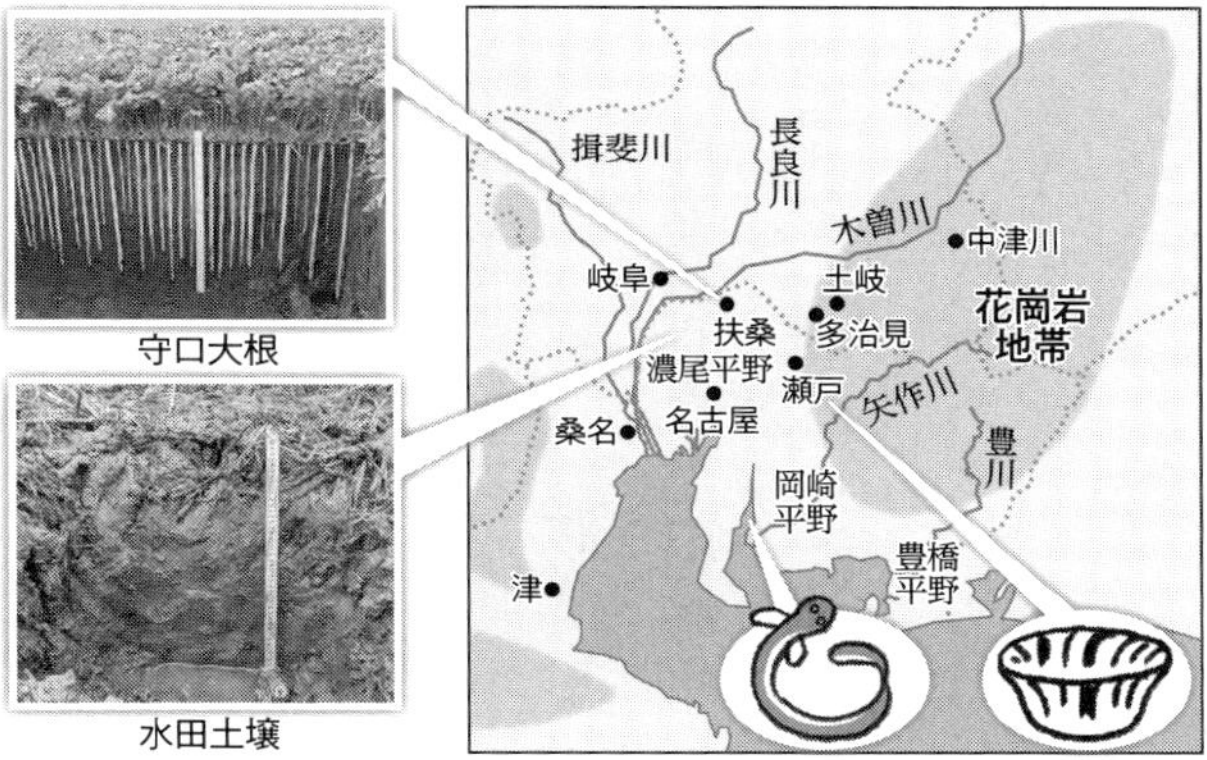

図 6-1　濃尾・岡崎・豊橋平野と背後の花崗岩地帯
土岐花崗岩からの真砂《まさ》土で漬物（守口大根）、粘土で茶碗（瀬戸焼）、水田では米が作られ、ナトリウム、ケイ素が流れ込む海ではウナギがとれる
守口大根の写真：愛知県扶桑町提供、水田土壌の写真：筆者

国大名の斎藤道三《さいとうどうさん》が押しのけた守護大名・土岐《とき》氏の名をいただく土岐花崗岩だ。花崗岩が風化すると、石英砂、長石、雲母の微粒子に分解し、重い砂は木曽川《きそがわ》に運ばれ、まず山のふもと（扇状地）に堆積する。これが細長い大根（守口大根）を生む砂質土壌となる。

長石が風化してできるカオリナイト粘土（白粉《おしろい》、ファンデーションの主成分）は水の力で運ばれて、かつて名古屋を含む下流域に広がっていた巨大湖（東海湖）に堆積した。それが陶器（瀬戸焼）に使われる粘土層となる。岩石から放出されたカリウムとケイ素は田んぼでイネに吸収され、米を育む。海に流れこんだナトリウムは食塩となり、ケイ素は珪藻《けいそう》（植物プランクトン）の材料となってウナギを育む。あわせると、名古屋名物のうな丼になる。

山の恵み、海の恵みをもたらす山の神、海の神への感謝の思いを新たにする一方で、この反応式は一つ重要なことを教えてくれている。山の恵み、海の恵みは、岩石の風化速度に制限されているということだ。生命は土や海の栄養分の存在量よりも、その循環量によって支えられている。土や海に資源が無尽蔵にあれば気にならないが、循環量を超えて資源を利用すればやがては枯渇する。家計で収入と支出のバランスがとれていないと貯金が目減りし、やがて生活を維持できなくなるのと似ている。循環量を超えて地球は持続的に生物を養うことはできない。この原則に抗う地球史上唯一の生物が人類である。一つずつ見ていきたい。

海の恵みも土の賜物

現在、人類は世界の食料の95〜99パーセントを直接的・間接的に土に依存している。[6-1]残りの1〜5パーセントが海に由来する。雑食化した人類は魚も食べる。魚食は霊長類の中では例外的だ。人類は7万年前、陸上で食料を確保しにくい厳しい寒冷期を経験し、絶滅寸前の人口減少によって遺伝子の多様性が失われたことが知られている（ボトルネック効果）。孔子の『論語』にある「人類みな兄弟（四海之内、皆兄弟也）」という言葉は大げさではなかった。この絶滅の危機を乗り越えることができた要因の一つは、魚食である。[6-2]暖流の流れる温暖なアフリカ南端に逃れた

人類は、ユリ根とともに魚介類を食べることで生き延びることができたと考えられている。[6-3]

　魚介類は土と関係ないように見えるが、ヨーロッパには「肉はすべて草から（All flesh is grass）、魚はすべて珪藻から（All fish is diatom）」という言葉がある。海洋の主要な植物プランクトンは珪藻であり、珪藻はその名の通り、ケイ素（二酸化ケイ素）で骨格を作る。川や海の珪藻が成長して繁殖する量は、陸地からのケイ素の供給量で決まる。陸地とは土と岩石のことだ。土や岩石からのケイ素の供給が多い海域では、珪藻などの植物プランクトンが多く発生するため、魚が集まる。

　ちなみに、日本の火山灰土壌からはケイ素をたっぷり溶かしこんだ河川水が海洋へ流れこむことで植物プランクトン（特に珪藻類）が育つ。さらに、森からはキノコが倒木や落ち葉を分解することで溶存有機物（フルボ酸）が滲《し》みだし、一部は河川にも溶けだす。溶存有機物に含まれる有機酸は鉄やリンを溶かしだし、俗にフルボ酸鉄と呼ばれる物質が海に届く。陸地から流れこむこれらの栄養塩が魚介類を育む。日本近海がよい漁場となる仕組みだ。魚介類も陸と海の物質循環を考えれば、土の恵みと言えなくもない。植物として食べられないものは魚に変えてからいただくという食の柔軟さが人類の強みとなった。

農業革命の功罪

雑食になったヒトは、食事のメニューを自由に選ぶことができる。しかし、自由には責任がともなう。インパラを捕まえるのは簡単ではないし、魚にしても漁場や旬は限られる。植物やキノコには有毒なものも多い。肉食をやめて竹食へと変化したパンダの潔さを見習うわけではないが、安定して確保できる安全な食料が欲しい。

草原でヒトと共存した草食動物の食料はイネ科植物の葉や茎であり、ケイ素の硬い殻で覆われたモミ（種子）を好まない。そこに目を付けたのが私たちの祖先だ。やがて作物とヒトの共進化が始まる。集落の周りには人糞尿《じんぷんにょう》や廃棄物によって栄養分の多い土が多く、実りのよい植物が育つ。ヒトは、首《こうべ》を垂れるほどに穂を実らせても実を落とさない作物を選抜し、また植える。今でいうところの育種、品種改良である。裏庭のような場所で始めた家庭菜園は人口が増えるにつれて拡大し、草原や森林を焼いて切り拓《ひら》き、種子をまくようになる。これが農業の始まりである。

狩猟採集生活では10平方キロメートルあたり1～7人しか生きられないが、焼畑農業（後述）では300人分の食料を生産することができる。そして、移動したり土を休めたりする必要のない水田農業では、3000人分もの食料を生産することができる。農業とは、地球の物質循環の法則を利用し、土から効率よく食料を得ることに成功した大発明である。

その一方で、ヒトは忙しくなった。土を耕し、種子をまき、雑草を取り除いてやらないといけない。作物のために働かされているようにも見えるため、哲学者たちによって「ヒトは作物によって家畜化された」と揶揄《やゆ》されることもある。[6-4] また、狩猟採集生活よりも農耕で労働時間が増えた点、一部の富裕層のために大多数の農民が苦しむ社会構造を生んだ点は無視できない。[6-5] しかし、ヒトの繁殖能力の高さは、単位面積当たりの収穫が多く安定的な食料獲得手段を求めた。農業はそれに応えた。人口増加にともなう環境問題や土壌劣化もなく、世界から飢餓や貧困、戦争がなくなっていれば、農業にケチをつける人はいなかっただろう。

疲労する土

ヒトが畑に変える以前の土は、砂漠を除く陸地のほとんどは、自然の森や草原に覆われていた。[6-5] 畑になったばかりの1年目の土は精気に満ちあふれている。自然植生のもとで蓄えた腐植や栄養分に富み、病気も雑草も少ない。表土の栄養分は植物の自己施肥作用（115ページ）によって蓄えたものであり、自然生態系を支えていた菌根菌が残存することで微生物の多様性が維持され、病原菌の独り勝ちが抑制されるためだ。この状態を「土が肥えている」という。

ところが、肥えた土であっても酷使すると、やがて痩せてしまう（図6-2）。人間と同じだ。収

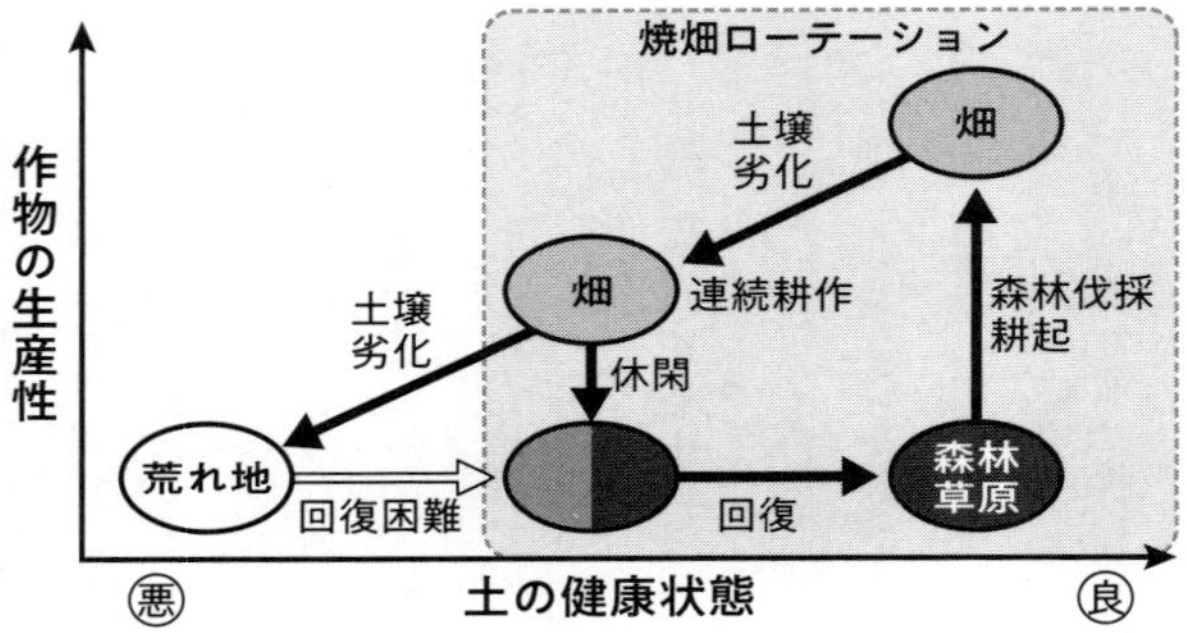

図6-2 土の健康状態と作物の生産性

土の健康状態（養分状態・透水性・通気性・保水性・生物多様性など）は初期の森林・草原環境で高い。耕地化直後は最も高い収穫が見込めるが、土壌劣化とともに収穫量が落ちるため、休閑によって回復させる。それができない場合は、さらなる土壌劣化が起こり、植物の種子・微生物群集が喪失し、回復できなくなるケースもある

穫物は持ち去られ、畑の土の栄養分が目減りする。腐植が微生物によって分解されると、団粒構造が壊れ、土は硬くなる。微生物もミミズも減少する。雨風によって、栄養分ばかりか土そのものも失われてしまう。土を耕しすぎると、10年もしないうちに厚さ1センチメートルの土が簡単に失われる。[6-6]

畑から失われた栄養分は再び岩石の風化によってゆっくりと土へと補給される。しかし、植物と微生物が厚さ1センチメートルの土を作るのに100〜1000年もかかる。

栄養分の赤字収支が積み重なると、やがて土の貯《たくわ》えがなくなる。1年ごとの土の変化は見えにくいが、積もり積もって大き

な土壌劣化になる。[6-7] 乾燥地における土壌劣化を特に**砂漠化**という。湿潤地域では土が酸性に傾くこと（**土壌酸性化**）が多い。

　私たちが土から栄養分を絞りだす以上、土の疲労は避けられない問題だ。土が痩せると雑草や病気も増え、収穫量も落ちてしまう。そこで、耕作後に畑を草原や森林に戻して土を休ませて（**休閑**《きゅうかん》という）、他の場所に移動して畑を耕すのが**焼畑農業**だ。タイ北部の山岳民族の場合、1年間耕作した後に数年から7年ほどの休息を土に与え、土の栄養分が回復したところで再び森を切り拓き、焼いて畑として使う。すると、また最初のような収穫量が得られる。東南アジアの伝統的な焼畑農業が持続的だといわれる理由である。現在、グローバル企業がアマゾンの熱帯雨林を焼き払って牧草地に変えているのとは違う。

　しかし、人口が増加すれば、土地を休めている余裕がなくなる。土を酷使して収穫量が落ちてしまった場所はやがて放棄される。特に乾燥地で灌漑《かんがい》のために地下水を利用すると、塩類（塩化ナトリウムなど）を多く含む地下水が上昇し、水が蒸発すると地表に塩類が集積する。塩類集積による放棄地だけで毎年１５０万ヘクタール、およそ岩手県一つ分が失われている。15秒でサッカーコート1枚分の土地が失われる計算だ。[0-6] 慌てて土を休ませても、自然植生の種子やそれを運ぶ動物が残っていない条件では、植生回復すらままならない。土壌劣化に苦悩するアフリカの現状である。20万年以上の人類史、赤土本来の回復力の低さは日本とは異なる。

人類の農業を振り返れば、過去の自然植生下で蓄積した土壌の肥沃度を消耗してきたことのほうが多い。人類は土によって繁栄したが、土そのものが繁栄の代償となったということもできる。これが、人類が繁栄と文明崩壊を同時に招くことになった土の理由である。

糞尿で土を改良する

農業は、その活動が生産基盤である土を劣化させるという根源的な問題を抱えていた。にもかかわらず、人類が発展を続けられたのは、一つには地球システムの寛容さ、つまり土に栄養分の貯蓄があったからであり、もう一つには、人類の技術革新があったからだ。

農地の面積には限りがあり、自然の回復力を待てないとなると、人為的に栄養分を補給して既存の畑の土を改良するしかない。家畜の少なかった日本で、誰にでも手が届いたのが人糞尿の堆肥（下肥《しもごえ》）と里山である。戦国時代の日本でキリスト教を布教したイエズス会のポルトガル人宣教師ルイス・フロイスは下肥買取ビジネスの存在に興奮し、「ヨーロッパでは糞尿を処理する人にお金を払うが、日本では糞尿をお金か食料と交換してもらえる」と伝えている。昔話でおじいさんが芝刈りに行った山がはげ山や草山になったのも、刈り取った草木や枝葉を畑の肥やし（草木堆肥）にしていたためだ。植物の自己施肥作用を人力でやっていた江戸時代の生産システムは、勤勉革命と呼ばれる。勤〝便〟革命といっても過言ではない。ただし、現在と比較して低い人口密度と豊富な労働力が成立条件になる。

同じ頃、家畜（主にウシ、ウマ、ブタ、ヒツジ）を基盤としたヨーロッパの農業では下肥ではなく、主に家畜糞堆肥を利用した。そのための家畜飼料（カブ、クローバー）と麦とを数枚の畑でローテーションしていく三圃式《さんぽしき》農業や混合農業が発展する。焼畑農業と同じく、土の健康を維持する知恵だ（図6-2参照）。肉食文化で生じる家畜の骨（リン酸カルシウム）は刀剣の柄に使われるが、残りのゴミはリン肥料となる。[6-8] 家畜の骨に硫酸をかけると、過リン酸石灰ができる。家畜小屋の土にしみこんだ尿も無駄にしない。土壌微生物（硝化細菌）が尿素を硝酸に変えたところに、草木の灰汁《あく》を加えることで硝石（硝酸カリウム、火薬の原料）に加工した。

人糞尿や家畜糞堆肥とは異なり、家畜の骨や硝石は有機物ではない。リン、窒素、カリウムを主成分とした**化学肥料**の登場である。それまで植物は腐植をそのまま吸収して育つと考えられていたが、ドイツの化学者リービッヒらによって植物は主に無機栄養を吸収するという知見が一般化され、土だけに依存しない農業が可能になった。しかし、この時点では、動植物の資源をリサイクルしている点でぎりぎり生態系の物質循環を利用したものだった。

人新世の地層としての土

人類が土を大きく変えた技術・発明には、火や鉄（のこぎり、鋤《すき》、トラクターなど）、プラスチック、化学肥料がある。ホモ属とアウストラロピテクス属が分岐した259万年前から今日までの地質年代を更新世・完新世と呼ぶが、その中でも現生人類が大きく地球環境を変えてきた地質年代を「人新世」として捉えるアイデアが提案されている（地質年代としての採用は否決）。人新世の地層となるのは、私たちの足元の土にほかならない。古生代初期の三葉虫、白亜紀のアンモナイトが示準化石となるように、ポイ捨てされたプラスチックや核実験由来の放射性物質が人新世の地層の識別特徴になるという。共通するのは、生態系の人為改変によって物質循環が後戻りできなくなることだ。

土に関して言えば、農業や火の利用が始まった日、森林伐採や耕起を可能にする鉄を発明した日も人新世が始まった日として有力だが、より抽象的に「他の地質年代のものを物質循環に組み込んで食料生産を始めた」という意味では、化学肥料の発明も画期的である。

家畜の骨のリサイクルから始まったリン肥料だったが、人口増加とともに家畜の骨だけでは足りなくなる。イギリスはヨーロッパの古戦場（ベルギーのワーテルローなど）の遺骨を掘り返して肥料とした。

さらに、チリ沖の島々で採掘できる海鳥の糞尿の化石グアノを利用した。グアノは、南極から北上するペルー海流に乗ってやってくるアンチョビ（カタクチイワシ）を食べた海鳥のフンの堆積物、つまり〝トイレ土壌〟の化石である（図6-3）。

世界のリン需要が高まると、次はかつて海だったアフリカ北部（モロッコ）や中国で見つかる脊椎動物（クジラなど）の骨の化石（リン鉱石）に頼った。骨の主成分はリン酸カルシウムだ。現在、少なく見積もっても、私たちの身体のリンの４割はクジラなどの骨の化石に由来している[6-9]。

原材料のリン鉱石はそのままでは反応しにくいので、硫酸をかける必要がある。一方、銅（10円玉など）の製錬工場や石油や石炭を使うコンビナートでは、廃棄物として硫酸が排出される。工業は市場という〝生態系〟で経済的に効率的でなければ淘汰《とうた》される。コスト削減のために、ゴミも利活用したい。化学肥料の製造は軍需産業を含めた重化学工業と利害が一致し、ともに発展した。

図6-3　海鳥の糞の化石グアノ（上／ペルー・バジェスタス島）とリン鉱石（下／イスラエル）
写真下：Mark A. Wilson 氏提供

化学肥料の製造工場はプラントというが、

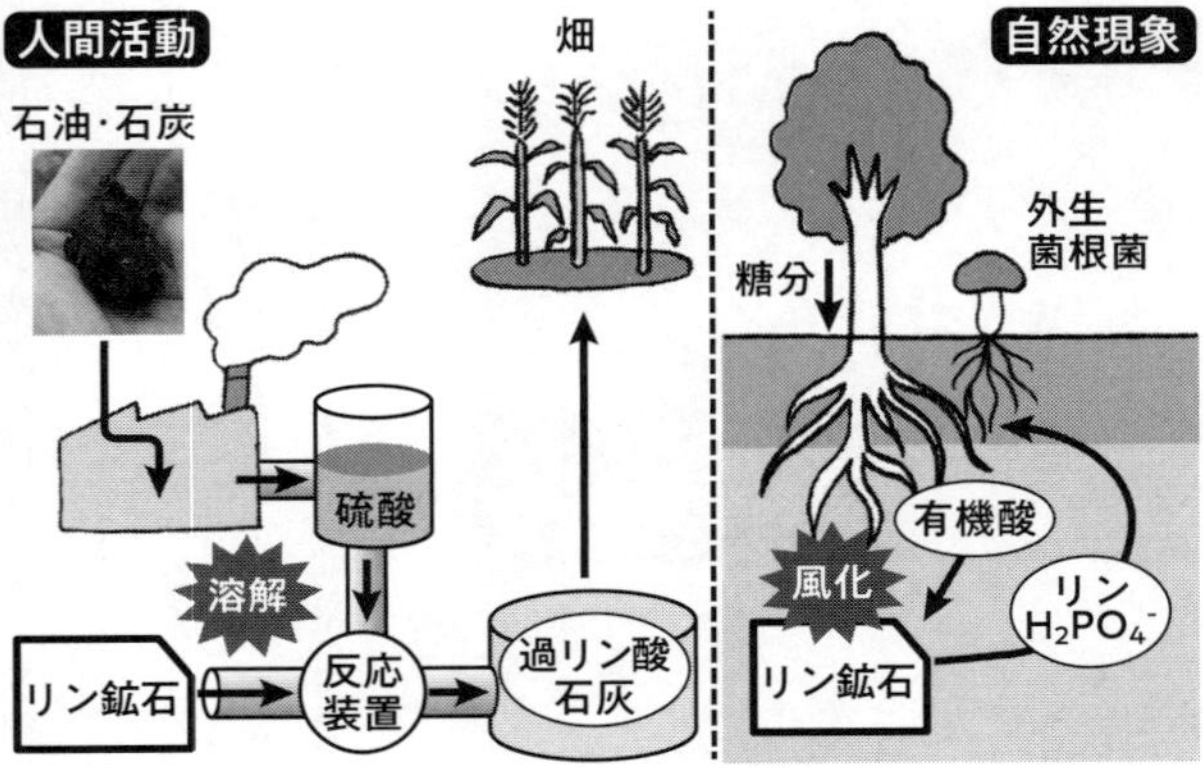

図 6-4　化学コンビナート（左）と植物・菌根菌におけるリン鉱石の溶解プロセス（右）

鉱物から硫酸あるいは有機酸で溶解したリンが植物の栄養となる

語源は植物だ。工場のパイプ、反応装置、貯蔵施設はそれぞれ植物の茎、葉、根に対応している。また、硫酸でリン鉱石を溶かす手法は、植物の根が有機酸を放出して鉱物からリンを溶かしだす仕組みと似ている（図6-4）。

ただし、使っている石油、石炭、グアノ、リン鉱石は、植物プランクトン、植物、魚と鳥、クジラの遺物だ。現在の陸地を構成する花崗岩と玄武岩だけでは満足せず、地球史の過去メンバーの化石に総動員をかけて食料を生産している。人類は、リサイクルのお手本となるバンクシアとフクロミツスイのようなリン循環の仕組みを持たない。これが現代文明の一つの特徴となっている。

足りない窒素と世紀の大発見

人類が食料を増産するための手段は二つある。一つは耕地を拡大すること、もう一つは面積当たりの収穫量を高めることだ。世界の耕地は15億ヘクタール（陸地面積の約10パーセント）まで増加してから、徐々に頭打ちの傾向を示している。人口増加とともに一人当たりの農地面積は減少するため、人類は面積当たりの収穫量を高めるように努めてきた。ただし、化学肥料のなかった時代、堆肥や人糞尿を精一杯リサイクルしたとしても、収穫量は土壌中の窒素の量に制限されていた。窒素は植物の葉緑素を作るために必須な養分だ。

自然条件で土に供給される窒素の〝収入〟は、地球全体で１億２０００万トンにもなる。カミナリやマメ科植物の根粒菌が大気中の窒素を固定し、その植物遺体が土に供給され、微生物によって循環する。ただし、土壌中の窒素の多くがタンパク質で水に溶けない。微生物は酵素によってタンパク質をアミノ酸、アンモニア、硝酸へと分解し、それらを植物が吸収する。この自然の窒素循環速度が世界人口を現在の５分の１、16億人に制限していた。それがちょうど戦争の世紀といわれる20世紀の初頭のことだ。その少し前、アフリカやアジアの人口が増えるせいでヨーロッパの食料を確保できなくなると警告する講演がウィリアム・クルックス卿《きょう》（当時の英国王立協会会長）によってなされ、サイエンス誌に掲載されている。[6-10] １００年前の英国の危機感は、今日の先進国で共有される食料危機への不安感と類似のものだ。

対策として、家畜小屋の床下だけでなくチリの砂漠地帯でも発見された窒素肥料となる硝石を、チリ硝石としてヨーロッパに輸出した。しかし、チリ硝石もやがて枯渇する。そんな中、第一次世界大戦前夜に発明されたのが、工場で窒素ガスをアンモニア（窒素肥料）に変えるハーバー・ボッシュ法である。化学肥料だけでなく火薬にもなるアンモニア製造技術の発明は、チリ硝石の確保に悩んでいたドイツで起こり、第一次世界大戦の引き金ともなった。

窒素は大気にあるのだからアンモニア（窒素肥料）もタダだと思いがちだが、細菌による窒素固定には膨大なエネルギーを要する。このため、マメ科植物と共生する根粒菌は植物根から大量のエネルギー（光合成産物）をもらって窒素を固定し、対価として窒素を植物に渡している（図6-5）。

人類は石油や石炭などの化石燃料を使って工場（プラント）で窒素ガスを固定して窒素肥料を作り、畑で待っている作物に肥料を貢ぐ。収穫物をいただく代わりに、また石油と石炭を採掘して肥料を生みだす。これは大掛かりな根粒菌の真似《まね》、生物模倣のようでもある。哲学者はやはり「人類は植物に奴隷化された」と笑うかもしれない。しかし、生物的窒素固定に匹敵する1億トンを超える人工的な窒素固定によって化学肥料が利用できるようになり、世界人口は窒素不足に悩んでいた20世紀初頭の5倍にまで増加した。私たちの身体の窒素2キログラムのうち半分は化

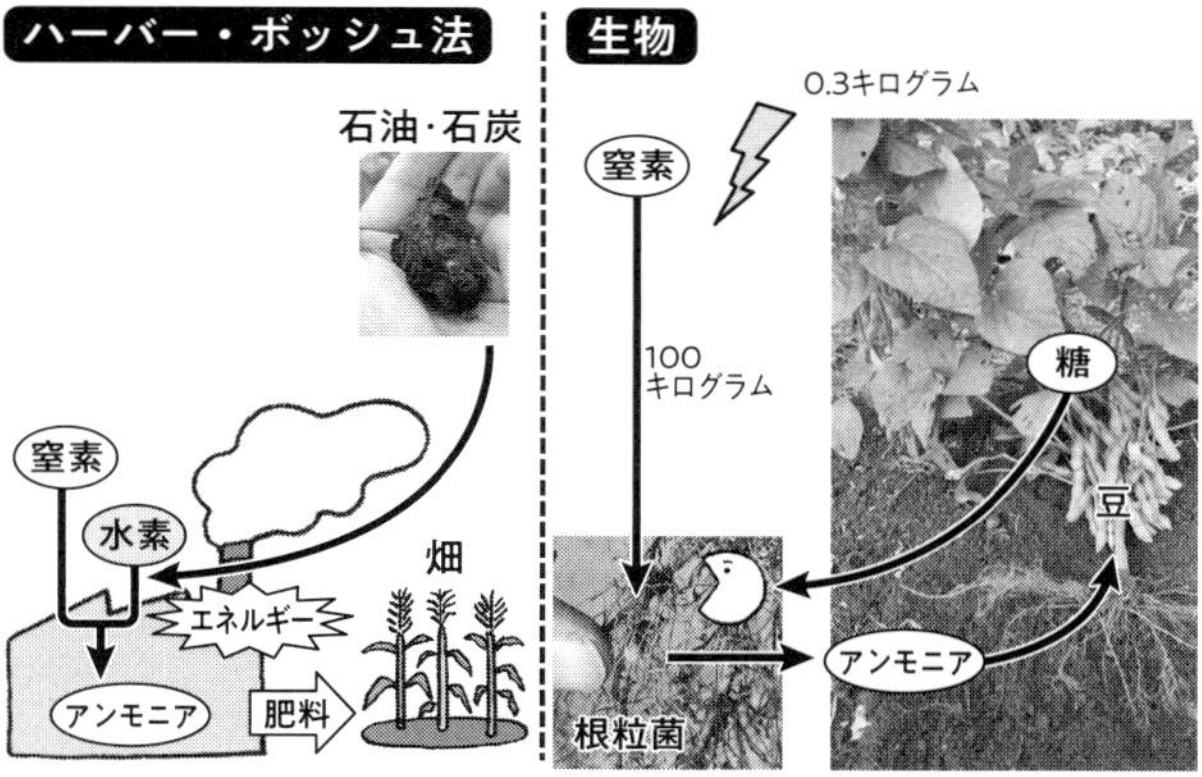

図 6-5　**工業的窒素固定（左／ハーバー・ボッシュ法）と生物（根粒菌）による窒素固定（右）の比較**
１ヘクタールあたり100キログラムもの窒素を固定する。これはカミナリによる窒素固定よりもかなり大きい　写真：筆者

学肥料に由来している。[6-11]

のちにノーベル賞を受賞し、全人類を救うと思われた世紀の大発見、ハーバー・ボッシュ法のマイナス面は、この生物模倣には植物ではなく工場のプラント、すなわち、重化学工業の発展が前提となることだ。つまり、窒素肥料の供給量は、国の経済力に制限される。結果として、貧栄養な土に困っている途上国の人々ではなく、リッチな先進国の人々の元へと肥料が流れてしまった。これがアフリカで農業生産性が低迷し続ける一因となっている。

また、リンと同じく、窒素もまた現存する生物だけでは物質循環が完結していない。石油となった植物プランクトン、石炭となった植物など過去の生物の化石に一方的に協力を仰ぐことで成立する仕組みだ。共生ではないために石油、石炭を生みだした生物に協力の対価を払わずに済んでいる。これは経済的には魅力だが、代わりに大きなツケを払うことになってしまった。それは大気中の二酸化炭素濃度の上昇であり、より深刻なのは、いつかは枯渇する石油、石炭など化石燃料への依存体質である。文明の繁栄は崩壊のリスクと対をなして巨大化する特徴を有していた。

肥沃な土の局在と人類の運命

連作によって土から栄養分が目減りしてしまう問題は、化学肥料によって克服できるようになった。と言いたいところだが、重化学工業の発展していないアフリカの途上国では、化学肥料を製造できず、高価な肥料がなかなか人々の手に届かない。これに対して、先進国では土の栄養過剰という逆の悩みが生まれた。土に栄養分が多すぎると、根の成長や菌根菌の働きを阻害してしまう。まいた窒素肥料のうち植物に届いている割合は世界平均で40〜50パーセントにすぎない[6-11、6-12]。日本では40パーセントだ。残りの50〜60パーセントの肥料は損失になる（図6-6）。

もったいない話だが、余った窒素肥料が細菌（脱窒菌《だっちつきん》）の働きで大気へと還《かえ》るならば問題ない。ところが、脱窒菌は十分な炭素源を必要とする。植物や土の炭素が窒素に対して不足すると、窒素循環が完結しない。余ったアンモニアは微生物によって硝酸に変化することで畑の土を

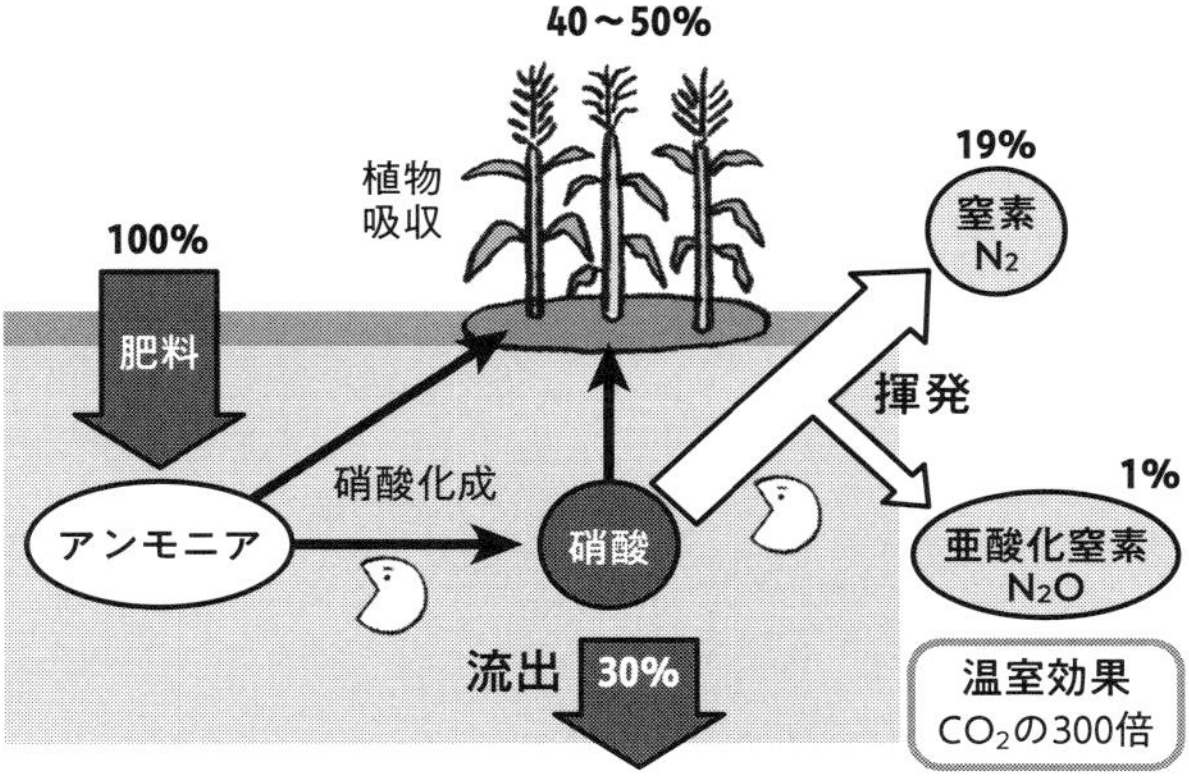

図6-6　畑の窒素循環
数値は、窒素肥料を100%とした場合の移行割合の世界平均

酸性に変える[6-13]。さらに雨で流されると、地下水の汚染や湖の富栄養化を引き起こす。ともにマイナス電気を帯びる硝酸イオンと粘土は反発しあい、吸着しにくいためだ。窒素の一部（肥料の約1％）は、二酸化炭素の300倍の温室効果を持つ亜酸化窒素（N_2O）として地球温暖化を加速してしまう（図6-6）。

化学肥料に反応してよく育つ作物が選抜（品種改良）されると、作物は貧栄養な土、乾燥した土を生き抜いてきた野性を忘れる。このため、効率的な作物生産には化学肥料や灌漑水をまいた肥沃な土が選択的に利用される。採算をとるために機械化、大規模化が進む。この結果、肥沃な農地の分布する陸地面積11パーセントで世界人口の8割、60億人分の食料を生みだすといういびつな構造を生んでいる。[6-14] 肥沃な土はウクライナなどの東欧、北米のプレーリー、南米のパンパのチェルノーゼム（黒土）や、インドの玄武岩地帯、中国の黄土高原に局在する（カラー口絵12）。

食料の生産地から消費地へと土の栄養分の移動が大規模化（グローバル化）すると、江戸時代の勤勉革命のような排泄《はいせつ》物のリサイクルができなくなる。肥沃な土は栄養分と腐植を失い続け、消耗することになる。北米プレーリーのチェルノーゼムは過去100年で腐植の半分を失ったが、日本の酪農地帯のように牛糞堆肥のやり場に困っている地域もある。[6-15] 肥沃な土の局在は、熱帯雨林を出た時から今日まで人類の運命を翻弄している。

農耕開始から1万年のあいだ、人類は生物の模倣とも思えるアイデアで技術革新を続けてきた。本当のところは、生物を見本にして真似をしたわけではない。キノコシロアリの農業も、ハキリアリの農業も、人類の農業もそれぞれ独自に進化したものだ。それぞれがベストを尽くした結果、似たような仕組みを採用するようになった。これを収斂《しゅうれん》進化という。ところが、キノコや土壌動物のように土を作る生物の模倣はできていない。いかに環境汚染を低減し、肥沃な土を維持し、劣化した土を再生していくのか。人新世を生き延びるには、さらなる技術や知恵が必要となる。

第7章

土を作ることはできるのか

土は「非」再生可能資源

土とともに進化し、翻弄されてきた生物史において、人類ほど積極的に土を改変しようとした生物はいない。肥沃な土に支えられてきた人類の高い繁殖力は、肥沃な土地を奪い合う戦争や飢餓という最悪の形で土の問題を顕在化させ、人類の悩みを深めている。土はおそらく地質学的時間スケールで再生する。放棄された農地も、ニューヨークや東京という人新世の廃墟《はいきょ》も、地衣類やコケ植物はゆっくりと土に戻すだろう。しかし、人間はそれを待てない。つまり、土の問題とは土そのものではなく、人類の問題にほかならない。現状、人類にとって土は「非」再生可能資源だからだ。

土の問題が人間活動とともに巨大化して容易には解決しないこと、工場で人工的に土を量産できない理由は本書を通して説明してきた。しかし、この本を書いたのは、できないことの言い訳を重ねるためではない。土壌劣化や地球温暖化を引き起こした人類の愚かさを批判するためでも、土壌劣化を招いた農業革命や資本主義、戦争を特定のリーダーたちのせいにして、その責任を追及するためでもない。私自身の身体《からだ》も化石燃料由来の窒素、クジラの化石のリン、太古の塩でできているサイボーグであり、土壌劣化の代償のもとに存在している。

悲観的な地質学者や生物学者ならば土壌劣化も人類滅亡も自然の摂理と悟っているだろうし、

楽観的な生物学者ならばバイオテクノロジーなどの未来の人類の叡智《えいち》に希望を託すだろう。そのいずれでもない土の研究者としては、もっと現実的かつ具体的に手持ちの札で食料、環境問題の改善策を模索することになる。

５億年にわたる土と生物の知見から、いかにして「土を作れない」という技術的な課題を克服していくのか。この本の読者は一つの希望を共有している。それは、土に埋設した岩石粉末がたった40年で土のようなものになった実験結果だ（第３章）。人類がもしもミミズのように持続的に土を耕し、納豆菌が納豆を作るように土を作ることができれば、土を消耗するだけの流れを変えられるはずだ。

人工土壌という希望

化学肥料と植物工場の出現が土の役割を代替したかといえば、むしろ逆だった。土の価値を再認識させたといっても過言ではない。植物工場は土なし栽培と謳《うた》いつつも、珪藻土《けいそうど》（珪藻の遺体の堆積物）や軽石などを植物の土台に使う。植物は根を張ったほうが地上部の生育もよくなるため、根を支える培地が必要となる。ただし、無菌状態で育つ作物は病原菌に弱いため、本物の土は使えず、珪藻土や軽石を滅菌して土代わりにしている。これでは根と共生微生物の能力を生かしきれておらず、もっと土に近い培地として人工土壌の研究開発が続いている。

図7-1　アイルランドの海藻と砂利で作った土でジャガイモを栽培する様子
写真：Charles Nelson 氏提供

司馬《しば》遼《りょう》太《た》郎《ろう》の『街道をゆく　愛蘭土《アイルランド》紀行』（1988年）には土に関する記述がある。アイルランドのアラン島では、土は強風で飛ばされてしまい、石灰質の岩盤だけが残る。愛蘭土と書くのに土がない。そこで石塀を作って畑を囲み、岩を砕いて海藻を混ぜて土壌とし、ジャガイモを栽培したというのだ（図7-1）。これはれっきとした人工土壌である。

もっと身近な人工土壌は、園芸用品店に並ぶプランター用の培養土だろう。腐植と粘土と砂のバランスが良く、保水性、保肥性（肥料成分の保持力）、通気性、排水性に優れている。培養土は、有機物として腐葉土とスリランカから届くヤシ殻（ココヤシの植物遺体・泥炭土）、北欧から届くピートモス（コケ植物遺体由来の泥炭土）、赤玉土《あかだまつち》と鹿沼土《かぬまつち》、バーミキュライト、化学肥料、石灰などを調合して作られている。

鹿沼土は赤城山（群馬県）から4・5万年前に噴出した軽石であり、赤玉土は男体山（栃木県）

から1・5万年前に噴出した軽石や関東ローム層（火山灰と黄砂の堆積物）の赤みの強い土を乾燥させて粒状にしたものだ（カラー口絵13）。つまり、培養土は既存の土の寄せ集めであって、厳密な意味では人工土壌ではない。また、人為的に固めて作った団粒構造は壊れると硬い土になってしまう。活発な生物活動が団粒構造を再生産し続ける露地の土にはかなわない。

土を作れないことの問題を最も深刻に受け止めているのはＮＡＳＡだ。地球にかつて土がなかったように、生命のない惑星に土はない。火星や月で長期的に暮らすテラフォーミング（惑星地球化計画）を実現するためには、土が欠かせない。しかし、地球から持っていくには土は重すぎる。『映画ドラえもん　のび太の月面探査記』（２０１９年）では、月の地下に定住する人々（人工生命体）は地球から超能力で土を運んで生態系を構築したが、現実世界では超能力にもドラえもんのポケットにも期待できない。ＮＡＳＡは火星で入手できる素材で食料を生産しようとしている。すでに火星の砂を再現した土を作成し、研究者たちはミミズの飼育と野菜栽培に成功している[7-1、7-2]。

私も、同じ火星再現〝土〟を1キログラムあたり2万円で購入してみたものの、火星と同じ地質のハワイの溶岩（玄武岩）を砕いただけの代物だった。土のない所にジャガイモは育たない。はじまりはいつもコケだ。すでに共同研究者によって宇宙線に耐えられるコケ植物が選抜されており、次は私がそのコケ植物と火星の砂で土を作る番だ（図7-2）。地球外惑星でも利用できる人工土壌のレシピが必要とされている。私自身は地球の土壌改良を目指しているが、より難しい条件で土を作れるなら、地球にも応用が利くはずだ。

図 7-2　**土を作る実験**
厳しい宇宙線を耐え抜いたコケ植物を月模擬土で栽培する。コケ植物の腐植化に必要な土壌微生物を選抜している　写真：筆者

大腸菌で土を作れるのか

岩を砕いた砂だけでは土の機能を果たせない。植物がよく育つ土を作るためには粘土と腐植も必要だ。風化によって粘土を作るには酸性物質が必要となるが、塩酸や硫酸を地球から持っていくのは非現実的だ。5億年かけて土が生成したように、植物根や微生物が放出する炭酸や有機酸（106ページ）に頼るしかない。腐植を作るのにも微生物の力が欠かせない。

宇宙飛行士の若田光一氏が宇宙ステーション内の微生物組成を調べたところ、人間由来の微生物ばかりだった[7-3]。これらの腐植を作る能力は未知数である。宇宙を目指すNASAと宇宙飛行士たちの克服すべき課題は、むしろ地球の足元にあったのだ。地球外に新たな微生物が発見されていないことから、宇宙飛行士だけでなく、土を作るための「宇宙飛行微生物」を選抜する必要がある。候補の一つは、最も研究の進んでいる腸内細菌だ。宇宙ステーション、しかも宇宙飛行士の体内にいるので不足しない。

「腐植の8割は死菌体由来仮説」（81ページ）は極端だったとはいえ、腐植の4～6割が死菌体であるなら、大腸菌でも代替できそうだ。しかし、無菌状態の土に菌を接種した実験では、大腸菌はすぐに全滅した。[7-4] 腸内細菌の多くは他の微生物とエサや縄張りをめぐって競争するだけでなく、有機物の分解を分業する協力関係を構築して共存している。大腸菌は土で独りぼっちで生きるようには設計されていない。

また、1種類の細菌しかいない土には不安がある。劣化した土壌や植物工場のように微生物の多様性の低い環境では、いったん病原菌が入り込むと大増殖してしまう。病原菌は、農耕文明の発達とともに出現した宿敵だ。単一の作物ばかりが密集して育つ畑を温床として病原菌は進化してきた。

例えば、野菜の病原菌として悪名高いフザリウム菌の多くは本来、落ち葉を分解する平和なカビだが、一部は他の生物と情報（遺伝子）を交換する（ウイルスなどによる水平伝播《でんぱ》／59ページ）と病原性を獲得する。[7-5] 根圏微生物と植物の防御網をすり抜け、あるフザリウム菌変異株はバナナに感染し（パナマ病・新パナマ病）、ある株はトマトに感染し（トマト株腐病）、ある株はレタスに感染して根から腐らせ（根腐病）、ついには枯らしてしまう。病害のリスクを下げるためには、1種類の微生物の増殖（一人勝ち）を抑え、微生物の多様性を維持する必要がある。

多様性を高める技術は腸内細菌が参考になる。腸内細菌の応用研究では、健康ブームを背景に、毎日1本の乳酸菌飲料や納豆菌など、善玉微生物を腸内に増やそうとする食生活のアイデアがいくつも提案されている。「生きて腸まで届く」ビフィズス菌が腸内で長く生存できるわけではないが、多様な食材を継続して摂取すれば腸内細菌の多様化につながり、消化の活発化、免疫の向上効果が期待できるという。

実際、大型類人猿（ゴリラ、ボノボ、チンパンジー）、アマゾンの原始的な暮らしを営むヒト、マラウィの田舎暮らしのヒト、ニューヨークに暮らすヒトの腸内細菌を比較した研究では、都会に暮らすヒトほど腸内細菌の多様性が失われている。[7-6] 逆に食の多様性、自然環境との関わりが多いほど、微生物（寄生虫も含む）の多様性が増加する。健康な時期の、あるいは健康な人のウンチの中に含まれている腸内細菌を腸内に注入することで、腸内細菌叢を改善する糞便《ふんべん》移植技術も開発されている。これに対して、なぜ土の微生物を画期的に変えたというニュースはないのだろうか。そこには、土と腸内の決定的な違いがある。

腸内細菌と土壌微生物の違い

大雑把に捉えると、土と腸の生態系は似ている[3-12]。土では、ミミズやダンゴムシが落ち葉を粉砕する。ヒトの場合、口の中で食べ物をかみ砕く。それを微生物が受けとる。根の表面からは糖分や有機酸がしみだし、共生微生物が住みつく。腸内細菌も腸内で居場所とエサをもらう。いずれの場合も、微生物の酵素によって有機物が低分子化することで栄養分は水に溶けるようになり、根や腸から吸収できるようになる。共生微生物には病原菌からの防御機能もあり、植物や人体の健康を左右する。

腸内細菌のメンバー構成は、田んぼの土の微生物とよく似ている。腸内細菌として有名な大腸菌やビフィズス菌は脇役にすぎず、嫌気条件でしか生きられない細菌（バクテロイデス門、ファーミキューテス門）が田んぼの土や腸内で多くなりやすい。〝どこでもドア理論〟（60ページ）がここでも有効だ。メタンガス（オナラ成分の一部）を生産する古細菌も、田んぼの土と腸内に共通している。

しかし、腸内細菌と田んぼの土とが似ているのは、見かけの構成メンバーだけだ。腸内では細菌の8割が活動的だが、栄養の乏しい土の中では微生物の8割は出番が来るまで休眠している[1-13]（図7-3）。腸内細菌の一つである大腸菌を試験管で培養すると世代交代は8時間で起こるが、土

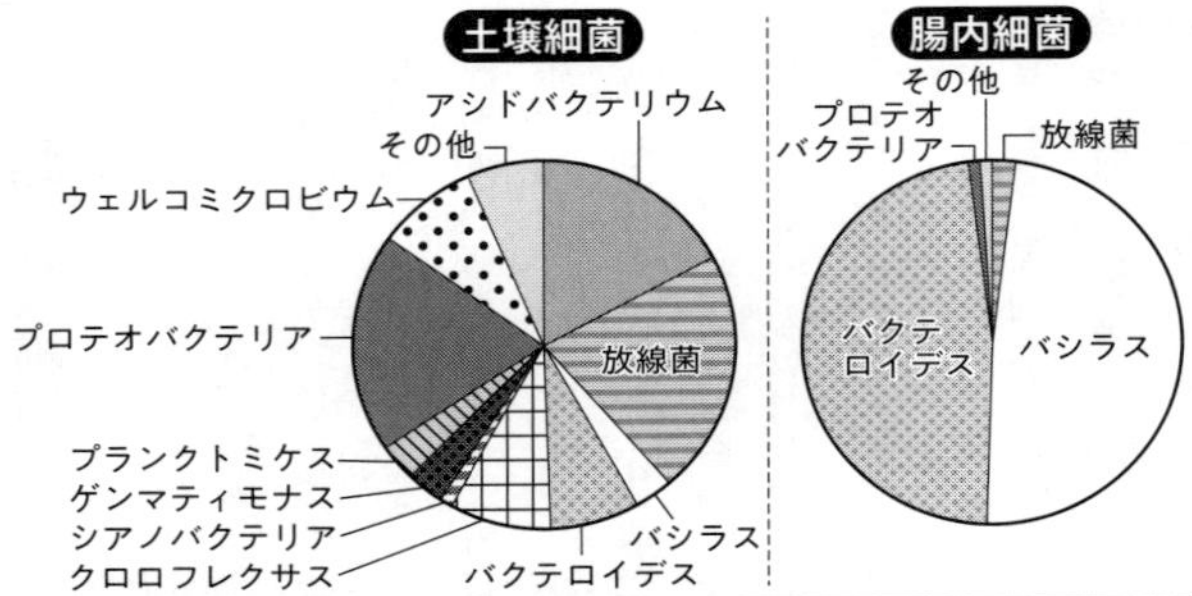

	土壌細菌	腸内細菌
10グラム中の細菌数	100億個	10億～100億個
10グラム中の多様性	1万種類	1000種類
生育環境	貧栄養・好気～嫌気	富栄養・嫌気
活性	8割 休眠	8割 活発
最適温度	25℃最適	37℃最適

図7-3 土壌細菌と腸内細菌の比較

Blum et al. (2019)、Banerjee and van der Heijden (2023) をもとに作成

の微生物は世代交代に数ヵ月～半年もかかる。同じ微生物でも、土の中と腸内では振る舞いが全く異なる。

この違いを引き起こす原因の一つは、微生物の生死を制御するウイルスの密度だ。大さじ1杯（10グラム）の土には100億個の細菌が存在するが、そこでは10億個のウイルスが共存している。細菌の10個に1個はウイルスに感染している計算になる。活発な微生物の割合は少なく、ウイルスの密度も低い（図7-3）。一方、腸内細菌のウイルス感染率は土の10倍（細菌1個にウイルス1個）以上で[1-13]、ウイルスに感染した腸内細菌の屍《しかばね》はウンチとして排出される。消化が活発に継続されているのは、ウイルスのおかげだということもできる。

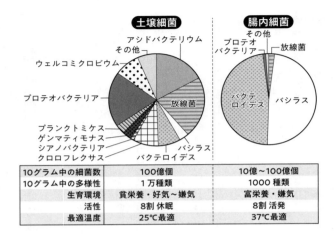

土壌は地球上で最も微生物の多様性が高い生態系であり、[7-7]大さじ1杯の中の土壌細菌の種数は同じ量の糞便中の腸内細菌の10倍にもなる。[1-13]私たちヒトの腸内は栄養たっぷりだが、酸素が乏しいために、一部の酵母を除き、好気性のカビやキノコはいない。腸内と比較すると土の中は栄養分（糖分やアミノ酸）が乏しく、団粒構造の内外に酸素が届く場所、届かない場所が入り交じっている。大さじ1杯の土の中ではキノコやカビ、1万種類もの細菌が住み分ける。「超」多様性と世代交代の遅さこそ、土の微生物を腸内細菌のようには簡単に変えられない理由だ。

「土は生きている」仮説を検証する

腸内細菌との違いのもう一つは、土の微生物が強いことだ。ヒト細胞や腸内細菌を研究する実験室では、朝ごはんの納豆は禁止されていることが多い。納豆菌の増殖によるサンプルの汚染を恐れるためだ。これに対し、納豆を食べた手で土を触っても（実際には滅菌した手袋を使用する）、土の微生物が納豆菌一色になったことはない。土の微生物はタフで頑固なのだ。

納豆菌も本《もと》をただせば土の細菌（枯草菌《こそうきん》）の一種だが、他の微生物やウイルスの存在が1種類の微生物だけの増殖（一人勝ち）を許さない。腐植に富む土の中は群雄割拠の戦国時代だ。動植物や微生物の遺体などの多様な食材の存在が、キノコ、カビ、細菌、古細菌の増殖を可能にする。主役の微生物が交代しても、いなくなった微生物は死滅するだけではなく、一部は団粒構造という要塞で蓄電（休眠）してひそかに再興のチャンスをうかがう。団粒構造における住み分けが多様性の秘訣だ。

微生物はただ土に住み着くだけでなく、環境をどんどん改変していく。まずは微生物の出す多糖類（納豆のネバネバに代表されるムコ多糖など）、糖タンパク質（グロマリンなど）や死菌体が接着剤となり、ミミズがフンをすることで作られるミミズ団粒の中に、さらに微細な団粒（ミクロ団粒）を形成する。通気性の良い酸化的な団粒構造の表面にはキノコやカビの菌糸が張り巡らされ、嫌気的な団粒構造の内部には細菌や古細菌、そしてウイルスが潜む。微生物によって接着物質が分解されると団粒構造は崩壊するが、ミミズや微生物の働きで団粒が再構築される。破壊と創造を繰り返しながら土は新陳代謝し、多様な微生物のゆりかごを提供し続ける。

団粒の外側には、有機酸を生産する根やキノコやアンモニアを硝酸に変える細菌が多く存在し、土を酸性に変える（図7-4）。団粒の内側では、細菌（脱窒菌《だっちつきん》）が有機酸をエネルギー源として消費しながら硝酸を窒素ガスに戻し、土を中性に戻す。微生物の代謝物質や死菌体が加わることで土は変化し続け、それが新たな微生物を呼び込み、新たな変化を土に与える。土そのものが生きているかのように変化し続ける。土壌動物や微生物の多い土を指して「土は生きている」と例えることがあるが、「土は生きている」という言葉の本当の意味は、生物と土との相互作用にこそある。

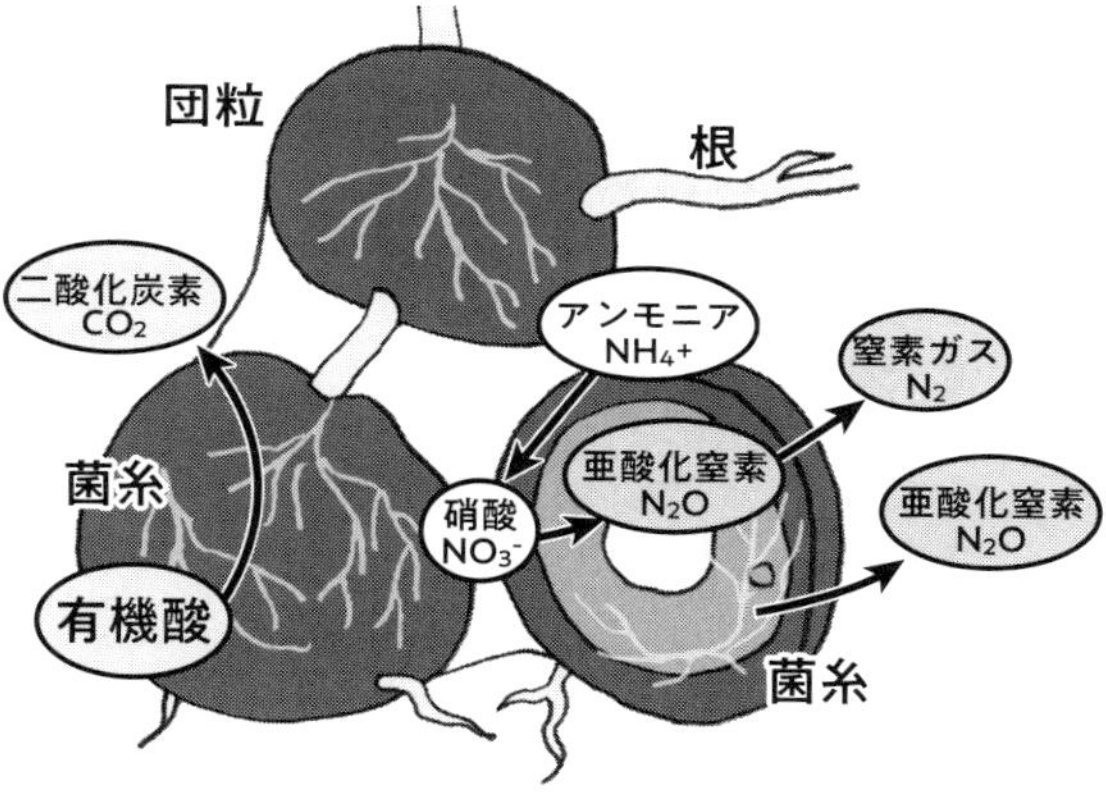

図7-4　団粒における物質循環の不均一性
団粒表面に多い菌類の菌糸や根から放出された有機酸は分解されやすいが、団粒内部では吸着し、一部は腐植として保存される。団粒表面では硝化細菌によって硝酸が作られ、菌類によって亜酸化窒素（温室効果ガス）に変換されるが、内部に運ばれれば、脱窒細菌によって窒素ガスに変換される

個々の微生物のあいだで設計図が共有されているわけではなく、無数の微生物が環境と相互作用しながら個々の役割を全うし、一体の生物であるかのように機能している集合体を**超個体**という。この結果、個々の微生物の働きの足し算ではなしえない高度で複雑なシステムが構築される。これを**創発現象**という。

超個体が土を作り、自らも変化し続けるシステムには、自律性と持続性がある。これが「土＝砂＋粘土＋腐植」よりも大切な土の本質であり、人工土壌に求めたい機能である。

微生物を操ることはできるのか

ヤミ鍋状態ではあるが、地球上には1兆種類もの土壌微生物が存在すると推定されている。[7-8] その大半に名前はまだない。個々の微生物の機能を調べたくても、土から取り出すと死んでしまうため、99パーセントの土壌微生物は実験室で培養することができない。「土から離れては生きられないのよ」という『天空の城ラピュタ』に登場するヒロイン・シータのセリフは、そのまま土壌微生物にあてはまる。

土の微生物を取り出すと死ぬだけでなく、そもそも土から遺伝子を抽出することすら容易ではない。遺伝子が粘土の電気に引き付けられ、吸着してしまうためだ。遺伝子を抽出するための液体中にスキムミルク（カゼイン）を混ぜて遺伝子の吸着を抑制し、抽出効率を最大化するのが最先端の遺伝子抽出技術の一つである。だが、遺伝子のすべてを取り出せるわけではないので、全貌は分からない。また、首尾よく取り出した遺伝子の4割は、ずっと昔に死んだ微生物の遺伝子断片だという。[7-9] 土の中は、死菌体だけでなく遺伝子断片も幽霊のようにさまよう魑魅魍魎《ちみもうりょう》の世界だ。

もっと自在に土壌微生物を操ることはできないのか。その期待を集めているのがバイオテクノロジーである。遺伝子操作の是非に関する議論を広げるにはこの本の紙幅が足りないが、遺伝子組み換え植物ですら社会に抵抗感が残るところに登場したのが**遺伝子編集微生物**だ。本来、トウモロコシの根には窒素固定能力の高い共生細菌（根粒菌など）がいるが、窒素肥料を大量に土に入れると、共生細菌は拗《す》ねて本来の窒素固定能力を発揮しなくなってしまう。窒素が少ない条件でなければ、コストをかけて窒素を固定する戦略が有利に働かないためだ。窒素固定微生物と窒素肥料のトレード・オフ（あちらを立てれば、こちらが立たず）の関係は農家の悩みの種となってきた。

しかし、米国のバイオ・テクノロジー企業ピボットバイオ社は、新たに共生細菌（*Klebsiella variicola*）を取り出すことに成功し、窒素肥料を施肥《せひ》しても窒素固定をやめないように制御遺伝子の一部を破壊した変異株を作出した[7-10]。遺伝子編集微生物をコーティングしたトウモロコシの種子（商品名〝PROVEN40〟は「１エーカーあたり肥料40ポンド削減の証明済み」という意味）はすでに全米で販売されている。毎年の窒素肥料の半分（１ヘクタールあたり約50キログラム）を削減でき、増産や増収益、環境再生型農業（リジェネラティブ・アグリカルチャー）への展開も見込めるという。微生物の嫉妬心を取り除けば、窒素肥料の利用と微生物の窒素固定を両立できる可能性がある。

ただし、この本ではメタン生成古細菌の進化によってペルム紀末の大量絶滅が起きたように、微生物の遺伝子のわずかな変化が地球規模の大変動を引き起こし、生物の大絶滅も引き起こすことを見てきた（１３８〜１４０ページ参照）。微生物は植物よりも移動や世代交代が速く、水平伝播によって土着の微生物にも変異遺伝子が組み込まれれば、胞子で世界中に拡散するリスクもある。ここでは、〝どこでもドア理論〟が仇《あだ》となる。

また、「有用」微生物を定着させることは簡単ではない。種子コーティングなどの一工夫なしに土に添加した場合、10日で10分の1に減少し、1ヵ月もすると死滅してしまう。天敵のダニやセンチュウや他の微生物の餌食となるためだ。気を取り直してもう一度添加すると、もっと早く死滅する。[7-11] 天敵も変化し続けている。「土は生きている」のだ。

土を殺菌・消毒してから微生物を添加すれば、いったんは微生物を定着させることができる。しかし、土の環境が同じままでは、すぐに元の微生物群集に戻ってしまう。「似ている環境であれば、微生物はどこでも生息できる」という〝どこでもドア理論〟を裏付けている。腸内細菌のように毎日1本、微生物のカクテルを流し込むわけにもいかない。これが土壌微生物を制御できない理由だ。

土壌生成を加速する条件探し

これまでの話をまとめると、「超多様性と超個体という性格をあわせ持つ微生物群集が有機物を循環させながら腐植を作り、砂、粘土と相互作用を展開しながら立体構造（団粒など）を作る自律的、持続的な生物と鉱物の集合体」が人工土壌にも適用できる土壌の本質である。何を言っているのか分からないかもしれないが、これは私の言葉が分かりにくいだけではなく、土がいかに複雑かを示している。人類が土を簡単に作れなかったことにも合点《がてん》がいく。植物が生えないと土ができないが、土がないと植物が生えない。腐植がないと微生物が増殖できない。では、どうすれば、腐植を増やすことができるのだろうか。

世界中の統計データを平均すると、植物遺体のうち土（腐植）として残る割合は、1パーセント（炭素ベース）にすぎない[7-12]。残りの99パーセントは二酸化炭素として大気中へ戻っていく。しかし、統計データを鵜《う》呑《の》みにしてはいけない。落ち葉の1パーセントしか腐植として蓄積しないというのは数百年から数千年の平均値にすぎない。

例えば、火山灰が降った後の最初の数年〜数百年間、荒野には何も生えない。腐植の蓄積割合はゼロだ。土壌が発達していない岩石や堆積したばかりの火山灰には栄養分がない。独立栄養細菌、シアノバクテリア、地衣類、コケ植物の次にツツジやマツが生える（図7-5）。ツツジやマツは、劣悪な環境でも自前で窒素肥料を作ることができるためだ。ただし、天下は長くは続かない。ツツジの努力で貧栄養な土に窒素が増えると、窒素を自前で賄える強みが薄れてしまい、窒素を固定するために投資しない要領の良いタイプの植物に取って代わられる（これを**遷移**という）。

植物が定着すると、植物や微生物の遺体が大量に供給され、急速に腐植が蓄積する。しかし腐植の蓄積量も無限ではなく、微生物の活性（温度）と粘土の量に制限され、やがて平衡状態に達

時間	1〜10年		10〜25年	25〜100年	100年〜	200年〜	500年〜(約700年)
植物の種類	地衣類、コケ植物	ノボロギク、エノコログサなど	ススキ、セイタカアワダチソウなど	ツツジ、ヤシャブシ、ウツギなど	アカマツ、クロマツ、コナラなど	アカマツ、カシ、シイなど	シイ、カシ、タブノキなどの常緑樹(照葉樹)

図 7-5 火山灰の初期土壌生成
土のないところから始まる遷移を一次遷移という

する。1パーセントしか腐植が蓄積しないという平均値の中にも幅がある。植物の定着が早いほど、微生物の分解が抑制されるほど、粘土が多いほど、腐植は蓄積しやすい。最適条件をうまく再現できれば、土の中の腐植の蓄積速度を最大化できるはずだ。

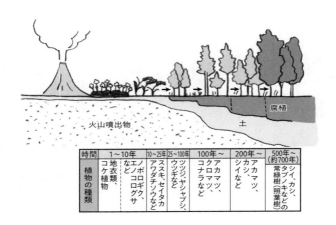

土を作る植物とキノコ

私が20年間調査を継続しているインドネシア東カリマンタン州では、かつてオランウータンの暮らす熱帯林が広がっていたが、新たな土地を求める人々は森に火を放ち、トウモロコシ畑に変えた。数年にわたって土を耕し続けると、もともと3センチメートルの厚みしかなかった肥沃な表土が微生物によって分解され、一部は雨とともに流れ去る。[7-13] 違法に石炭を掘り返す採掘業者もいる。残された重粘土質の土（粘土70パーセント以上の土）は強酸性で、排水性も通気性も悪い。収穫が悪くなった土地は放棄された。

なんとか元の自然の姿に戻そうと植林しても、砂漠に植林するようなもので、苗木はすぐに枯れてしまう（図7-6）。まずは植物の育つことのできる土の復元から始めないといけない。しかし、重粘土質、強酸性と併せて問題となるのが、多様な微生物群集の喪失だ。共生する菌根菌や根圏微生物がいないと多くの植物は生きていけない。その菌根菌や根圏微生物も多様な微生物群集の中で生かされる。

図7-6　石炭採掘跡地の植林失敗（インドネシア東カリマンタン州）
写真：筆者

土に定着できる微生物の量は、一般にエサとなる有機物の量で決まる。土の有機物量と微生物量は比例し、炭素ベースで腐植の数パーセントが土壌微生物となる[7-14]。有機物を失った土壌では、樹木と共生する菌根菌のキノコの胞子もなくなっている。放棄地（図7-6）の土には、酸性に強い数種類のカビと細菌だけが生き延びていた。1万種類いたはずの土壌細菌が3種類にまで落ち込んだことに、私も落ち込んだ。

同じ重粘土質、強酸性の土壌の上にもかかわらず、隣の熱帯雨林は涼しげに風に揺れ、中に入ると実際に涼しい。うっそうと茂るフタバガキ科の樹木がひっきりなしに葉を落とし、ウィーン、キーンと鳥や虫がけたたましく合唱している。フタバガキ科の樹木は地上60メートルの高さに広げた樹冠で光合成をし、根へと糖分を転流する。その一部を受け取った外生菌根菌はクエン酸を作りだし、菌糸から根圏土壌へと放出する。糖分やクエン酸を受け取ったその他の根圏微生物は、さらにリンゴ酸に作り変えて放出する。生みだされたリンゴ酸の流れは、粘土に吸着したリンを溶かしだし、樹木に届ける。リンゴ酸には、酸性土壌で溶出する有毒なアルミニウムイオンをキレート化する解毒作用もある（図7-7）。

リンゴ酸の仕事はこれだけではない。菌根菌の隣で落ち葉を分解している腐生菌（白色腐朽菌のキノコ）は酵素（マンガン・ペルオキシダーゼ）を放出することでリグニンを分解するが、この時、本来は環境中で不安定な3価のマンガンイオン（Mn^{3+}）をリンゴ酸がキレート化することでMn^{3+}の酸化力が維持され、落ち葉のリグニン構造を分解できる。[7-15] 溶けだした成分は、俗にフルボ酸と呼ばれる。フルボ酸のカルボキシル基が解離して電気を帯びることで栄養分を保持し、森の中の物質循環を担う。[7-16] 粘土と吸着すれば、安定な腐植となる。樹木、外生菌根菌、根圏微生物、そして白色腐朽菌。リンゴ酸を介した土と生物の結びつきは、もはや科学の枠を超えて芸術

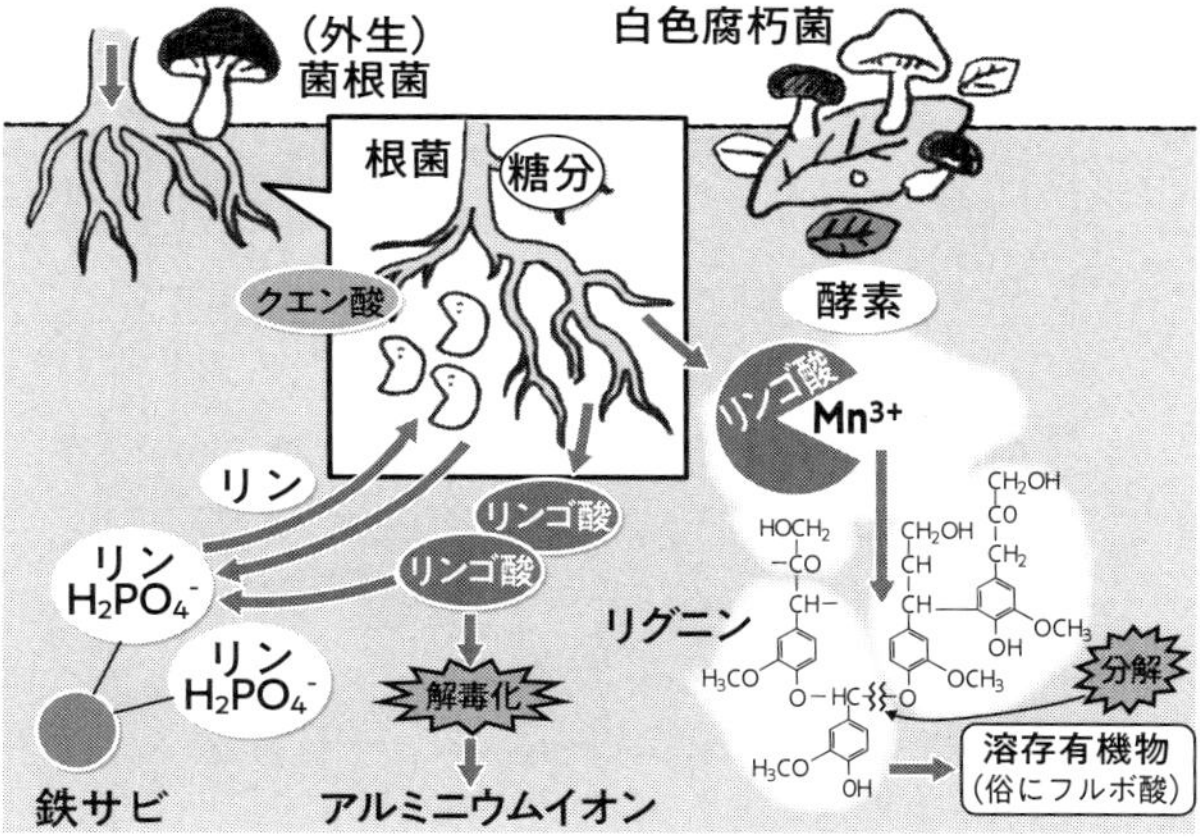

図7-7　**リンゴ酸を介した養分循環**
根圏微生物が生成したリンゴ酸は、リンの溶解、アルミニウムイオンの解毒化だけでなく、マンガンイオンをキレート化し、リグニン分解にも働く

のようでもある（図7-7）。

　土もないところに天然林の物質循環を求めるのは無茶な話だが、土が少しでも残っていれば、イシクラゲのようなシアノバクテリア、地衣類、コケ植物が腐植を蓄積し、そこにシダ植物が育つ。やがて、貧栄養土壌の代名詞ウツボカズラ（食虫植物）やチガヤも育つ。特にチガヤ草原は根を多く生産し、落ち葉よりも腐植の割合が多い。現地の人々に「不毛な草原」と忌み嫌われるチガヤ草原だが、地下では土を再生する役割を果たしている。これは、『風の谷のナウシカ』において人間が環境

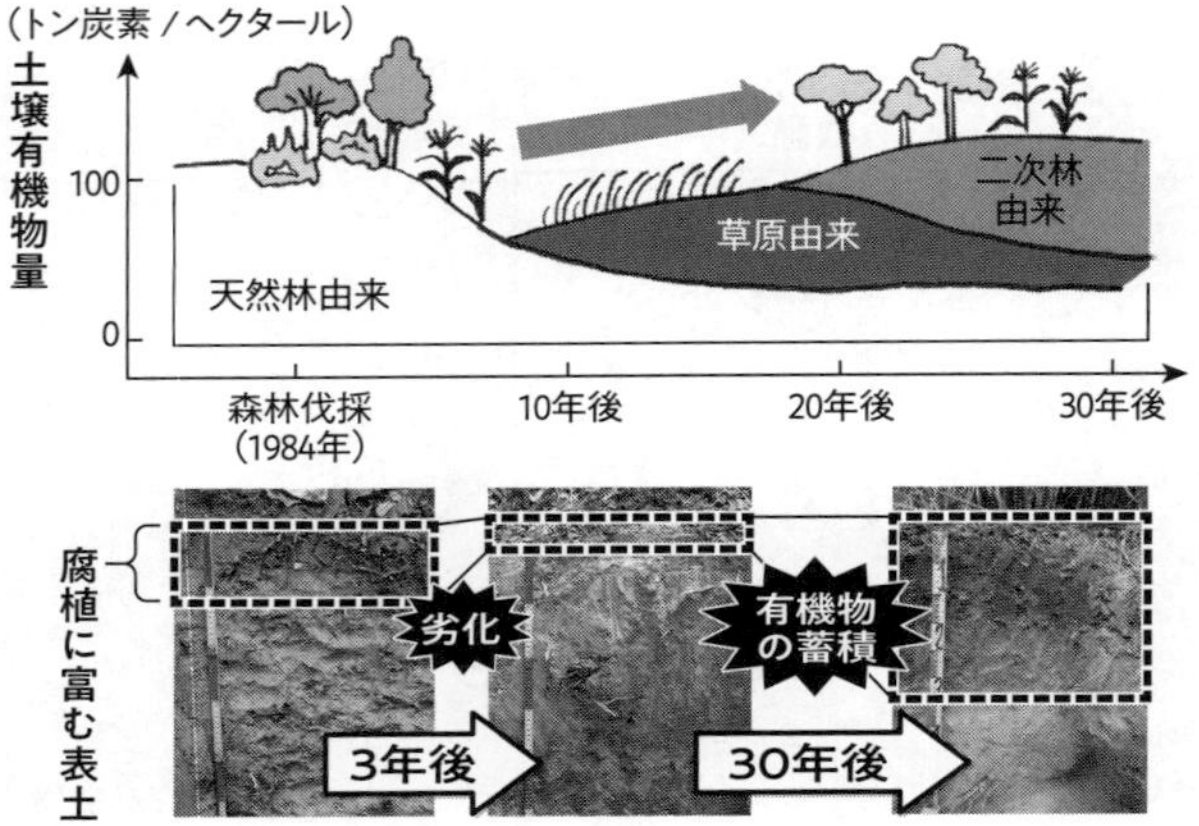

図 7-8　二次林において土壌有機物量が回復した事例

熱帯雨林伐採・耕地化後、土壌有機物量は数年で急速に失われるが、インドネシア東カリマンタン州では二次林において30年間で土壌有機物量が回復した

Fujii et al.（2012; 2020）をもとに作成

破壊した場所を飲み込んだ「腐海」が土を再生していた話と似ている。酸性条件では微生物による落ち葉や根の分解も遅くなるため、腐植が増えやすい。

　種子があればマカランガという先駆樹種（アリ植物）がニョキニョキと育つ。もともと酸性条件で適応してきた微生物、植物には耐性がある。荒れ地を森林へと回復させた場所では、落ち葉のうち10年間で平均して10パーセントの炭素が蓄積し、30センチメートルの深さまでの腐植が1・5～2倍に増加した[7-17]（図7-8）。これは落ち葉のうちの1パーセントが腐植になるという世界平均の数字よりも高く、厚さ1センチメートルの土ができるには１００年から１０００年かかるという土の研究者の話よりも早い。粘土がもともと多かった分は下駄《げた》をはいていたわけだが、条件次第では早く土ができるという事実は現地の人々にとって希望になる。

土壌動物を投入する

もっと条件の悪い石炭採掘跡地はどうだろうか。生物学者でありながら土の研究者でもあったダーウィンは33歳の時に土のない石炭採掘跡地に大理石をおき、ミミズのフンによって土ができ、石を飲み込んでいく様子を観察した。29年後の62歳の時には6センチメートルの厚みの土ができることを実証した。生物進化に関して多くの成果を残したダーウィンの最後の著作は『ミミズと土』である。ミミズの作った団粒（フン）の内側には酸素が届きにくく、微生物による腐植の分解が抑制される。

私の共同研究者のヤン・フロウズ氏は、チェコ共和国の石炭採掘跡地にミミズを放つことによって土を改良し、保水性の高い森林土壌の再生に成功した。「ミミズの多い土はいい土だ」という通説を応用した成功例だ。私も同じようにミミズを集め、プランターの土に投入して効果を検証することにした。ところが、数日後には元気なミミズの姿はなく、近くのコンクリートの上には干からびた数匹のミミズの遺体があった。原因としては、雨水で土が浸水して呼吸できなくなって出てくる、交尾相手との出会いを求めて出てくる（そして、帰り損なう）など諸説ある。いずれにせよ、ミミズだけを投入して土壌改良を期待するのはムシが良すぎる考えのようだ。聞いていた話とは違う。

フロウズ氏の説明によると、ミミズの在来種は生態系の中の微妙なバランスで生かされている。周りの土の微生物をミミズの腸内に取り込んで共生し、落ち葉や腐植の消化を腸内細菌に手伝ってもらっている。周りの土の酸性度や栄養状態にも慣れている。温度や水分の変化の小さい場所に住み、食物連鎖の一翼を担う。プランターの土に突然放り込まれても、単騎で成果を出すのは難しいということだった。内弁慶なのは土壌微生物だけではなかった。

上陸から4億年の、生物種の〝老舗〟ともいえるミミズは、土という社会に根差している。ミミズの多様性はヨーロッパで高く、酸性土壌の多い日本やインドネシアに飼育可能なミミズは少ない。[7-18] 日本でコンポストに利用されるミミズも外来種が多い。逆に、日本を含むアジアのミミズが外来種として北米（氷河の影響でミミズが少ない地域）の森林に侵入した結果、ライバルミミズの不在をいいことに落ち葉を食べつくし、土に変えた事例もある。表土は一時的に肥沃になったが、仕事と食料を奪われた在来の土壌動物が減少し、栄養分の流亡、植物や微生物の変化が問題になっている。[7-19] 土には土の掟《おきて》があったのだ。

ミミズ不在の小笠原《おがさわら》諸島ではカタツムリが大活躍しているが、インドネシアの熱帯林の場合は

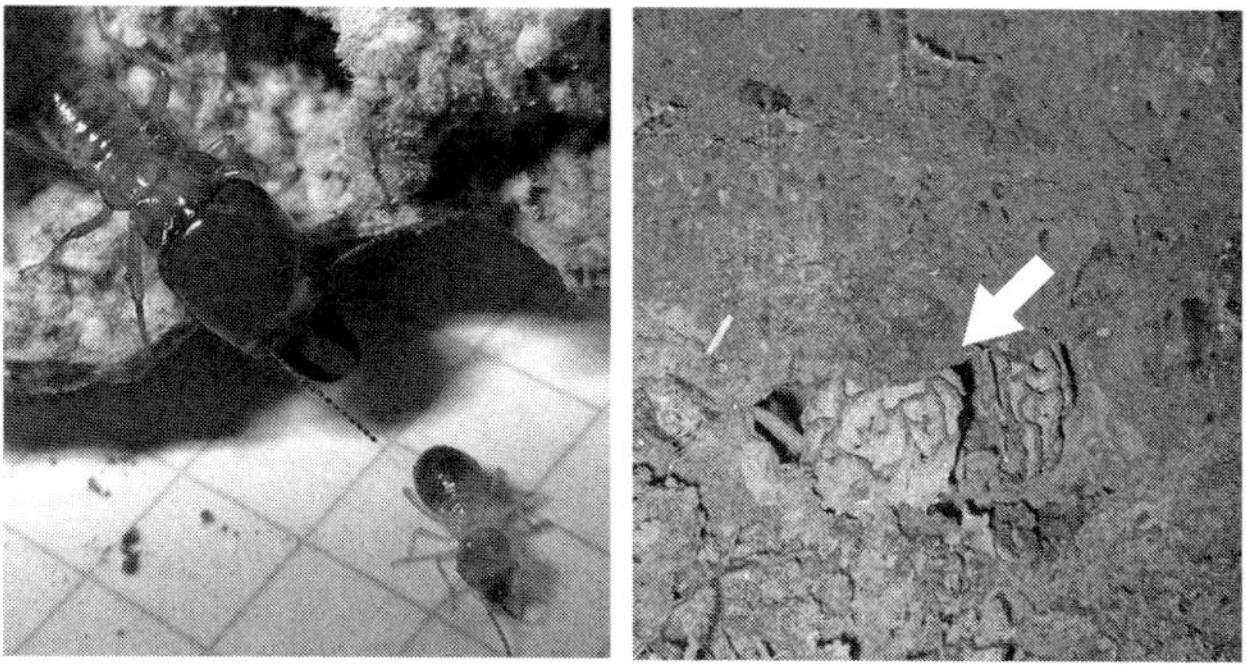

図7-9　**アリ植物・マカランガ林の下の土壌に多いキノコシロアリの巣（右）と兵アリと働きアリ（左／インドネシア）**
写真：筆者

シロアリが多い。調査中の私がお弁当（インドネシア語でもBentoという）を食べるのに陣取る1平方メートルのスペースに300匹ものシロアリがいるという[7-20]。ちなみに、アフリカの熱帯雨林では1000匹もいるという。南米大陸では100匹程度と少なく、シロアリではなくアリが主役になる。

インドネシアの土を掘ると、きまってシロアリの巣にぶつかる。特に、キノコと共生するキノコシロアリの巣が多い。落ち葉や枯れ木を土の中に運び、地下室でキノコを栽培する（図7-9）。

働き者のシロアリがトンネルや巣を作ることで土がフカフカになる。シロアリだけを連れてきてまいても、ミミズ添加実験のように逃げてしまったり、プランテーションの樹木（アカシアやテリハボク）に対しては害虫化してしまったりするが、二次林（マカランガなど）の下ではシロアリが定着でき、表土の透水性と下層土の保水性を改善できる。

ここまで私なりに土を作るための独創的な試行錯誤を繰り返してきたつもりだったが、実は、植物、微生物、ミミズ、昆虫（シロアリ）へと地球の5億年の歩みを追いかけていたにすぎなかった。5億年前とは異なり、現在は土を作る選手はそろっているので、もう進化を待つ必要はない。それでも土に植物の種子と微生物、生存環境がそろわないといけない。「種のないところに花は咲かない」理論があてはまる。生物の定着を促進できるかどうかが土壌生成を加速するためのカギとなる。最後は人間の出番だ。

最小限の資源で土を再生する仕組み作り

栄養不足によって人類の祖先を苦しめたアフリカの赤土、強酸性によってオランウータンに我慢を強いるインドネシアの赤黄色土であっても、石灰をまいて酸性土壌を中和して、堆肥と化学肥料を充分に施せば、肥沃な土へと改良できる。肥料、堆肥、石灰など資材投入が定期的に必要になる土壌改良は、極力資材を使わない人工土壌と区別して、**土作り**《つちづく》という。砂質土壌なら堆肥を、重粘土質の土壌なら砂と堆肥を加える客土《きゃくど》という技術もある。

日本なら堆肥と化学肥料と客土も有効だが、インドネシアの荒れ地で同じようにしても、堆肥は数年で分解して消失し、化学肥料も流れてしまう。その都度、先進国の援助者が堆肥と化学肥料を持ってきてくれるわけではない。現地の資材も資金も充分にない中で、鉱物と微生物の混合物が物質を循環し、土を再生する仕組みを作りたい。これが人工土壌に求める個人的なこだわりだ。

天然林では肥料も堆肥も提供されていないにもかかわらず、多くの生物のつながりによって持続的な物質生産と自律的な土の再構築が続いている。生物の定着には、隣の天然林の土を借りてきて、荒れ地にまくのが一番だ。土には、菌根菌の胞子や植物の種子がそろっている。ミミズやシロアリ、微生物だけを荒れ地にまいても定着は難しいが、居場所（土）ごと移植すれば定着率は上がる。これは腸内細菌の糞便移植技術（210ページ参照）に着想を得ている。

私の家庭菜園のプランターでも、園芸用の赤土（赤玉土）にインゲン豆の種子をまくと1種類のカビが増殖して腐ってしまうことがあるが、少しの腐葉土をパラパラと加えるだけで微生物の多様性が増加し、カビの一人勝ちを抑え、発芽率を高めることができる。荒れ地への植林のために苗木の培地に天然林の土を少し加えるだけで、菌根菌の定着率、植林後の苗木の生存率が高まる技術もある。[7-21]

しかし、熱帯雨林はまさに風前《ふうぜん》の灯《ともしび》だ。森の土を借りてくるアイデアも広まりすぎると、表土がはがされ、わずかな天然林すらも土壌劣化してしまう負の連鎖を招くだろう。天然林の土の代わりに持続可能な資材で土壌生成を加速する技術も必要となる。私が着目したのは、火山灰と墓石のゴミだ。

墓石と火山灰から土を作る

世界には土がなくて困っている場所も多い中で、日本は例外的だ。桜島の火山灰は1年間に厚さ1・6センチメートルも降り積もることがあり（1985年）、鹿児島市内の灰ステーションで火山灰を回収しているほどだ（図7-10）。火山灰以外の岩石粉末は、中国の採石会社が1キログラム500円で大盤振る舞いしている。ただし、問い合わせてみると10トン、50万円以上を買うのが条件だと譲ってくれない。

岩石粉末を専門に取り扱う業者は日本国内に見つからず、花崗岩や玄武岩はきれいな墓石やタイルでしか販売されていない。悩んで気付いたことは、墓石はもともとデコボコの岩石だったということだ。整形する時に岩石粉末が出るに違いない。ダメでもともとの精神で石材店に電話すると、タダ同然で岩石粉末を提供してくれた。墓石のゴミから土を作ることで、石材店と土の研究者のあいだに循環が生まれる。これをサーキュラー・エコノミー（循環型経済）という。

土と水をシェイクして微生物カクテルを抽出して土にまく伝統的な方法があるが、カクテル内の微生物はペニシリンを作るようなアオカビばかりで、森の物質循環を担う菌根菌や白色腐朽菌などのキノコ、細菌、古細菌を含めた微生物の多様性は低い。岩石粉末に微生物カクテルを接種してもすぐに死滅する。乳酸菌飲料作戦は失敗した。

ところが、岩石粉末をストッキングに詰めて天然林に埋設すると、微生物が徐々に移住してくる。ぬか床作戦は優秀だった。本来、細菌や古細菌の移動能力は低いはずだが、土の中を流れる水や菌糸、根やミミズとともに微生物が岩石粉末や火山灰の中にやって来て、定着する。出来上がった人工土壌を荒れ地に接種し、そこを拠点に菌糸を伸ばし、他の劣化土壌まで改善することを狙う。糞便移植と同じく、居場所ごと

図 7-10　**鹿児島市内に堆積した桜島火山灰（上）と灰ステーション（下）**
写真：筆者

導入することで定着率を高めるアイデアだ。

人工土壌の微生物群集は必ずしも1万種類は必要ない。花の蜜を食料とするミツバチのように腸内細菌6種類だけで生きているものや、アオムシ（蝶《ちょう》の幼虫）のように常駐の腸内細菌はゼロで食べ物（我が家のキャベツ！）由来の細菌だけでしっかり生きている生物もいる。[7-22、7-23] 天然林の土壌より多様性は低くても、自律性と持続性を備え、物質循環を駆動できる最小限のセットが定着できればいい。

石材店などからそろえた岩石粉末、NASAの火星再現〝土〟、火山灰をそれぞれ天然林の土に埋設して微生物の遺伝子を調べると、数年もすると素材によって異なる微生物群集が定着することが分かった。特に表面に孔隙《こうげき》の多い桜島火山灰には、1年目でも多くの微生物が定着した。微生物どうしの生存競争や協力関係、鉱物との相互作用によって土壌へと変貌していく。

人類から土への要求は多い。石炭採掘跡地の土壌改良、火星・月面農業、温室効果ガスの削減、病原菌の抑制などなど。すべての要求は一度に満たせないが、目的に合わせて土壌の酸性度や団粒構造、微生物群集をカスタマイズしていく。そして、移植した先でも生き残り、自律的に土を再生することができるのか。当初は40年で人工土壌ができたことに満足していたが、満足していたのは私だけだった。どこまでスピードアップできるのか。土の成り立ちを語ってきた者にしてはせっかちで、社会の要請からすると気の長い実験を続けている。

水田は究極の人工土壌

人工土壌という目新しい言葉だけに飛びついていても、土壌の持続的な利用は望めない。現状、最も成功している人工土壌は、身近な景観の中に溶けこんでいる。田んぼである。そのことに気付かされたのは、福島第一原発事故後の土壌調査の時だった。放射性物質に汚染された水田土壌を除染のために取り除いたり、天地返しをしたりすることで、数百年、数千年かけて培われた表土が失われてしまった。実験室で数グラムの土を浄化するならともかく、重金属や放射性物質に汚染された大量の土を浄化する手段を人類はまだ持たない。

表土を取り除いた後、花崗岩の山を削った真砂《まさ》土を入れて地面を均《なら》し、畦《あぜ》で囲う。私はそれを見て感傷的な気分になったが、日本の水田はそもそも人工的な景観で、水田土壌の多くが最初は人工土壌だったということに気付かされた。花崗岩由来の土では雲母《うんも》やカオリナイトなどの粘土しかないはずだが、やがて田んぼではスメクタイト粘土が生成する。これは40億年前の地球の海底で最初に誕生した粘土と同じだ（46ページ）。

除染後、腐植は減少しており不作は確実と思われたが、荒れ地を開墾して1年目の水田のいくつかでは、大豊作でびっくりした。正直、困った。なぜなのか。水を張る前の田んぼの土の中では、カビなどの微生物がヒトと同じ酸素呼吸をする。水を張ると、酸素の代わりに硝酸、鉄サビ、硫酸を利用してエネルギーを生みだす細菌が順次登場する（図2-6参照）。最後は、食酢造りのように酢酸発酵が進み、最終的には酢酸をメタンにしてエネルギーを生みだすメタン生成古細菌が出現する。急激な変化の中で次々と微生物がバトンタッチし、死菌体は次に増殖する微生物のエサとなり、放出された栄養分がイネを育む。それが開墾1年目の大豊作を生む。あくまで考えられる経路の一つである。

土はウソをつかない。2年目以降の収穫には土壌の質が強く響く。材料の真砂土には砂鉄は多いが鉄の総量は少ない。細菌の中には、鉄サビを還元して大気中の窒素から肥料を作り出すものがいる。結果として土から鉄サビが溶けだすと、鉄サビと結合していたリンも溶けだす。やがてリンと鉄が再濃縮・結合すると、ビビアナイトという鉱物になる（図7-11）。ビビアナイトは、宝石店なら40グラム8万円で取引される宝石だ。田んぼの土からビビアナイトを集めて一つの結晶にできるなら、1ヘクタール当たり20キログラム4000万円にもなる。だが、顕微鏡でやっと観察できるほど結晶は小さく、〝宝石〟は少しずつ溶けてイネに吸収されるか酸素に触れて鉄サビに戻り、秋には姿を消す。一説では宝は「田から」に由来するが、田からの宝はビビアナイトではなく米である。

40億年前のスメクタイト粘土、35億年前の酸素のない地球で進化した古細菌と酸素のない時代に生成した宝石ビビアナイト、20億年分の細菌進化の歩みを人工的にギュッと濃縮したものが水

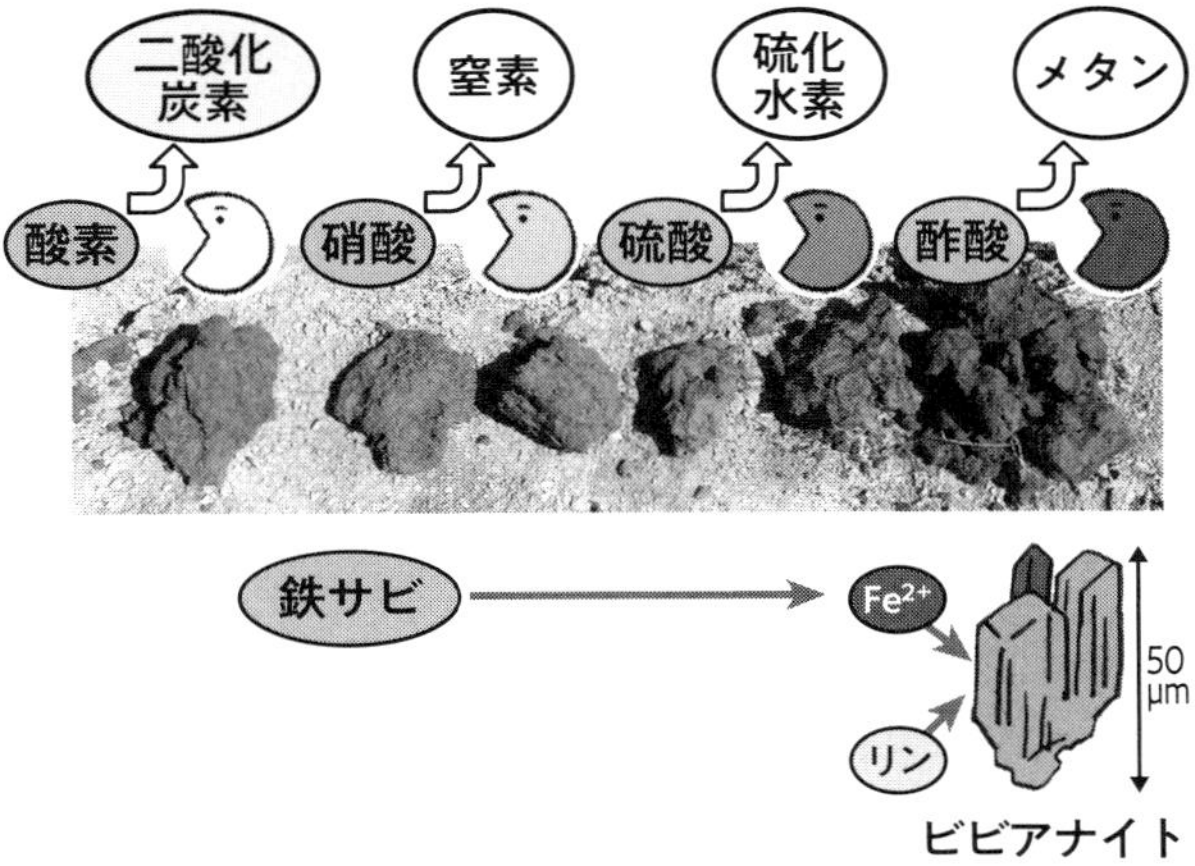

図7-11　落水・湛水後の水田で生じる微生物と「宝石」ビビアナイトの生成
写真：筆者

田土壌だった。土や生命を自在に操ることは簡単ではないが、数千年かけて培われた技術にはまだまだ秘訣がありそうだ。

植物の真似をする未来

水田土壌では山から低地への栄養分の移動（地質学的施肥《せひ》作用）を生かすことで持続的な物質循環が生まれるが、地形・地質による栄養分の補給が期待できない地域では、植物が定着できるまで別の仕組みが必要となる。

「花の4億年組」のミミズ、「森の3億年組」の昆虫に限らず、数億年の長きにわたって生き延びている土壌動物の多くは、ものが腐る過程に居場所を見つけた点で共通している。これによって、土は作ってもゴミは出さない超循環型社会を築きあげた。このリサイクルができていなければ、地球はゴミの山になっていたことだろう。地質年代をまたいだ資源（化石燃料など）の利用によって、資源→廃棄物（ゴミ）が常態化し、土壌を消耗し続ける人類との決定的な違いである。

現代の文明社会では資源は農村から都市へと一方通行で流れる。土壌肥料・植物栄養学の父とされるリービッヒは、収穫物の持ち去りによる土からの栄養分の収奪を批判し、江戸時代のような下水・廃棄物のリサイクルの持続性を主張した。植物の自己施肥作用を模倣した社会デザインは、今日の循環型経済の理念そのものだ。[7-24]

世界で10人に1人が飢餓で苦しむ今日、フードロスは食料生産量の3分の1（毎年13億トン）にもなる。食品ゴミをプラスチックや有害金属類と混ぜてしまうとすべてが産業廃棄物になり、燃やすか埋め立てるしかない。しかし、消費者から生産者へと、もう一度物質を還流する**静脈物流**が確立できれば、資源として再利用できる。

土の微生物はプラスチックゴミを除く排泄《はいせつ》物、廃棄物を堆肥化し、リサイクルできる。コンポストでは、ウジやミミズなどの土壌動物が食品廃棄物を細分化し、そこにカビ・キノコが増殖し、ついで乳酸菌や納豆菌のなかま、放線菌などの細菌が登場する。それぞれヨーグルト、納豆、抗生物質の生産者のなかまたちが、堆肥作りでも活躍する。微生物の生みだす熱で70度くら

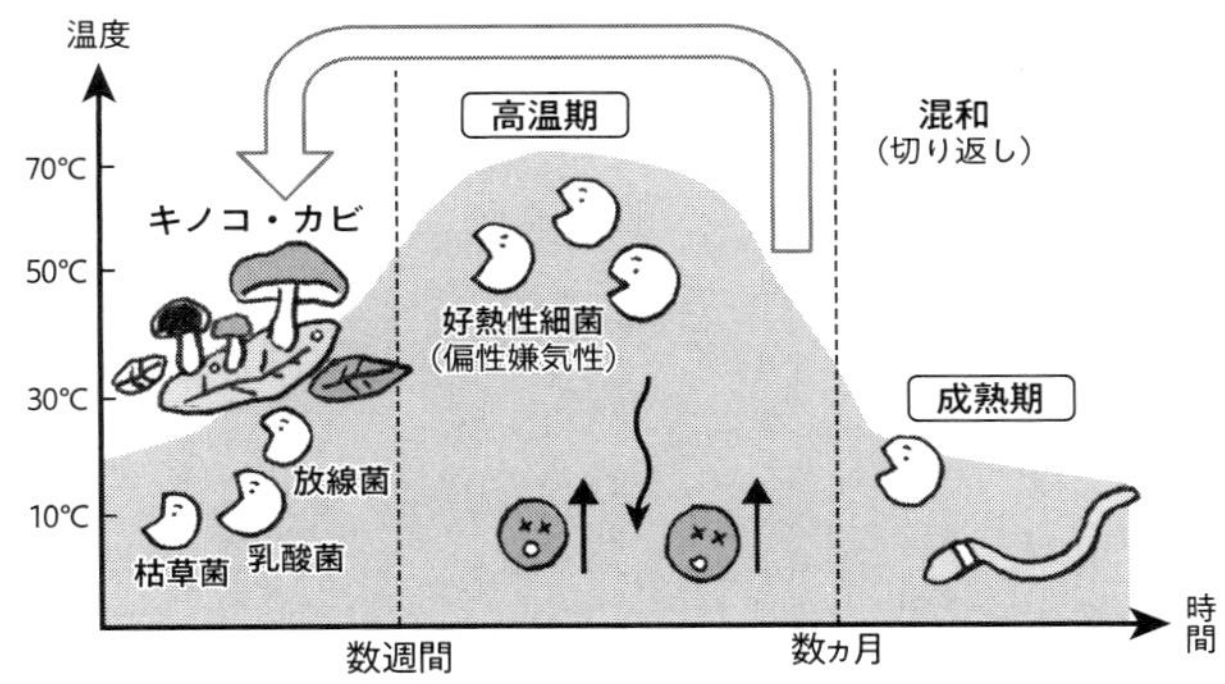

図 7-12　多くの微生物が関わる堆肥化過程
枯草菌（納豆菌のなかま）、乳酸菌、放線菌、キノコ・カビが初期の分解を担い、温度の上昇とともに酸素を嫌う好熱性細菌へと推移する

いまで上昇すると、酸素に乏しい太古の地球を生き抜いた微生物たちが目を覚ます。熱水噴出孔（深海の温泉）で活発な好熱性細菌のなかまだ。高熱条件で病原菌、大腸菌を含む多くの微生物が死滅し、死菌体は栄養分になる。

　堆肥の発酵は水田土壌中における厳密な意味での嫌気的分解ではなく、適度に酸素が必要なため、酸素を送り込む混和（切り返し）やエネルギー源（米ぬかなどセルロースの多いもの）の投入を繰り返す必要がある。やがて熱は冷め、数ヵ月もあれば堆肥になる（図7-12）。腐植と同じように堆肥作りにも多くの微生物が関わる。まるでオーケストラのようだが、そこには人間という指揮者が必要となる。

　土を耕して、森林・草原下でかつて蓄積した腐植が分解することで、畑は大気中の二酸化炭

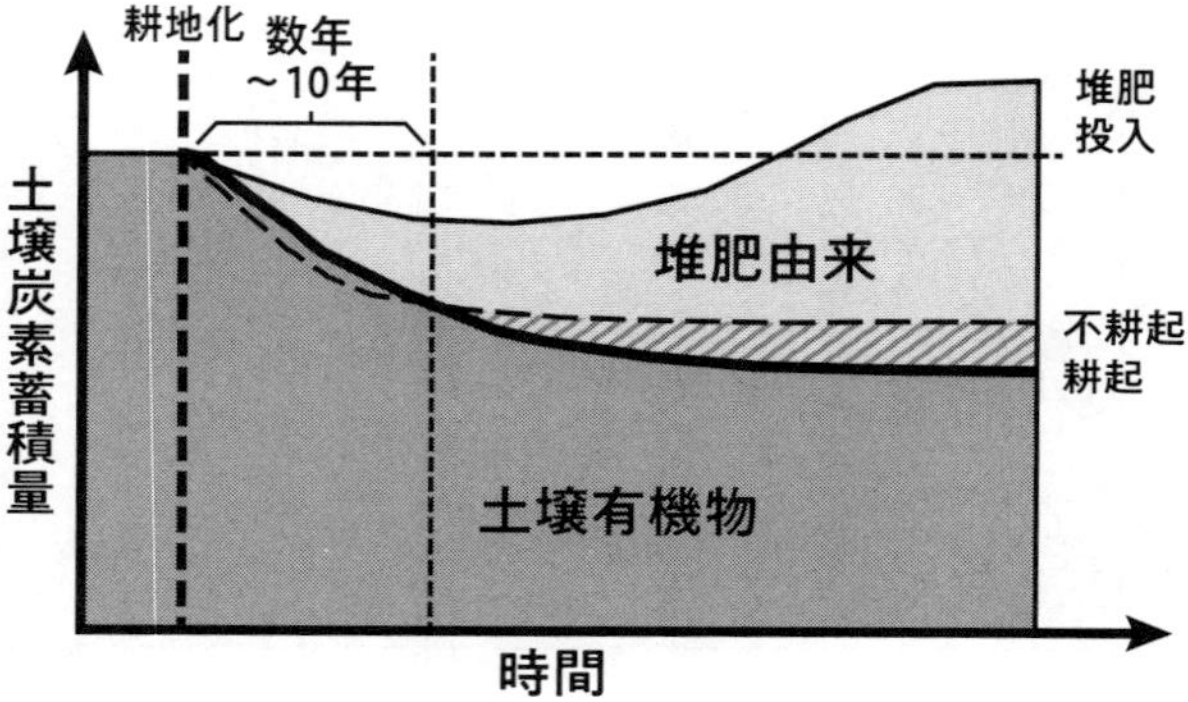

図 7-13 不耕起栽培と慣行栽培（耕起）による土壌炭素蓄積量の変化に関する概念図
不耕起栽培には団粒形成によって分解を抑制する効果があるが、耕起・不耕起栽培ともに初期条件（自然植生）からは土壌有機物が減耗する。外部からの堆肥等の資源投入によって炭素蓄積量を増やすことも可能
Cai et al.(2022)をもとに作成

素の発生源となってきた。不耕起栽培に代表される各種保全農法や堆肥の投入によって土壌中の腐植が増加できれば、土作りになるだけでなく、大気中の二酸化炭素を土に閉じ込める温暖化緩和技術となる 図7-13。生産から消費の過程で排出される二酸化炭素を減らすことを**脱炭素化**というが、消費地から生産現場への資源循環によって土壌の腐植を増やすことを**再炭素化**と呼ぶ 図7-14。

例えば、コーヒーチェーン店から毎日大量に出るコーヒーかすにはカフェイン由来の窒素成分が多く含まれる。コーヒー酸やタンニンのような酸性物質も多いため、そのままではうまく野菜が育たないが、炭水化物に富むサンドイッチの廃

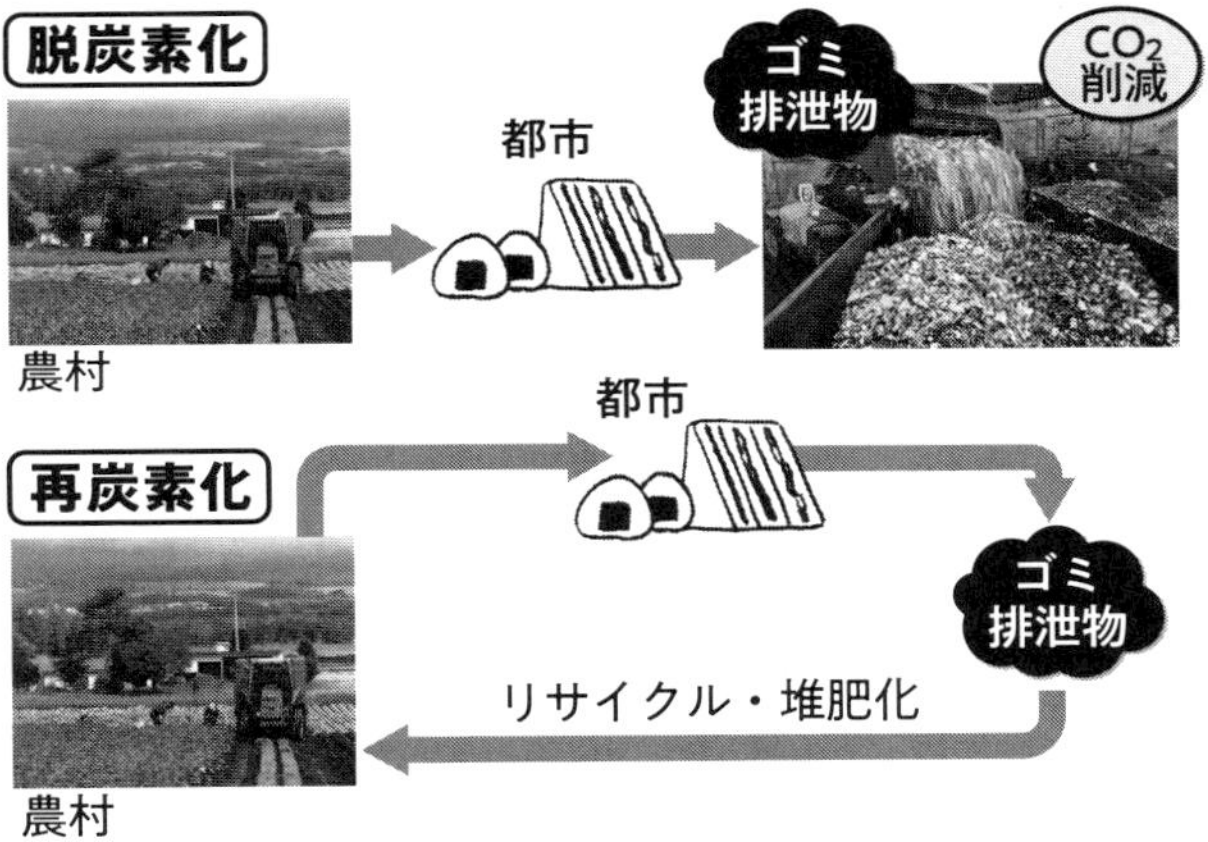

図 7-14　脱炭素と再炭素の取り組みにおける資源のフロー
畑から農産物を持ち出し、都市で利用する過程で発生するゴミや二酸化炭素の排出量を削減する「脱炭素化」と、発生したゴミを資源として分別・回収し、堆肥として農地に還元することで土壌炭素を増加させる「再炭素化」がある

棄物（微生物の利用しやすいエサ）とブレンドして堆肥を作り、その堆肥を使ってサンドイッチ用のレタスを作れば、肥料コストを削減でき、生産者にも消費者にもうまい話となる。

　実際、食品廃棄物の発酵中に放出されるメタンガスを用いた火力発電で都市の電力を賄い、できた堆肥を農村の畑の土に返す取り組みがインドネシアで実施されている[7-25]。これは今日の地球に限った話ではない。南米アマゾンの先住の人々は数千年前から生活ゴミを燃やした炭化物（バイオ・チャー）や土器の破片由来の砂と粘土を土に入れ続けた結果、赤土が肥沃な黒い土（ポルトガル語で**テラ・プレタ**）に変わるという土作りと人工土壌のハイブリッドを生み出した（カラー口絵14）。火星におけるテラフォーミングにおいても、発生したゴミや排泄物をすべて利用する超循環型の生活と人工土壌を構築することがＮＡＳＡによって検討されている。これは、むしろ深刻なゴミ問題を抱える地球でこそ実現すべき方法だ。

堆肥はそのまま腐植になれるわけではない。堆肥は腐植よりも栄養豊富で、動物由来の堆肥には余計な塩分が多い。過剰にまけば、水域に窒素やリンを流す汚染源になる。浄化が不十分な下水汚泥由来の堆肥には重金属混入の問題もある。堆肥化を確実にやらなければ、畑はただのトイレか産業廃棄物処理場になってしまう。農業はボランティアではないので、コストや労働力に相応の対価、効果がないと続かない。化学肥料・有機質肥料をともに使う慣行農業、有機質肥料のみを使う有機農業、化学肥料を減らす環境保全型農業、不耕起栽培による環境再生型農業などやり方はさまざまあるが、土壌の腐植を維持・増加させるには、社会全体で土と断絶しないライフスタイルを構築していく必要がある。

土には知性もある

この本では、「人間に土を作ることはできるのか」という問いを掲げ、土の本質に迫り、土を作るために必要となる条件や技術を絞り込んできた。そのなかで、土は単なる砂と粘土と腐植の混合物ではなく、自律的な土壌再生、持続的な物質循環こそが土の本質であり、人工土壌が模倣すべき特性であることが分かった。

これまでの人間の作る物質・道具の多くは、目的や用途が一対一で対応している。土でも納豆菌を取り出して道具のように使う場合はあるが、大さじ1杯の土に住む1万種100億個の細菌一つずつを道具としてご機嫌をとりながら操作するのは容易なことではない。ヒトの腸内細菌1000種類、ミツバチの腸内細菌6種類ですら制御できていないのだ。ホモ・サピエンス1種の人間社会ですら衝突を繰り返している。圧倒的に遺伝的多様性が高い微生物群集が一致して一つの機能を果たすことは期待しにくい。土に道具や消耗品としての働きを求めるなら、土作りの設計図や万能なマニュアルがないことに失望するかもしれない。

一方、工学分野では、環境や自己の変化を検知し、最適な反応をする素材としてインテリジェント材料（インテリジェントは「知的な」の意味）の開発が進んでいる。インテリジェント材料とは、子どもの成長にあわせて育つ歯（インプラント）のように、自ら感じて、考えて、働いてくれる道具のことだ。土は気候や植生によって粘土や微生物の種類や量が異なるが、微生物は他の微生物や土と相互作用しながら、物質を循環し作物を生みだす。土は〝知性〟を持つかのように振る舞う、究極のインテリジェント材料である。

実際、土の機能は、人間の脳や人工知能の自己学習機能と似ている。知性の源であるヒトの大脳は100億個以上の神経細胞それぞれが数万個のシナプスでつながることでネットワークを形成し、協働することで思考が可能になる。大さじ1杯の土に住む100億個の細菌もまたすみかと資源（エサ）を共有し、相互作用することで、有機物分解を通した物質循環、食料生産が可能になる。大脳を司る100億個の神経細胞の相互作用と大さじ1杯の土の100億個の細菌の相互作用。多様な細胞があたかも知性を持つように臨機応変に機能する超高度な知性を、私は脳と土しか知らない。

落ち葉を溶かす段階と、溶けた成分を二酸化炭素にする2段階だけだとしても、100億×100億＝100億の2乗通りの細菌の組み合わせがある。カビ、キノコも含めると選択肢はさらに広がる。微生物が環境条件や有機物の状態に応じて、そのつど選択肢（酵素）から最適なものが選択され、その結果として二酸化炭素と腐植が生みだされる。土に住む100億個の細菌のもたらす多機能性は冗長で無駄が多そうだが、誰かが欠けても他の誰かが補完する（相補性）。将棋を例にとると、1局（例えば100手）の中で1手ごとに平均100通り読む将棋棋士と「自分がこう指して、相手がこうした時、こうすればうまくいく」という「3手の読み」を繰り返す私とでは対応力が雲泥の差になる。選手層の厚みとチームワークが土の微生物の持つ超多様性とネットワークの価値だ。

人工知能とは違い、土には柔軟性もある。もちろん、土がネバネバ、フカフカするという意味ではなく、変化への対応力を指す。人工知能が将棋の名人を打ち負かしたとはいえ、人工知能の目指すものは人間の脳だという。人間の脳はエネルギー効率の良さが魅力だ。また、将棋の対局の途中で桂馬《けいま》の動きのルールを変えれば、ルール変更がないことを前提としている人工知能は機能不全に陥るが、ヒトの脳には時折ミスは付きまとうものの、ルール変更にも柔軟に対応できる。

膨大な生命を抱える土では、進化というルール違反がしばしば発生する。根と微生物の共生、リグニンに富む樹木の出現、キノコの登場、病原菌の進化。ルール変更に翻弄されながらも、土壌動物や微生物は多様な戦略を試行錯誤し、適応してきた。粘土や団粒構造の自己再生機能に加え、〝知性〟と代謝（物質循環）機能を持ち、進化もする。土は、その総体として見た時に、生命の要件すら満たし、人工知能よりも脳に近い機能を果たしていた。土には、最古にして最先端の知能がある。

岩石砂漠から植物、ミミズ、カブトムシの幼虫、恐竜がいかに土を作り上げ、ヒトはいかに土を耕し、さらには土を作ろうと試行錯誤していくのか。大さじ１杯の土に住む１００億個の微生物の織りなすプロセスを１００億個の大脳の神経細胞や人工知能のネットワークで考え、21世紀中葉には到達するといわれる１００億人で試行錯誤する。多様なメンバー、冗長な機能を含むネットワークが肥沃な土壌を耕すことは５億年の歴史が証明している。１００億個の微生物、１０

0億人のヒトを重荷にするのか、分厚い選手層とするのかはミミズや植物根だけでなく、ホモ・サピエンス（知恵ある人）を名乗る私たちの手にもかかっている。

一握の土と希望

地下には無数の粘土、微生物が相互作用する複雑なシステム、大きな可能性を秘めた小宇宙が広がっている。というと、「もうお手上げ」と言っているように聞こえる。この本は、ロマンや道徳を語るよりも、オクラをうまく育てたい土の研究者が書いている。「土は人間には作れない、かけがえのないものだ」と伝えるのは宮崎アニメのヒロインたちのほうが上手だ。土木業、家庭菜園ですぐに役立つ土作りの指南書でもない。それは近所のプロの農家のほうが詳しい。

この本で伝えたいのは、土を作ることは難しかったという実感と、やり方次第では不可能ではなさそうという希望である。土を作れないという私の悩みは、生命の進化、人類の繁栄の原動力となる土の本質に迫るものであり、今や文明の盛衰を占うものでもある。

人間の脳は将棋の人工知能に上回られはしたが、人工知能に必勝法が見つかったわけではない。人工知能の登場によって定跡が塗り替えられ、棋士は強くなった。土についても、そのすべてを制御するのは容易ではないが、土に学ぶことはできる。人工知能を土や微生物を思い通りに操れる道具や奴隷だと期待するとガッカリだが、ともに歩む相棒としてとらえ直せば、未解明の

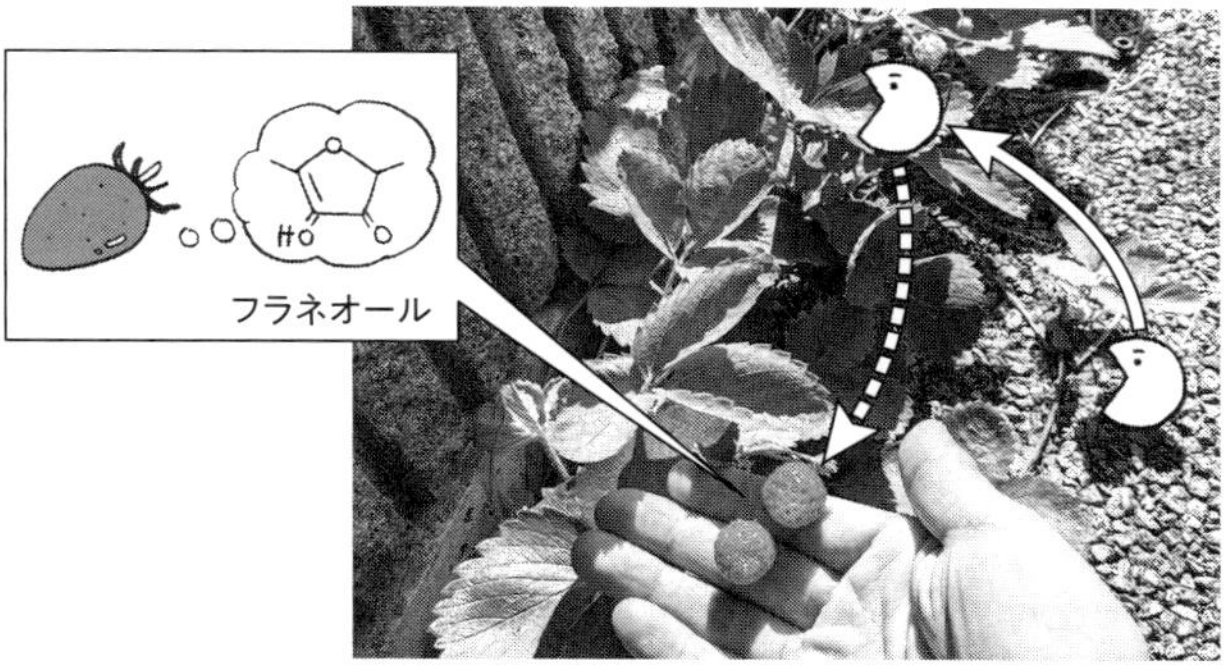

図 7-15　イチゴの香り物質の生産メカニズム
土壌微生物（メチロバクテリウムの一種）が葉に移行し、香り物質を生産する
写真：筆者

課題の山も可能性の宝庫になる。

私の家庭菜園のプランターから逃げ出して道路脇に根を下ろしたど根性イチゴは、ただ甘いだけでなく、風味も最高だった。香り物質の主成分はフラネオールという。土壌細菌（メチロバクテリウム）が根から茎へ、茎から葉へと移動し、イチゴの葉の作った代謝物質（フルクトース6リン酸）をフラネオールに作り変え、果実に集める（図7-15）。

イチゴだけでも土壌細菌だけでもダメで、両者の相乗効果によって美味《おい》しいイチゴになる。畑や産地の土によってイチゴの風味が違う[7-26]。気候や栽培技術まで含めた風土によってワインの風味が異なることを**テロワール**というが、これも土の魅力となる。

これまで私が調べた中で、同じ微生物群集を持つ土は二つとしてない。これは、料理や教育の現場で食材や子どもたちが毎回違うのと似ている。工場で製品を作るようにはいかない。オンライン動画の講師だけではなく、学校で生徒一人一人に向き合う教師が必要なのは、一人一人の多様性と相互作用にこそ意味があるからだ。複雑な土と微生物がイチゴやワインに多様性を生むと考えると、土は思い通りにいかないからこそ面白いのかもしれない。

リチャード・ファインマンの「作れないということは、それを理解できているとはいえない」という言葉に背中を押され、人工的に土を作る挑戦を続けてきた。荒れ地の再生や、火星や月で農業をするテラフォーミングにはワクワクさせる希望がある。ただし、科学技術への楽観的な信頼は過信と紙一重だ。重金属、プラスチック、放射性物質による環境汚染は昔のことではない。土壌劣化への反省に立てば、既存の土を守ることこそ王道で、人工土壌は邪道に見えるかもしれない。

伝統的な暮らしや自然共生への憧憬、あるいは土なし植物工場への期待。いろいろあっていいが、土との付き合い方に必勝法はない。人類は知識を蓄え、選択肢を広く持つことで絶滅を回避してきた。人口増加や食料危機、気候変動を前に暗い顔で無力感にさいなまれるのではなく、前向きに問題に取り組んでいくためのアイデアを共有したい。人工土壌は一例にすぎない。北海道一つ分の粘土の表面積、1万種の微生物を動員し、5億年分の繰り返し計算によって最適化されたインテリジェント材料の設計・企画をするのが土いじりだと思うと、見え方が変わってくる。人類は、土という究極の知性と一緒に進化してきたし、これからもできるはずだ。

おわりに

40年前に埋設された岩石粉末サンプルが見つからず、山中をさまよいながら気が付いたことが二つある。スギの人工林が伐採適期を過ぎて高樹齢（60歳）を迎えていること、自分がひどい花粉症だったことだ。実験が始まった1979年はまだ林業が盛んだった。自分の代で収穫できるわけではない木の苗を次の世代のために一本一本植えたのだ。今や花粉症を招く厄介者になってしまったが、森の再生と子孫の繁栄を信じて木を植えた人々が確かにいた。

ちっぽけ具合では、私たち一人一人の仕事や暮らしも似ている。それでも、ミミズが、カブトムシの幼虫が、恐竜が、そして先人たちが大地を耕してきた結果として、今、足元には土がある。落ち葉の99パーセントが分解し、土になるのはたったの1パーセントだ。地球に岩が風化して粘土ができ、その粘土もやがてまた岩に戻る。繁栄を謳歌《おうか》した生物も自らが耕した土の変化に対応できなければ、次の生物に舞台を譲ることになる。虚無感や徒労感にさいなまれて誰も土を耕していなければ、地球は森も土もない荒れ地だったかもしれない。もしも先人が40年前に風化実験の鉱物粉末を埋めていなければ、人工土壌の希望はなかった。

植物が地球に届く太陽エネルギーと二酸化炭素を使って有機物を作り出し、その有機物も分解すれば二酸化炭素に戻る。完全な循環では何も残らないはずだが、少しだけ対称性にほつれがある。それが土の腐植や私たち人類の体を構成している。40年もののタイムカプセルの土をすべて持ち帰ろうと思ったが、未来の土の研究者のために半分残すことにした。埋設地点のGPS情報は論文に正確に残すことに決めている。

考古学では遺留物から、そこにどんな暮らしがあったのかを復元する。土という1パーセントの遺留物から残りの99パーセントの循環を想《おも》えば、そこには5億年にわたるいのちの躍動があり、磨き上げられたシステムがある。さらに想像をたくましくすれば、納豆菌のような既知の微生物1パーセントの向こうには、共存する99パーセントの微生物の働き、無数の鉱物との相互作用があり、5億年にわたって試行錯誤を重ねた究極の自然知能が存在し、その計算の産物としてイチゴやジャガイモがある。

近代科学の多くは土から出発したが、身近さゆえか、土は原初的な科学だとみなされることがある。泥団子作り、砂鉄集めにも、それぞれ可塑性《かそせい》、磁性という複雑で難解な科学があるが、大人は好奇心を失いやすい。かくして科学技術に依存した現代社会には、科学離れした人々が暮らす。食料生産において土への依存や負荷をぎりぎりまで高める一方で、どんどん土から遠ざかりつつある。私も例外ではない。かなりの田舎で育った子どもの頃、家宅侵入するムカデの足音におびえ、都会、それもコンクリートで囲まれた気密性の高い部屋のよどんだ空気に憧れさえした。しかし、本当に怖いのはムカデのいない世界だ。46億年の歴史は、土こそ私たちの生命と文明を生みだした基盤であること、ミミズを手本にしなければ科学文明も持続的たりえないことを教えてくれている。身近にありながら現代科学ですら再現できない高度な物質を見下すことはできない。

土とは何なのか。シンプルな問題ほど答えは難しく、いつも答えが一つとは限らない。土粒子に注目した「砂＋粘土＋腐植の混合物」に始まり、団粒構造に代表される「砂＋粘土＋腐植＋空気＋水の空間」、人工土壌にも適用できる「鉱物×生物＝自律的な知的システム」へと拡張してきたが、ゴールではない。ダーウィンは、なぜ根っこが下に伸びるのか、なぜミミズによって土ができるのか、というシンプルで本質的な課題に挑み続けた。生物や環境に少しずつ生じる変化の積み重ねが進化や生態系の変化を引き起こすという点において、ヒトを含む生物の進化論とミミズの土作りは地続きのテーマだった。シンプルな問いほど応用も効く。粘土がなぜネバるのか、堂々と悩んでいい。

本書を通して、数十億年前という気の遠くなるほど昔の土と生命の歩みを身近な事例で説明することに挑戦した。逆に分かりにくくなっているかもしれないが、深海でも宇宙でも地質でもない土の研究者である私の強みは、材料の普遍性ゆえに科学をもっと身近に感じてもらえる点にあると考えている。一方で、四十を超えても泥団子作りに勤しんでいると、研究というより子供の遊びだと思われることも少なくない（対策として巻末に化学式をつけた）。しかし、「野菜作りは土作り」という。私のような素人に限らず野菜作りのプロでも土を自在に操れる人は少なく、試行錯誤を続ける探究心、冒険を楽しむ遊び心を大切にしている。この本を書いているあいだにカボチャの育て方はマスターした。オクラはこれからだ。どうしたらオクラがよく育つのか、どうして泥団子は光るのか、一緒に考えてもらえたら幸いである。

この本一冊が読者に届くまでに、編集者の家田有美子さん、校閲者さん、イラストレーターの須山奈津希さん、デザイナーさん、印刷会社さん、本屋さん、宅配業者さんなど多くの方が関わっていることにお礼を申し上げる。本書が読者の知識の多様性と冗長性を高めることを期待して、筆をおきたい。

２０２４年11月　藤井一至

9）鉄酸化細菌が２価鉄イオンを酸化して糖を作る反応 (87ページ)

$HCO_3^- + 4Fe^{2+} + 10H_2O \rightarrow 1/6\ C_6H_{12}O_6 + 4Fe(OH)_3$（水酸化鉄）$+ 7H^+$

10）植物が土のカルシウムを吸収する土壌酸性化 (103ページ)

粘土 $-Ca^{2+}$（土）$+ (COO^-)_2- 2H^+$（植物）$\rightarrow (COO^-)_2-Ca^{2+}$（植物）$+$ 粘土 $-2H^+$（土）

11）尿素が分解されアンモニア、硝酸ができる過程 (136ページ)

$(NH_2)_2CO$（尿素）$+ H_2O + 2H^+ \rightarrow 2NH_4^+$（アンモニウムイオン）$+ CO_2$

$NH_4^+ + 2O_2 \rightarrow NO_3^-$（硝酸イオン）$+ 2H^+ + H_2O$

12）岩石風化による粘土生成 (144ページ) (185ページ)

$2KAlSi_3O_8$（カリ長石）$+ 2H_2CO_3$（炭酸）$+ 9H_2O \rightarrow Al_2Si_2O_5(OH)_4$（カオリナイト）$+ 4H_4SiO_4 + 2K^+ + 2HCO_3^-$

13）雲母からのカオリナイト、アルミニウム水酸化物（ギブサイト）生成 (154ページ)

$2K(Mg_2Fe)(AlSi_3)O_{10}(OH)_2$（雲母）$+ 10H^+ + 0.5O_2 + 6H_2O \rightarrow Al_2Si_2O_5(OH)_4$（カオリナイト）$+ 2K^+ + 4Mg^{2+} + 2Fe(OH)_3 + 4H_4SiO_4$（ケイ酸）

$Al_2Si_2O_5(OH)_4$（カオリナイト）$+ 5H_2O \rightarrow 2Al(OH)_3$（ギブサイト）$+ 2H_4SiO_4$

14）逆風化によるスメクタイトの生成 (166ページ)

$0.15Ca^{2+} + 0.1Na^+ + 2.5Mg^{2+} + 0.8Fe^{2+} + 3H_4SiO_4 + Al(OH)_3$（水酸化アルミニウム）$+ 7HCO_3^- \rightarrow Ca_{0.15}Na_{0.1}Mg_{2.5}Fe_{0.8}Si_3AlO_{10}(OH)_2$（スメクタイトの一種）$+ 7CO_2 + 10H_2O$

15）リン鉱石からリン肥料（過リン酸石灰）ができる反応 (195ページ)

$Ca_3(PO_4)_2$（リン鉱石）$+ 2H_2SO_4$（硫酸）$+ 4H_2O \rightarrow Ca(H_2PO_4)_2$（リン酸二水素カルシウム）$+ 2CaSO_4 \cdot 2H_2O$（石膏）

16）亜酸化窒素を生じる脱窒（菌類） (200ページ)

$1/3\ C_6H_{12}O_6 + 2NO_3^- + 2H^+ \rightarrow N_2O$（亜酸化窒素）$+ 2CO_2 + 3H_2O$

17）溶出した２価鉄イオン・リン酸水素イオンからのビビアナイト生成 (234ページ)

$3Fe^{2+} + 2HPO_4^{2-} + 4H^+ + 2H_2O + 6OH^- \rightarrow Fe_3(PO_4)_2 \cdot 8H_2O$（ビビアナイト）

巻末付録 この本で登場した話の化学反応（嫌いな人はスルーして大丈夫）

1）蛇紋岩中の輝石から酸化鉄が生成する反応 （29ページ）

$4CaFeSi_2O_6$（輝石）＋ $20H_2O$ ＋ O_2 ＋ $8CO_2$ → $2Fe_2O_3$（酸化鉄）＋ $8H_4SiO_4$（ケイ酸）＋ $4Ca^{2+}$ ＋ $8HCO_3^-$（重炭酸）

2）玄武岩の斜長石からスメクタイトができる反応 （45ページ）

$7NaAlSi_3O_8$（斜長石）＋ $6H^+$ ＋ $20H_2O$ →（イオン化）→ $3Na_{0.33}Al_2(Si_{3.67}Al_{0.33})O_{10}(OH)_2$（スメクタイトの一種）＋ $6Na^+$ ＋ $10H_4SiO_4$

3）メタンとアンモニアから青酸とホルムアルデヒド、アミノ酸（グリシン）ができる反応 （51ページ）

$2CH_4$（メタン）＋ $2NH_3$（アンモニア）＋ $3O_2$ → $2HCN$（青酸）＋ $6H_2O$

CH_4（メタン）＋ O_2 → $HCHO$（ホルムアルデヒド）＋ H_2O

HCN（青酸）＋ $HCHO$（ホルムアルデヒド）＋ NH_3（アンモニア）＋ H_2O → NH_2CH_2CN（アミノアセトニトリル）＋ $2H_2O$ → NH_2CH_2COOH（グリシン）＋ NH_3

4）有機物の分解（逆に進めば、植物の光合成）（60ページ）

$C_6H_{12}O_6$（糖）＋ $6O_2$ → $6CO_2$ ＋ $6H_2O$

＊1モルあたり2870キロジュールのエネルギーを生む

5）酸化還元反応 （61ページ）

$1/5\ NO_3^-$（硝酸イオン）＋ $6/5\ H^+$ ＋ e^-（電子）→ $1/10\ N_2$（窒素）＋ $3/5\ H_2O$ （200ページ）

$1/2\ MnO_2$（二酸化マンガン）＋ $2H^+$ ＋ e^- → $1/2\ Mn^{2+}$（2価マンガンイオン）＋ $2H_2O$

$1/2\ Fe_2O_3$（酸化鉄）＋ e^- ＋ $3H^+$ → Fe^{2+}（2価鉄イオン）＋ $3/2H_2O$

$1/8\ SO_4^{2-}$（硫酸イオン）＋ $5/4\ H^+$ ＋ e^- → $1/8\ H_2S$（硫化水素）＋ $1/2\ H_2O$

HCO_3^-（重炭酸イオン）＋ $4H_2$ ＋ H^+ → CH_4（メタン）＋ $3H_2O$

CH_3COO^-（酢酸イオン）＋ H^+＋ $2H_2O$ → $4H_2$ ＋ $2CO_2$ → CH_4（メタン）＋ $2H_2O$ ＊1モルあたり36キロジュールのエネルギーを生む

6）硫化水素で光合成する反応 （64ページ）

$12H_2S$（硫化水素）＋ $6CO_2$ → $12S$（硫黄）＋ $6H_2O$ ＋ $C_6H_{12}O_6$（糖）

7）2価鉄イオンが酸化して縞状鉄鉱床を作る反応 （67ページ）

$2Fe^{2+}$（2価鉄イオン）＋ $3H_2O$ → Fe_2O_3（酸化鉄）＋ $6H^+$ ＋ $2e^-$

8）窒素固定 （70ページ）

N_2 ＋ $8H^+$ ＋ $8e^-$ → $2NH_3$ ＋ H_2

[7-17] Fujii K et al. (2020) Plant and Soil, 446, 425-439.
[7-18] Phillips HRP et al. (2019) Science, 366 (6464), 480-485.
[7-19] Qiu J, Turner MG (2017) Biological Invasions, 19, 73-88.
[7-20] Dahlsjö CAL et al. (2014) Journal of Tropical Ecology, 30, 143-152.
[7-21] Trappe JM (1977) Annual Review of Phytopathology, 15, 203-222.
[7-22] Ellegaard KM et al. (2020) Current Biology, 30, 2520-2531.
[7-23] Hammer TJ et al. (2017) PNAS, 114, 9641-9646.
[7-24] 吉田文和 (1978) 北海道大學經濟學研究, 28, 125-141.
[7-25] 国際協力機構 (2019) インドネシア国バリ島デンパサール市における一般廃棄物の循環・分散型処理普及・実証事業業務完了報告書
[7-26] Verginer M et al. (2010) FEMS Microbiology Ecology, 74, 136-145.

房新社
[6-5] ジェームズ・C・スコット（2019）『反穀物の人類史』みすず書房
[6-6] Montgomery DR（2007）PNAS, 104, 13268-13272.
[6-7] Vanlauwe B et al.（2015）Nature Plants, 1, 15101.
[6-8] 高橋英一（1991）『肥料の来た道帰る道』研成社
[6-9] Koppelaar RHEM, Weikard HP（2013）Global Environmental Change, 23, 1454-1466.
[6-10] Crookes W（1898）Science, 8（200）, 561-575.
[6-11] Sutton MA et al.（2013）Our nutrient world. The challenge to produce more food & energy with less pollution. the Centre for Ecology & Hydrology.
[6-12] Lassaletta L et al.（2014）Environmental Research Letters, 9, 105011.
[6-13] Guo JH et al.（2010）Science, 327（5968）, 1008-1010.
[6-14] Blum WEH, Swaran H（2004）Journal of Food Science, 69, 37-42.
[6-15] 藤井一至（2019）「Key Note 家族経営農業と土壌の持続的利用」『ARDEC: world agriculture now』61, 31-35.

第７章

[7-1] Wamelink GWW et al.（2022）Open Agriculture, 7, 238-248.
[7-2] Wamelink GWW et al.（2021）Terraforming Mars. John Wiley & Sons.
[7-3] ロブ・ダン（2021）『家は生態系』白揚社
[7-4] Zheng T et al.（2021）Soil Biology and Biochemistry, 152, 108070.
[7-5] Ayukawa Y et al.（2021）Communications Biology, 4, 707.
[7-6] Moeller AH et al.（2014）PNAS, 111, 16431-16435.
[7-7] Rodriguez-R LM et al.（2018）mSystems, 3, e00039-18.
[7-8] Locey KJ, Lennon JT（2016）PNAS, 113, 5970-5975.
[7-9] Carini P et al.（2016）Nature Microbiology, 2, 16242.
[7-10] Wen A et al.（2021）ACS Synthetic Biology, 10, 3264-3277.
[7-11] Van Veen JA et al.（1997）Microbiology and Molecular Biology Reviews, 61, 121-135.
[7-12] Schlesinger WH, Bernhardt ES（2013）Biogeochemistry. Academic Press.
[7-13] Fujii K et al.（2009）Plant and Soil, 316, 241-255.
[7-14] Xu X et al.（2013）Global Ecology and Biogeography, 22, 737-749.
[7-15] Fujii K et al.（2020）Soil Ecology Letters, 2, 281-294.
[7-16] Fujii K（2024）Plant strategy of root system architecture and exudates for acquiring soil nutrients. Ecological Research, 39, 623-633.

[4-31] Aiewsakun P, Katzourakis A (2017) Nature Communications, 8, 13954.
[4-32] Mi S et al. (2000) Nature, 403 (6771), 785-789.
[4-33] Kamemoto FI (1962) The Biological Bulletin, 122, 228-231.

第5章

[5-1] 太田直一 (1972) 化学教育, 20, 182-188.
[5-2] Lambers H et al. (2002) Plant and Soil, 238, 111-122.
[5-3] 島泰三 (2016)『ヒト』中央公論新社
[5-4] Leonard WR (2002) Scientific American, 287, 106-115.
[5-5] Heinicke MP et al. (2012) Biology Letters, 8, 994-997.
[5-6] Ghosh S et al. (2015) Journal of Palaeogeography, 4, 203-230.
[5-7] Nyffeler R, Baum DA (2001) Organisms Diversity & Evolution, 1, 165-178.
[5-8] Molnar P (1990) Irish Journal of Earth Sciences, 10, 199-207.
[5-9] 安成哲三 (2013) ヒマラヤ学誌 : Himalayan Study Monographs, 14, 19-38.
[5-10] Rodríguez Tribaldos V et al. (2017) Geochemistry, Geophysics, Geosystems, 18, 2321-2353.
[5-11] Peter BD (2004) Earth and Planetary Science Letters, 220, 3-24.
[5-12] Dunbar RIM, Shultz S (2007) Phil. Trans. R. Soc. B, 362, 649-658.
[5-13] Isson TT, Planavsky NJ (2018) Nature, 560 (7719), 471-475.
[5-14] Peter BD (2011) Climate and human evolution. Science, 331 (6017), 540-542.
[5-15] 三井誠 (2005)『人類進化の700万年』講談社
[5-16] Drouin G et al. (2011) Current Genomics, 12, 371-378.
[5-17] Fujii K et al. (2024) Biogeochemistry, 167, 695-703.
[5-18] Stevenson PR (2001) Biological Journal of the Linnean Society, 72, 161-178.
[5-19] アンドリュー・カリー (2017)「酒と人類」『ナショナルジオグラフィック日本版』2月号
[5-20] 篠田謙一＝編 (2013)『別冊日経サイエンス194』日経サイエンス社

第6章

[6-1] Kopittke PM et al. (2019) Environment International, 132, 105078.
[6-2] 島泰三 (2020)『魚食の人類史』NHK出版
[6-3] C. W. マリーン (2013)「祖先はアフリカ南端で生き延びた」『別冊日経サイエンス194』
[6-4] ユヴァル・ノア・ハラリ (2016)『サピエンス全史 (上)』河出書

[4-4] Knauth LP (1998) Nature, 395 (6702), 554-555.
[4-5] Hay WW et al. (2006) Palaeogeography, Palaeoclimatology, Palaeoecology, 240, 3-46.
[4-6] 内山実ら (2009)「尿素を利用する体液調節：その比較生物学 その2」『比較内分泌学』35 (134), 175-189.
[4-7] 中村方子 (1996)『ミミズのいる地球』中央公論社
[4-8] 大谷剛 (2016)「なぜ脊椎動物の足は4本で昆虫は6本なのか」『論座』朝日新聞
[4-9] Cao G et al. (2013) Nature Communications, 4, 1401.
[4-10] Becher PG et al. (2020) Nature Microbiology, 5, 821-829.
[4-11] Hummel J et al. (2008) In vitro digestibility of fern and gymnosperm foliage: implications for sauropod feeding ecology and diet selection. Proc. R. Soc. B, 275, 1015-1021.
[4-12] Frederick M, GG Gallup Jr (2017) The demise of dinosaurs and learned taste aversions: The biotic revenge hypothesis. Ideas in Ecology and Evolution, 10, 47-54.
[4-13] Fujii K et al. (2018) Plant-soil interactions maintain biodiversity and functions of tropical forest ecosystems. Ecological Research, 33, 149-160.
[4-14] 吉田賢治 (2016)『クワガタムシ・カブトムシの知られざる世界』KKベストセラーズ
[4-15] Kim SI, Farrell BD (2015) Molecular Phylogenetics and Evolution, 86, 35-48.
[4-16] Fujii K, Hayakawa C (2022) Urea uptake by spruce tree roots in permafrost-affected soils. Soil Biology and Biochemistry, 169, 108647.
[4-17] Rothman DH et al. (2014) PNAS, 111, 5462-5467.
[4-18] Renne PR et al. (1995) Science, 269 (5229), 1413-1416.
[4-19] 坂元志歩 (2006)「恐竜の巨大化と哺乳類の進化」『日経サイエンス』8月号
[4-20] ダレン・ナイシュ, ポール・バレット (2019)『恐竜の教科書』創元社
[4-21] Ohkouchi N et al. (2006) Biogeosciences, 3, 467-478.
[4-22] Varga T et al. (2019) Nature Ecology & Evolution, 3, 668-678.
[4-23] De Boer HJ et al. (2012) Nature Communications, 3, 1221.
[4-24] 柏木洋彦 (2017) 地学雑誌, 126, 513-531.
[4-25] Tsuboi M et al. (2018) Nature Ecology & Evolution, 2, 1492-1500.
[4-26] Nakashima K et al. (2018) Nature Communications, 9, 3402.
[4-27] Robert VA, Casadevall A (2009) The Journal of Infectious Diseases, 200, 1623-1626.
[4-28] Casadevall A (2005) Fungal Genetics and Biology, 42, 98-106.
[4-29] Ohno S et al. (2014) Nature Geoscience, 7, 279-282.
[4-30] フランク・ライアン (2011)『破壊する創造者』早川書房

[2-27] Allen JF et al. (2019) Trends in Plant Science, 24, 1022-1031.

第3章

[3-1] Tamm CO, Hallbäcken L (1988) Ambio, 17, 56-61.
[3-2] Miltner A et al. (2012) Biogeochemistry, 111, 41-55.
[3-3] Liang C et al. (2019) Global Change Biology, 25, 3578-3590.
[3-4] Allison SD et al. (2010) Nature Geoscience, 3, 336-340.
[3-5] 藤村玲子ら (2011) 日本生態学会誌, 61, 211-218.
[3-6] Williams SL (2016) From sea to sea. Nature, 530, 290-291.
[3-7] Fujii K et al. (2021) Plasticity of pine tree roots to podzolization of boreal sandy soils. Plant and Soil, 464, 209-222.
[3-8] Akiyama K et al. (2005) Nature, 435 (7043), 824-827.
[3-9] Brundrett MC, Tedersoo L (2018) New Phytologist, 220, 1108-1115.
[3-10] Dugje IY et al. (2006) Agriculture, Ecosystems & Environment, 116, 251-254.
[3-11] Korenblum E et al. (2020) PNAS, 117, 3874-3883.
[3-12] デイビッド・モントゴメリー, アン・ビクレー (2016)『土と内臓』築地書館
[3-13] Boerjan W et al. (2003) Annual Review of Plant Biology, 54, 519-546.
[3-14] Weng JK, Chapple C (2010) New Phytologist, 187, 273-285.
[3-15] Floudas D et al. (2012) Science, 336 (6089), 1715-1719.
[3-16] Nelsen MP et al. (2016) PNAS, 113, 2442-2447.
[3-17] Lambers H et al. (2009) Plant and Soil, 321, 83-115.
[3-18] Fujii K et al. (2020) A comparison of lignin-degrading enzyme activities in forest floor layers across a global climatic gradient. Soil Ecology Letters, 2, 281-294.
[3-19] Ayuso-Fernández I et al. (2019) PNAS, 116, 17900-17905.
[3-20] Kohler A et al. (2015) Nature Genetics, 47, 410-415.
[3-21] Taylor L et al. (2011) American Journal of Science, 311, 369-403.
[3-22] Tedersoo L et al. (2020) Science, 367 (6480), eaba1223.
[3-23] 厚生労働省 平成28年人口動態統計データ

第4章

[4-1] Higinbotham N et al. (1967) Plant Physiology, 42, 37-46.
[4-2] Newburgh LH, Leaf A (1950) Significance of the body fluids in clinical medicine. CC Thomas.
[4-3] 兵藤晋ら (2008)「尿素を利用する体液調節：その比較生物学 その1」『比較内分泌学』34 (130), 137-145.

第2章

[2-1] Takami H et al. (2012) PloS One, 7, e30559.
[2-2] Georgiou CD (2018) Astrobiology, 18, 1479-1496.
[2-3] Naraoka H et al. (2023) Soluble organic molecules in samples of the carbonaceous asteroid (162173) Ryugu. Science, 379 (6634), eabn9033.
[2-4] 中沢弘基 (2006)『生命の起源・地球が書いたシナリオ』新日本出版社
[2-5] Miller SL (1953) A production of amino acids under possible primitive earth conditions. Science, 117 (3046), 528-529.
[2-6] Miller SL, Urey HC (1959) Organic compound synthesis on the primitive earth. Science, 130 (3370), 245-251.
[2-7] Ferus M et al. (2020) Astrobiology, 20, 1476-1488.
[2-8] 山岸皓彦 (1998) 化学と教育, 46, 15-19.
[2-9] 大栄英雄 (1967) 紙パ技協誌, 21, 328-332.
[2-10] Hashizume H (2012) Clay minerals in Nature - their characterization, modification and application, 191-208, IntechOpen.
[2-11] Ferris JP (2006) Phil. Trans. R. Soc. B, 361, 1777-1786.
[2-12] 木村眞人 (1991)「土壌中の微生物とその働き (その1)」『農業土木学会誌』59, 415-420.
[2-13] Blum WEH et al. (2019) Does soil contribute to the human gut microbiome?. Microorganisms, 7, 287.
[2-14] Toyofuku M et al. (2017) ISME Journal, 11, 1504-1509.
[2-15] Baas Becking LGM (1934) Geobiologie of inleiding tot de milieukunde. W.P. Van Stockum & Zoon.
[2-16] 藤井一至 (2018)「地質, 土壌, 堆積物」『生態系生態学 第2版』73-104, 森北出版
[2-17] Imachi H et al. (2020) Nature, 577 (7791), 519-525.
[2-18] Hawkesworth C et al. (2019) Geoscience Frontiers, 10, 165-173.
[2-19] Tarduno JA et al. (2023) Nature, 618 (7965), 531-536.
[2-20] 藤井一至 (2015)『大地の五億年』山と溪谷社
[2-21] Harada M et al. (2015) Earth and Planetary Science Letters, 419, 178-186.
[2-22] Hayes JM, Waldbauer JR (2006) Phil. Trans. R. Soc. B, 361, 931-950.
[2-23] ロバート・ヘイゼン (2014)『地球進化 46億年の物語』講談社ブルーバックス
[2-24] Catling DC, Zahnle KJ (2020) The archean atmosphere. Science Advances, 6, eaax1420.
[2-25] Rae JWB et al. (2021) Annual Review of Earth and Planetary Sciences, 49, 609-641.
[2-26] Tanaka S, Lee YH (1997) Water Science and Technology, 36, 143-150.

参考資料

はじめに

[0-1] 「創世記」第2章7節
[0-2] Domańska E（2020）Journal of Genocide Research, 22, 241-255.
[0-3] 平成29・30・31年改訂学習指導要領 小学校 第2章 第4節 理科 第5学年 生命・地球, 103.
[0-4] 藤井一至（2018）『土 地球最後のナゾ』光文社
[0-5] Eswaran H et al.（2001）Land degradation: an overview. 20-35, Science Publishers.
[0-6] Evans DL et al.（2020）Environmental Research Letters, 15, 0940b2.

第1章

[1-1] Tashiro T et al.（2017）Nature, 549（7673）, 516-518.
[1-2] Carrillo-Sánchez JD et al.（2015）Geophysical Research Letters, 42, 6518-6525.
[1-3] 川幡穂高（2011）『地球表層環境の進化』東京大学出版会
[1-4] 『ブラッド・ダイヤモンド』エドワード・ズウィック＝監督（2006）ワーナー・ブラザース
[1-5] Spalding KL et al.（2005）Cell, 122, 133-143.
[1-6] Sender R, Milo R（2021）Nature Medicine, 27, 45-48.
[1-7] Allen-Sutter H et al.（2020）The Planetary Science Journal, 1, 39-46.
[1-8] 武内寿久禰（1980）「鉄鉱石の起源」『鉄と鋼』66, 724-729.
[1-9] Lodders K（2003）Solar system abundances and condensation temperatures of the elements. The Astrophysical Journal, 591, 1220-1247.
[1-10] 松井孝典（2005）『松井教授の東大駒場講義録』集英社
[1-11] Fujii K et al.（2020）Soil Science and Plant Nutrition, 66, 680-692.
[1-12] 石黒宗秀（2013）日本土壌肥料学雑誌, 84, 405-410.
[1-13] Soil Survey Staff（2022）Keys to Soil Taxonomy, 13th ed. USDA.
[1-14] Pujol M et al.（2013）Nature, 498（7452）, 87-90.
[1-15] Van Breemen N, Buurman P（2002）Soil Formation. Springer Dordrecht.

ヤ行

ラ・ワ行

マ行

タ行

ナ行

ハ行

サ行

さくいん

N.D.C.450　265 p　18cm

ブルーバックス　B-2278

土《つち》と生命《せいめい》の46億年史《おくねんし》

土と進化の謎に迫る

2024年12月20日　第1刷発行
2025年 1 月24日　第2刷発行

著者　藤井一至《ふじいかずみち》
発行者　篠木和久
発行所　株式会社講談社
〒112-8001　東京都文京区音羽2-12-21
電話　出版　03-5395-3524
販売　03-5395-5817
業務　03-5395-3615
印刷所　（本文印刷）株式会社新藤慶昌堂
（カバー表紙印刷）信毎書籍印刷株式会社
製本所　株式会社国宝社

定価はカバーに表示してあります。

ISBN978－4－06－537838－0

発刊のことば

科学をあなたのポケットに

二十世紀最大の特色は、それが科学時代であるということです。科学は日に日に進歩を続け、止まるところを知りません。ひと昔前の夢物語もどんどん現実化しており、今やわれわれの生活のすべてが、科学によってゆり動かされているといっても過言ではないでしょう。

そのような背景を考えれば、学者や学生はもちろん、産業人も、セールスマンも、ジャーナリストも、家庭の主婦も、みんなが科学を知らなければ、時代の流れに逆らうことになるでしょう。

ブルーバックス発刊の意義と必然性はそこにあります。このシリーズは、読む人に科学的に物を考える習慣と、科学的に物を見る目を養っていただくことを最大の目標にしています。そのためには、単に原理や法則の解説に終始するのではなくて、政治や経済など、社会科学や人文科学にも関連させて、広い視野から問題を追究していきます。科学はむずかしいという先入観を改める表現と構成、それも類書にないブルーバックスの特色であると信じます。

一九六三年九月

野間省一

ブルーバックス　地球科学関係書（I）

1414 謎解き・海洋と大気の物理　保坂直紀
1510 新しい高校地学の教科書　杵島正洋／松本直記＝編著／左巻健男
1592 発展コラム式　中学理科の教科書　第2分野（生物・地球・宇宙）　石渡正志／滝川洋二＝編
1639 見えない巨大水脈　地下水の科学　日本地下水学会／井田徹治
1670 森が消えれば海も死ぬ　第2版　松永勝彦
1721 図解　気象学入門　古川武彦／大木勇人
1756 山はどうしてできるのか　藤岡換太郎
1804 海はどうしてできたのか　藤岡換太郎
1824 日本の深海　瀧澤美奈子
1834 図解　プレートテクトニクス入門　木村　学／大木勇人
1844 死なないやつら　長沼　毅
1861 発展コラム式　中学理科の教科書　改訂版　生物・地球・宇宙編　石渡正志／滝川洋二＝編
1865 地球進化　46億年の物語　ロバート・ヘイゼン／円城寺　守＝監訳／渡会圭子＝訳
1883 地球はどうしてできたのか　吉田晶樹
1885 川はどうしてできるのか　藤岡換太郎
1905 あっと驚く科学の数字　数から科学を読む研究会
1924 謎解き・津波と波浪の物理　保坂直紀
1925 地球を突き動かす超巨大火山　佐野貴司
1936 Q&A火山噴火127の疑問　日本火山学会＝編
1957 日本海　その深層で起こっていること　蒲生俊敬
1974 海の教科書　柏野祐二
1995 活断層地震はどこまで予測できるか　遠田晋次
2000 日本列島100万年史　山崎晴雄／久保純子
2002 地学ノススメ　鎌田浩毅
2004 人類と気候の10万年史　中川　毅
2008 地球はなぜ「水の惑星」なのか　唐戸俊一郎
2015 三つの石で地球がわかる　藤岡換太郎
2021 海に沈んだ大陸の謎　佐野貴司
2067 フォッサマグナ　藤岡換太郎
2068 太平洋　その深層で起こっていること　蒲生俊敬
2074 地球46億年　気候大変動　横山祐典
2075 日本列島の下では何が起きているのか　中島淳一
2094 富士山噴火と南海トラフ　鎌田浩毅
2095 深海——極限の世界　藤倉克則・木村純一＝編著／海洋研究開発機構＝協力
2097 地球をめぐる不都合な物質　日本環境学会＝編著
2116 見えない絶景　深海底巨大地形　藤岡換太郎
2128 地球は特別な惑星か？　成田憲保
2132 地磁気逆転と「チバニアン」　菅沼悠介

ブルーバックス　地球科学関係書（II）

ブルーバックス　宇宙・天文関係書

ブルーバックス　生物学関係書（I）

1073 へんな虫はすごい虫　安富和男
1176 考える血管　児玉龍彦／浜窪隆雄
1341 食べ物としての動物たち　伊藤　宏
1391 ミトコンドリア・ミステリー　林　純一
1410 新しい発生生物学　木下　圭／浅島　誠
1427 筋肉はふしぎ　杉　晴夫
1439 味のなんでも小事典　日本味と匂学会＝編
1472 DNA（上）　ジェームス・D・ワトソン／アンドリュー・ベリー　青木　薫＝訳
1473 DNA（下）　ジェームス・D・ワトソン／アンドリュー・ベリー　青木　薫＝訳
1474 クイズ　植物入門　田中　修
1507 新しい高校生物の教科書　栃内　新／左巻健男＝編著
1528 新・細胞を読む　山科正平
1537 「退化」の進化学　犬塚則久
1538 進化しすぎた脳　池谷裕二
1565 これでナットク！　植物の謎　日本植物生理学会＝編
1592 発展コラム式　中学理科の教科書　第2分野（生物・地球・宇宙）　石渡正志／滝川洋二＝編
1612 光合成とはなにか　園池公毅
1626 進化から見た病気　栃内　新
1637 分子進化のほぼ中立説　太田朋子
1647 インフルエンザ　パンデミック　河岡義裕／堀本研子

1662 老化はなぜ進むのか　近藤祥司
1670 森が消えれば海も死ぬ　第2版　松永勝彦
1681 マンガ　統計学入門　アイリーン・マグネロ＝文　ボリン・V・ルーン＝絵　神永正博＝監訳　井口耕二＝訳
1712 図解　感覚器の進化　岩堀修明
1725 魚の行動習性を利用する釣り入門　川村軍蔵
1727 iPS細胞とはなにか　朝日新聞大阪本社　科学医療グループ
1730 たんぱく質入門　武村政春
1792 二重らせん　ジェームス・D・ワトソン　江上不二夫／中村桂子＝訳
1800 ゲノムが語る生命像　本庶　佑
1801 新しいウイルス入門　武村政春
1821 これでナットク！　植物の謎Part2　日本植物生理学会＝編
1829 エピゲノムと生命　太田邦史
1842 記憶のしくみ（上）　ラリー・R・スクワイア／エリック・R・カンデル　小西史朗／桐野　豊＝監修
1843 記憶のしくみ（下）　ラリー・R・スクワイア／エリック・R・カンデル　小西史朗／桐野　豊＝監修
1844 死なないやつら　長沼　毅
1849 分子からみた生物進化　宮田　隆
1853 図解　内臓の進化　岩堀修明